高等学校教材

随机信号分析教程

张峰 陶然 编著

高等教育出版社·北京

内容简介

本书主要介绍随机信号的基本概念和其分析方法。全书共分为七章，包括概率论基础、随机信号的时域分析、随机信号的频域分析、随机信号通过线性时不变系统、窄带随机信号、随机信号通过非线性系统的分析、非平稳随机信号的分析。

本书强调物理概念背后的数学理论基础的理解、信号分析和处理类相关知识点之间的联系以及随机信号分析的整体逻辑链条。

本书可以作为高等院校工科电子信息类专业的基础教材，也可供相关领域科研和工程技术人员参考。

图书在版编目(CIP)数据

随机信号分析教程/张峰，陶然编著. --北京：高等教育出版社，2019.9

ISBN 978-7-04-052546-5

Ⅰ.①随… Ⅱ.①张… ②陶… Ⅲ.①随机信号-信号分析-高等学校-教材 Ⅳ.①TN911.6

中国版本图书馆 CIP 数据核字(2019)第 181825 号

策划编辑 吴陈滨　责任编辑 王耀锋　封面设计 赵 阳　版式设计 杜微言
插图绘制 于 博　责任校对 窦丽娜　责任印制 赵义民

出版发行 高等教育出版社
社　　址 北京市西城区德外大街 4 号
邮政编码 100120
印　　刷 北京盛通印刷股份有限公司
开　　本 787mm×1092mm 1/16
印　　张 10
字　　数 240 千字
购书热线 010-58581118
咨询电话 400-810-0598
网　　址 http://www.hep.edu.cn
　　　　 http://www.hep.com.cn
网上订购 http://www.hepmall.com.cn
　　　　 http://www.hepmall.com
　　　　 http://www.hepmall.cn
版　　次 2019 年 9 月第 1 版
印　　次 2019 年 9 月第 1 次印刷
定　　价 20.00 元

物 料 号 52546-00

前言

随机信号分析是电子信息类专业的重要基础课程。通过该课程的学习,要求学生掌握随机信号的基本分析方法,学会用“随机”的视角看待信号分析和处理问题。

本书是作者在多年讲授随机信号分析课程的基础上,结合科研经验编写而成的。本书有如下几个特点:

一、强调信号分析和处理中的数学基础。随机信号分析的核心是“随机”,而描述随机现象首先需要采用概率论的知识,其次,还需要诸如线性代数、微积分、复变函数这些数学知识,并且有些地方可能还需要较深的数学知识。因此,本书在一些需要较深数学基础的地方,以工科学生便于理解和易于接受的方法和语言加以介绍,既深入浅出,又不失数学上的严密性。同时,即使是工科学过的一些数学知识,也在这门课程中加以强调,使学生了解所学数学知识的重要性。

二、强调相关课程知识点之间的联系。要想学好这门课程,需要建立起信号分析和处理的整体学科框架。在讲授随机信号分析中某个具体知识点的同时,将相关的信号分析和处理知识点层层剖析给学生,引发学生的深入思考,带领学生一起回顾和展望相关知识点在其他课程中的体现,帮助学生共同建立学科知识点之间的联系。

三、强调逻辑链条建立的重要性。这门课程的知识点对于初学者来说显得较为零散。这需要帮助初学者尽快地建立逻辑框架,将整门课程中各个章节的知识点以一种有效的方式串起来。事实上,每一章都有一两个核心知识点,可以以它们为重点进行知识链的建立。

本书在总体上选择随机信号分析最基本的内容进行讲授,力求深入浅出,夯实基础;同时也在后两章中对非线性系统和非平稳信号进行简明扼要的介绍。作者在撰写本书时,始终坚持基本概念的重要性和数学理论的重要性:基本概念是逻辑链条的出发点,数学理论则保证了逻辑链条的不断延伸。深入理解和掌握这门课程的知识点,在数学上需要工科数学以外的一些数学知识,这也是这门课程之所以学起来感觉不太透彻的原因。因此,作者在书中多个地方为想从数学上深入了解随机过程的读者设下了伏笔,供学有余力的读者做进一步的探讨。作者认为,这门课程虽然是针对工科学生的教材,但是也应该强调数学基础的重要性。因为,只有具有扎实的数学功底,才能深入理解数学背后的物理概念。

感谢王越院士在本教材编写过程中所提出的宝贵建议;感谢北京理工大学信息与电子学院随机信号分析教学团队中的徐友根教授、白霞副教授、赵娟副教授、石岩博士所提出的中肯建议;感谢博士生苗红霞将作者的手绘图转变为电子图。

特别感谢东南大学孟桥教授对本教材所提出的大量重要建议,以及高等教育出版社的大力支持。

本教材的出版获得了国家自然科学基金（No. 61571042，No. 61421001）、北京理工大学信息与电子学院教改项目的资助。

由于作者水平有限，书中难免会有错误和疏漏之处，敬请读者批评指正。编者邮箱：ouo@bit.edu.cn。

编者

2019 年 6 月于北京理工大学中关村校区

▲ 目录

▲ 第一章　概率论基础

随机信号分析课程由于分析的是和信号相关的随机现象，所以需要概率论的相关知识作为数学工具。大家已学习过概率论这门课程，本章除了简单回顾已学过的概率论知识外，还将对有关知识点进行深化，大家通过本章的学习将加深对于概率论描述随机现象的理解。

1.1　概率空间基本概念

概率论是“描述”客观世界中具有随机性现象的一门知识。大家已学过的概率论课程中，对于随机现象主要是基于“古典概率”来进行概率的定义和描述的。然而，实际中的各种复杂随机性现象并不能仅采用古典概率方法进行定义和描述。我们需要从各种随机现象中找出它们的共同点，并采用公理化的方法对随机现象进行严格的、广泛全面的描述。这种方法抽象出各种随机性现象的共同性质，将其作为随机性现象的概率定义和描述，具有一般适用性。为了方便引入这种新的数学定义，先对一些基本的概率语言进行说明。

随机试验是，在一组可以重复实现的条件下观察某种现象是否发生的行为，通常用 E 来表示。随机试验 E 中每一个可以出现的结果称为样本点，本书用 s 表示；随机试验 E 中所有可能出现的结果，即全体样本点，我们用一个集合来表示它，称为样本点集合或样本空间，本书用 S 来表示。在随机试验 E 中，将所关注的某种现象称为随机事件，一般用大写字母 $A,B,\cdots$ 表示。随机试验 E 中的随机事件，是由样本点集合 S 的若干样本点组成的，即随机事件实质上是样本点集合 S 的某个子集，即随机事件 $A\subset S$。在对随机试验的一次观察中，若试验结果 s 是随机事件 A 中的元素，则称随机事件 A 发生了。对以上概念的理解，现以掷骰子为例进行说明。

【例 1.1.1】　掷一颗骰子，观察出现的点数，此为随机试验 E；其样本点集合为 $S=\{1,2,3,4,5,6\}$，其中每个试验结果 1,2,3,4,5,6 为样本点。对于样本点集合的某个子集，比如，$A=\{5\}$，$B=\{1,3,5\}$，$C=\{4,6\}$，$D=\varnothing$ 等，每个子集都对应一个随机事件，比如，A 为“投掷结果为 5”的事件、B 表示“投掷结果为奇数”的事件、C 表示“投掷结果为大于 3 的偶数”的事件、D 表示“投掷结果大于 6”的事件，这些都为随机事件。当某次投掷结果为 3，可以说事件 B 发生了，也可以说事件 C 没有发生。

类似于上述例子中的随机事件 A，仅有一个样本点构成的随机事件称为基本事件；空集 $\varnothing$ 也是一个事件，称为不可能事件；当然，样本点集合 S 本身也是一个事件，称为必然事件，因为它包含所有样本点，即所有可能结果，每次试验均必然发生。

随机事件发生的可能性，即概率是我们所关心的。我们要建立一种一般性的、适用范围广的概率的描述，即不仅仅对古典型概率模型适用。为了使得所建立的概率描述适用范围广，需要对这种描述尽可能约束条件少，这就需要提取出随机事件可能性的本质属性；对于概率的本质属性，应该使其具有符合常理的性质，而且可能性即概率的描述也仅由这些性质给出，而不能采用古典概率那里给出概率具体计算型定义的方法，这体现了一个事物是什么仅仅由它的性质来决定的抽象思想。概率的一般性定义如下。

【定义】 对于某个随机试验 E,样本点集合 S 的某些子集构成的集合称为事件域 $\mathcal{F}$,事件域中的每一个集合为随机试验 E 中的随机事件。定义在事件域 $\mathcal{F}$,上的集合函数 P,如果满足以下 3 个条件:

(1) $P(A)\geqslant 0,\quad \forall A\in\mathcal{F}$;

(2) $P(S)=1$;

(3) 若 $A_k\in\mathcal{F}(k=1,2,\cdots)$,且两两互不相交,则有

$$P\left(\bigcup_{k=1}^{\infty}A_k\right)=\sum_{k=1}^{\infty}P(A_k) \tag{1.1.1}$$

则称此集合函数 P 为概率函数。对于 $\forall A\in\mathcal{F}$,$P(A)$ 就是事件 A 的概率,这也就是说,只有事件域 $\mathcal{F}$ 中的元素才有概率的定义。样本点集合 S、事件域 $\mathcal{F}$、概率函数 P 构成的三元体 $\langle S,\mathcal{F},P\rangle$ 称为随机试验 E 上的概率空间。

对于上述概率空间定义中概率函数需要满足的 3 条性质,我们可以拿掷骰子为例进行理解。在掷骰子中,任意随机事件 A 一定是样本点集合 S 的子集,比如例 1.1.1 中的随机事件;随机事件 A 发生的可能性即概率 $P(A)$,是以该随机事件即集合为自变量的,对于每一个随机事件 A,对应一个非负实数 $P(A)$,可见概率是集合的非负实值函数,称为集合函数;也就是说,集合函数的自变量是集合,因变量是非负实数。样本点集合作为必然事件,其概率 $P(S)$ 应该为 1。当两个事件 A 和 B 互不相交,它们的并事件的概率是两个事件概率之和,在例 1.1.1 中,随机事件 A 和 C 是互不相交的,显然事件 $A\cup C$ 的概率是事件 A 和事件 C 概率之和,这个显然的客观事实可以推广到对于有限个事件以及以事件列 $\{A_k\}\big|_{k=1}^{\infty}$ 形式出现的无限个事件的情况。总之,概率函数 P 作为衡量随机事件 $A\in\mathcal{F}$ 发生可能性大小的一种度量,需要满足定义所述的三个性质,缺一不可;而这三个性质也是和客观实际相吻合的,是合理的。

对于事件域 $\mathcal{F}$,它是样本点集合 S 的若干子集构成的集合。这种以集合为元素的集合称为集类,也就是说事件域 $\mathcal{F}$ 是样本点集合 S 的若干子集构成的集类,其每个元素为随机试验 E 的一个随机事件。对于掷骰子,事件域 $\mathcal{F}$ 为样本点集合 S 的全体子集。然而,在概率空间 $\langle S,\mathcal{F},P\rangle$ 的定义中,事件域 $\mathcal{F}$ 并不总是样本点集合 S 的全体子集构成的集类,而是 S 全体子集所构成集合的一个子集。这是由于当样本点集合 S 不是古典概率中的有限集合或者可列的(又称为可数的)无限集合时,我们无法找到一个以 S 的全体子集构成的集类为定义域的概率函数 P,满足上述给出的 3 条性质。当我们把事件域 $\mathcal{F}$ 的范围缩小后,是可以找到满足性质的概率函数 P 的。我们不对此问题进行展开,因为以我们目前工科数学所学知识,无法使用较少的描述对该问题进行详尽说明,并且这也不是这门课的目的。不过,我们可以对事件域 $\mathcal{F}$ 的构成稍作一些说明。尽管事件域 $\mathcal{F}$ 不是样本点集合 S 的全体子集,然而它也不是随意的,而是具有一定的属性。具体地,它满足:

(1) $\varnothing\in\mathcal{F}$;

(2) 若 $A\in\mathcal{F}$,则 $A^{c}=(S-A)\in\mathcal{F}$;

(3) 若 $A_k\in\mathcal{F},k=1,2,\cdots$,则 $\bigcup\limits_{k=1}^{\infty}A_k\in\mathcal{F}$。

根据这 3 条属性和德-摩根定律,可以得到 $S\in\mathcal{F}$,和 $\bigcap\limits_{k=1}^{\infty}A_k\in\mathcal{F}$。可以看出,事件域 $\mathcal{F}$ 是对集合的

补运算、可列个集合的并运算和可列个集合的交运算封闭。

总之，对于每一个随机试验 E，我们都可以建立一个与之对应的概率空间 $\langle S,\mathcal{F},P\rangle$。这其中，样本点集合 S 的确定，事件域 $\mathcal{F}$ 的构造，概率 P 的规定，都需要根据具体情况给出，而且有时还较难确定。这不是本书的讨论内容，所以，以后当我们提到一个概率空间时，即表明这些均预先给定。

对于给定的某个概率空间 $\langle S,\mathcal{F},P\rangle$，从概率定义中所要求的 3 个性质中，我们可以得到关于概率的一些重要性质。

1. 若 $B\subset A$，则 $P(B)\leqslant P(A)$

证明：注意到 $P(A)=P[(A-B)\cup B]=P(A-B)+P(B)$，再结合概率的非负性即得。并且可见 $0\leqslant P(A)\leqslant 1,\quad \forall A\in\mathcal{F}$。

2. $P(\varnothing)=0$

证明：由于 $P(\varnothing)=P(\varnothing\cup\varnothing)=P(\varnothing)+P(\varnothing)$，而由 $0\leqslant P(\varnothing)\leqslant P(S)=1$，可得结论。

3. $P(A^{c})=1-P(A)$

证明：可由 $1=P(S)=P(A^{c}\cup A)=P(A^{c})+P(A)$ 得到。

1.2 条件概率

1.2.1 条件概率的定义

在实际应用中，往往也需要考虑在"事件 B 已发生"的条件下，事件 A 发生的概率。而此概率一般来说和随机事件 A 发生的概率 $P(A)$ 并不相同，为了区别，将其叫作条件概率，记为 $P(A|B)$，其定义如下。

【定义】 对于概率空间 $\langle S,\mathcal{F},P\rangle$，给定某一个随机事件 $B\in\mathcal{F}$ 且 $P(B)>0$，称

$$P(A|B)=\frac{P(A\cap B)}{P(B)},\ \forall A\in\mathcal{F} \tag{1.2.1}$$

为事件 B 发生条件下，事件 A 发生的条件概率。

本书后面再提到条件概率时，不再单独说明 $P(B)>0$。

事实上，根据上一节中概率的一般性定义，我们也可以从概率空间的概念出发，得到条件概率的定义。对于某个给定的概率空间 $\langle S,\mathcal{F},P\rangle$，概率函数 P 是事件域 $\mathcal{F}$ 的函数，对于任意一个随机事件 $A\in\mathcal{F}$，$P(A)\in[0,1]$，也即 $P:\mathcal{F}\to[0,1]$。现在我们可以构造另一个概率函数：对于给定某一个随机事件 $B\in\mathcal{F}$ 且 $P(B)>0$，令

$$P_B(A)=\frac{P(A\cap B)}{P(B)},\ \forall A\in\mathcal{F} \tag{1.2.2}$$

注意，概率空间 $\langle S,\mathcal{F},P\rangle$ 是已知的，随机事件 $B\in\mathcal{F}$ 是某个给定的随机事件，因而上式中 $P(B)$ 是一个确定的非零常数，B 是一个确定的集合；而 $A\in\mathcal{F}$ 是自变量，所以 $P_B(A)$ 是定义在事件域 $\mathcal{F}$ 的集合函数。下面我们验证该集合函数满足概率函数的 3 条性质：

(1) 由于 $P(B)>0$，所以 $P_B(A)=\dfrac{P(A\cap B)}{P(B)}\geqslant 0,\ \forall A\in\mathcal{F}$ 是显然的；

(2) $P_B(S)=\dfrac{P(S\cap B)}{P(B)}=\dfrac{P(B)}{P(B)}=1$；

(3) 若 $A_k \in \mathcal{F}(k=1,2,\cdots)$,且两两互不相交,则有

$$P_B\left(\bigcup_{k=1}^{\infty} A_k\right)=\frac{P\left[\left(\bigcup_{k=1}^{\infty} A_k\right)\cap B\right]}{P(B)}=\frac{P\left[\bigcup_{k=1}^{\infty}(A_k\cap B)\right]}{P(B)}$$

由于 $A_k \in \mathcal{F}(k=1,2,\cdots)$,两两互不相交,自然,它们与 B 的交集 $A_k\cap B$ 也两两互不相交,所以有

$$P_B\left(\bigcup_{k=1}^{\infty} A_k\right)=\frac{\sum_{k=1}^{\infty} P(A_k\cap B)}{P(B)}=\sum_{k=1}^{\infty}\frac{P(A_k\cap B)}{P(B)}=\sum_{k=1}^{\infty} P_B(A_k) \tag{1.2.3}$$

可见,由已知概率函数 P 导出的函数 P_B 确实可以作为一个概率函数。因而,$\langle S,\mathcal{F},P_B\rangle$ 也是一个概率空间,称为条件概率空间。

下面我们看概率函数 P_B 的物理含义是什么。对于给定的集合 B,对于任意的 $A\in\mathcal{F}$,有

$$B=(B-A)\cup(B\cap A) \tag{1.2.4}$$

注意到集合 $B-A$ 和集合 $B\cap A$ 是不相交的,所以上式将集合 B 分解为两个不相交的子集,如图 1.2.1 所示。其中集合 $B\cap A$ 表示随机事件 A 和随机事件 B 同时发生,集合 $B-A$ 表示随机事件 B 发生而随机事件 A 不发生,也即上式将随机事件 B 的发生分解为两个互不相交的随机事件:一个是 A、B 同时发生,一个是 B 发生 A 不发生;这两个事件都是 B 一定发生的。根据 1.1 节概率空间的定义和性质,对于给定的集合 $B\in\mathcal{F}$ 和对于任意的 $A\in\mathcal{F}$,有 $B\cap A\in\mathcal{F}$ 和 $B-A=B\cap A^c\in\mathcal{F}$,所以集合 $B-A$ 和集合 $B\cap A$ 是随机事件,都存在概率。而集合 $B-A$ 和集合 $B\cap A$ 又是不相交的,所以有

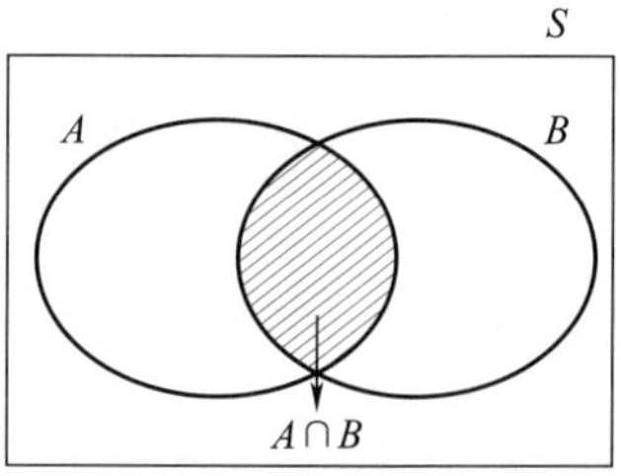

图 1.2.1 条件概率中所涉及的事件示意图

$$P(B)=P(B-A)+P(B\cap A) \tag{1.2.5}$$

所以随机事件 B 的发生的概率为两个互不相交的随机事件发生的概率之和。因而,$P_B(A)$ 定义为集合 B 的子集 $B\cap A$ 的概率度量 $P(B\cap A)$ 与集合 B 本身的概率度量 $P(B)$ 之比,体现了在事件 B 已知发生条件下,事件 A 发生的概率。

事实上,对于事件域 $\mathcal{F}$ 的两个随机事件 A 和 B,我们不仅考虑 $P(A)$ 和 $P(B)$ 这种针对某一个随机事件的概率,还要考虑随机事件 A 和 B 之间某种关系的概率。因为这符合正常的逻辑:对于两个客观事物,除了考察各自的属性外,还有它们之间关系的考量。在这里,$P_B(A)$ 正是体现了:"在 B 已知发生条件下,A 发生"这种随机事件 A 和 B 之间关系的概率。

以掷骰子为例,样本空间为 $S=\{1,2,3,4,5,6\}$,给定 $B=\{1,2,3,6\}$,对于某个 $A=\{2,3,4,5\}$,$B=\{2,3\}\cup\{1,6\}$,对于随机试验 E,掷骰子结果为样本空间中的某一个元素。现在假定已知某次掷骰子结果为 $B=\{1,2,3,6\}$ 中某一个元素,即已知事件 B 发生了,那么,当此次结果为 1 时,事件 A 没有发生;如果此次结果为 3,则事件 A 发生了。显然,在事件 B 发生的条件下,事件 A 发生的概率为 $P(\{2,3\})/P(\{1,2,3,6\})=1/2$。

1.2.2 和条件概率相关的几个基本概率公式

1. 乘法公式

直接由条件概率的定义,有

$$P(A\cap B)=P(B)\times\frac{P(A\cap B)}{P(B)}=P(B)\times P(A|B) \tag{1.2.6}$$

对于 3 个随机事件 A,B,C 有

$$P(A\cap B\cap C)=P(A)\times\frac{P(A\cap B)}{P(A)}\times\frac{P(A\cap B\cap C)}{P(A\cap B)}=P(A)\times P(B|A)\times P(C|A\cap B) \tag{1.2.7}$$

对于 N 个随机事件也有类似结果。

2. 全概率公式

设有 N 个互不相交的非空集事件 $B_k(k=1,2,\cdots,N)$，它们的并为整个样本点集合 S，如图 1.2.2 所示，也即这些非空事件满足

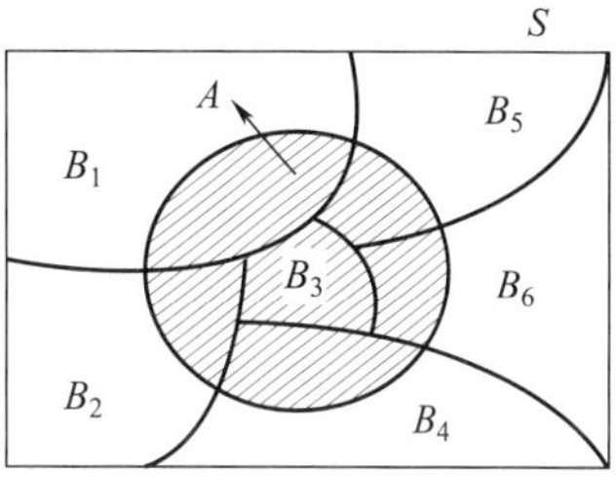

图 1.2.2 样本点集合的划分示意图

(1) $B_k\neq\varnothing(k=1,2,\cdots)$；

(2) $B_k\cap B_l=\varnothing(k\neq l,k,l=1,2,\cdots)$；

(3) $\bigcup_{k=1}^{N}B_k=S$。

对于满足上述条件的这组事件 $B_k(k=1,2,\cdots,N)$，称为样本点集合上的一个划分。还是以掷骰子为例，其样本点集合为 $S=\{1,2,3,4,5,6\}$，则随机事件 $B_1=\{5\}$，$B_2=\{1,3\}$，$B_3=\{2,4,6\}$ 为 S 的一个划分。则 $P(A)$ 可以用条件概率表示为

$$\begin{aligned}P(A)=P(A\cap S)=P\left[A\cap\left(\bigcup_{k=1}^{N}B_k\right)\right]&=P\left[\bigcup_{k=1}^{N}(A\cap B_k)\right]\\&=\sum_{k=1}^{N}P(A\cap B_k)=\sum_{k=1}^{N}P(B_k)P(A|B_k)\end{aligned} \tag{1.2.8}$$

上式称为全概率公式。该式表明，当样本点集合 S 被划分为 N 个不相交的子集 B_k 后，任意样本点的子集 A 也会被这些 N 个子集分割不相交的 N 个部分 $A\cap B_k$，进而应用概率的第 3 条性质得到 $P(A)$ 为 N 个 $P(A\cap B_k)$ 之和。

3. 贝叶斯公式

设 $B_k(k=1,2,\cdots,N)$，为样本点集合 S 上的一个划分，则由条件概率的定义

$$P(B_k|A)\times P(A)=P(A\cap B_k)=P(A|B_k)\times P(B_k)$$

因而有

$$P(B_k|A)=\frac{P(A|B_k)\times P(B_k)}{P(A)}$$

再利用全概率公式

$$P(B_k|A)=\frac{P(B_k)\times P(A|B_k)}{\sum_{k=1}^{N}P(B_k)P(A|B_k)} \tag{1.2.9}$$

上式即是著名的“贝叶斯公式”，该公式是在全概率公式中 $P(A)$ 已得到的基础上，去求得 $P(B_k|A)$。下面我们来分析下贝叶斯公式的物理含义。

由于 $B_k(k=1,2,\cdots,N)$ 为样本点集合 S 上的一个划分，那也就是说，必然事件 S 被分割为 N 个互不相交的事件 $B_k(k=1,2,\cdots,N)$，这说明 $B_k(k=1,2,\cdots,N)$ 中，有且仅有一个事件发生。当然，事件 A 也被这组事件分割，不失一般性，考虑 $A\cap B_k\neq\varnothing(k=1,2,\cdots,N)$ 的情况即可。那么，

在每个 B_k 已发生的情况下，均会导致事件 A 的发生，其概率为 $P(A|B_k)$。那么，现在通过试验得知事件 A 发生了，那么，此时促成事件 A 发生的每个 B_k 的概率是多少？贝叶斯公式给出了答案。在公式中，$P(B_k)$ 称为先验概率，一般是已知的，也就是说，有且仅有发生的每个事件，我们是知道其中每个事件发生的概率的，这是由以前的经验得知的；$P(B_k|A)$ 称为后验概率，它表示某次试验后，事件 A 发生了，反推因素 B_k 发生的概率。

【例 1.2.1】 某二进制数字通信系统传输 **0**，**1** 两种符号，如图 1.2.3 所示，其中发射端发送符号为 **0** 的概率为 0.6。由于信道传输及噪声的影响，会在接收端造成符号接收的误差。当发射端发送符号为 **0** 时，接收端接收仍然为符号 **0** 的概率为 0.9；当发射端发送符号为 **1** 时，接收端接收仍然为符号 **1** 的概率也为 0.9。试求当接收端接收符号为 **0** 时，发送符号为 **0** 和发送符号为 **1** 的概率。

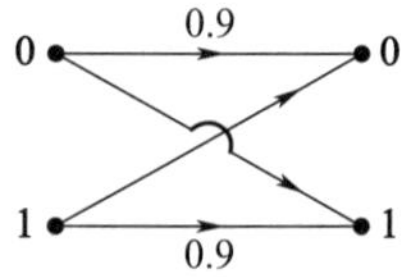

图 1.2.3 二进制数字通信系统传输模型示意图

解：记 B_1 表示发射端发送符号为 **0**，B_2 表示发射端发送符号为 **1**，A_1 表示接收端接收符号为 **0**，A_2 是接收端接收符号为 **1**。根据已知条件，$P(B_1)=0.6$，$P(A_1|B_1)=0.9$，$P(A_2|B_2)=0.9$，则有

$$P(B_2)=1-P(B_1)=1-0.6=0.4$$
$$P(A_1|B_2)=1-P(A_2|B_2)=1-0.9=0.1$$
$$P(A_1)=P(A_1|B_1)P(B_1)+P(A_1|B_2)P(B_2)=0.58$$

进而有

$$P(B_1|A_1)=\frac{P(A_1|B_1)P(B_1)}{P(A_1)}=0.931$$
$$P(B_2|A_1)=\frac{P(A_1|B_2)P(B_2)}{P(A_1)}=0.069$$

1.2.3 事件的独立

在条件概率已定义的基础上，可以引出事件独立的概念。

对于两个随机事件 A 和 B，若 $P(A|B)=P(A)$，这说明事件 B 的发生与否，不影响事件 A 发生的概率，因而称随机事件 A 独立于随机事件 B。

根据条件概率的定义，有

$$P(A\cap B)=P(A)\times P(B) \tag{1.2.10}$$

进而又有

$$P(B|A)=P(B) \tag{1.2.11}$$

可见，事件 A 和 B 之间的独立是相互的，即事件 A 独立于事件 B 意味着事件 B 也独立于事件 A。由于可以根据式(1.2.10)的乘积公式得到事件 A 和 B 之间的独立性，因而常采用该乘积公式说明事件之间的独立性。

注意区分随机事件之间的独立和随机事件之间的互不相交。两个随机事件 A 和 B 的独立是针对概率空间 $\langle S,\mathcal{F},P\rangle$ 中的概率 P 说明的。根据 $P(A)=P(A)/P(S)$ 和 $P(A|B)=P(A\cap B)/P(B)$ 可以看出，集合 B 的子集 $A\cap B$ 与集合 B 的概率比值，等于集合 S 的子集 A 与集合 S 的概率比值。可见，从发生的可能性度量上即概率上来看，已知事件 B 发生时，事件 A 发生的概率在

数值上并没有发生改变。所以说,随机事件的独立性是从概率的度量方面进行说明的,而事件 A 和 B 之间的互不相交是针对概率空间 $\langle S,\mathcal{F},P\rangle$ 中的事件域 $\mathcal{F}$ 说明的,是集合意义上的说明。互不相交说明它们是不可能同时发生的事件,事件 B 发生了,那么事件 A 就不会发生,也就是说,在已知事件 B 发生时,事件 A 发生的概率从非零值变化到零值,这反而说明了事件 A 和 B 之间不是相互独立的。

1.3 随机变量

在 1.1 节和 1.2 节中,我们在概率空间的基础上,以集合的观点来看待随机现象。对于给定的概率空间 $\langle S,\mathcal{F},P\rangle$,我们已知事件域 $\mathcal{F}$ 为样本集合 S 的一些子集组成的集合,概率 P 是定义在事件域 $\mathcal{F}$ 上的一个映射,且满足相应的性质。可以看出,概率 P 作为一个映射,其定义域是集类 $\mathcal{F}$,其自变量是该集类的元素即集合,也就是随机事件。作为概率 P 的自变量的集合可能是数的集合,也可能不是数的集合。比如,对于掷骰子这个随机试验来说,如果骰子的 6 个面是数字 1,2,3,4,5,6,那么作为概率 P 的自变量的集合就是数集。所以在掷骰子这个随机试验中,其事件域 $\mathcal{F}$ 的元素也就是事件,都是数的集合。现在假设骰子的 6 个面不是数字,而是 6 种不同的图案,此时,事件将不再是数的集合。当然,我们希望作为事件的集合是关于数的集合,因为关于数的性质我们是熟悉的,比如数的运算性质,这就方便我们对随机现象进行分析。对于非数的集合,可以采用映射(也可以称为函数),将非数的集合映射到数的集合上。对于概率空间 $\langle S,\mathcal{F},P\rangle$ 来说,就是将样本点集合 S 映射到实数集合 $\mathbf{R}$ 上,即做映射 $X:S\to\mathbf{R}$。通过这种方法,我们将样本点集合 S 中的任意元素 s 映射为实数集合 $\mathbf{R}$ 上的一个实数 $X(s)$。自然地,S 的任意子集 $A\subset S$ 也映射为 $\mathbf{R}$ 的子集 $X(A)\subset\mathbf{R}$,其中 $X(A)$ 为集合 A 在映射 X 下的像:$\{X(s)\mid s\in A\}$。由于事件域 $\mathcal{F}$ 上定义有概率函数 P,因而,引入映射 X 后,实数集合 $\mathbf{R}$ 的某些子集可以通过概率函数 P 引入概率的含义。具体地,对于集合 $C\subset\mathbf{R}$,如果 $X^{-1}\{C\}\triangleq\{s\in S\mid X(s)\in C\}\in\mathcal{F}$,其中符号“$\triangleq$”是“定义为”的意思,则集合 C 发生的概率 $P^X(C)$ 可以定义为

$$P^X(C)=P(X^{-1}\{C\})=P(\{s\in S\mid X(s)\in C\})$$

可以看出,概率函数 P^X 是由概率函数 P 诱导出来的。在不至于混淆的情况下,也将概率函数 P^X 写作 P。

现在我们对映射 X 加一个约束:对于实数集 $\mathbf{R}$ 的具有“良好性质”的子集 C,其原像 $X^{-1}\{C\}$ 一定属于事件域 $\mathcal{F}$。这个约束表明,实数集 $\mathbf{R}$ 的具有“良好性质”的子集一定是可以定义概率的。这个约束符合我们的期望:我们引入映射 X 就是为了把非数集上的概率问题转换为数集上的概率问题,自然地,数集上具有“良好性质”的子集应该是可以定义概率的。本书不打算就什么性质是 $\mathbf{R}$ 上子集的“良好性质”,以及其在概率论中的作用做详细说明,因为这超出了工科数学的知识范围。这里仅指出 $\mathbf{R}$ 上的区间作为 $\mathbf{R}$ 的子集,是所需要的具有“良好性质”的子集。这也符合常理:在 $\mathbf{R}$ 上,我们首先接触的、使用最多的也就是区间这类 $\mathbf{R}$ 的特殊子集了。因此,我们对映射 $X:S\to\mathbf{R}$ 加一个这样的约束:任意 $\mathbf{R}$ 的区间在映射 X 下的原像必属于事件域 $\mathcal{F}$,用数学语言严格表达为

$$X^{-1}\{I\}=\{s\in S\mid X(s)\in I\}\in\mathcal{F} \tag{1.3.1}$$

式中,$I\subset \mathbf{R}$ 为 $\mathbf{R}$ 的区间。

$\mathbf{R}$ 的区间共有如下几种类型:(a,b),$[a,b]$,$(a,b]$,$[a,b)$,$(a,+\infty)$,$[a,+\infty)$,$(-\infty,a)$,$(-\infty,a]$,$(-\infty,+\infty)$。后面可以看出,仅对某一种区间类型要求其在映射 X 下的原像属于事件域 $\mathcal{F}$ 即可。

1.3.1 随机变量的定义

【定义】 给定一个概率空间 $\langle S,\mathcal{F},P\rangle$,$X:S\to\mathbf{R}$ 为样本空间到实数集的一个映射,若其满足:对于任意实数 $a\in\mathbf{R}$,$\{s\in S\mid X(s)\leqslant a\}\in\mathcal{F}$,则称该映射 X 为随机变量。

在随机变量上述定义中,仅对区间类型$(-\infty,a]$要求其在映射 X 下的原像属于事件域 $\mathcal{F}$,这已足够。事实上,由于

$$\{s\in S\mid X(s)\in\mathbf{R}\}=S$$

$$\{s\in S\mid X(s)<a\}=\bigcup_{n=1}^{\infty}\left\{s\in S\,\middle|\,X(s)\leqslant a-\frac{1}{n}\right\}$$

$$\{s\in S\mid X(s)\geqslant a\}=\{s\in S\mid X(s)\in\mathbf{R}\}-\{s\in S\mid X(s)<a\}$$

$$\{s\in S\mid X(s)>a\}=\{s\in S\mid X(s)\in\mathbf{R}\}-\{s\in S\mid X(s)\leqslant a\}$$

$$\{s\in S\mid a\leqslant X(s)<b\}=\{s\in S\mid X(s)\geqslant a\}-\{s\in S\mid X(s)\geqslant b\}$$

$$\{s\in S\mid a<X(s)\leqslant b\}=\{s\in S\mid X(s)\leqslant b\}-\{s\in S\mid X(s)\leqslant a\}$$

$$\{s\in S\mid a\leqslant X(s)\leqslant b\}=\{s\in S\mid X(s)\geqslant a\}-\{s\in S\mid X(s)>b\}$$

$$\{s\in S\mid a<X(s)<b\}=\{s\in S\mid X(s)>a\}-\{s\in S\mid X(s)\geqslant b\}$$

再利用事件域 $\mathcal{F}$ 对集合的补运算、集合的可列并运算、集合的可列交运算的封闭性,可知以上区间类型均属于事件域 $\mathcal{F}$。所以通过一种区间类型定义的随机变量对所有区间类型都是适用的。

需要指出的是,随机变量就是一个映射 $X:S\to\mathbf{R}$,它表示一个对应法则,所以随机变量用符号 X 表示,而符号 $X(s)$ 表示映射 X 在 s 处的值,也就是元素 s 在映射 X 下的像。由于映射 X 是定义在样本集合 S 上的,所以集合 S 在映射 X 的像,也就是映射 X 的值域 $X(S)$ 也是 $\mathbf{R}$ 的子集。当把元素 s 看作取自于样本集合 S 上的变元时,$X(s)$ 就是 $\mathbf{R}$ 上的变量。因此,习惯上也将 $X(s)$ 称为随机变量。应该清楚,符号 X 和符号 $X(s)$ 是不同的,一个是映射,一个是元素 s 在映射 X 下的像。当采用习惯用法 $X(s)$ 表示随机变量时,是忽略了样本集合 S 的,而只关注于数集 $\mathbf{R}$,或者严格地说,是关注于映射 X 的值域。前面已经说明,可以根据概率函数 P 诱导出数集 $\mathbf{R}$ 上的概率函数 P^X,所以仅关注于映射 X 的值域也是自然的。此外,很多时候并不标出表示样本变量的符号 s,所以随机变量 $X(s)$ 也就简写为 X 了,只是此时的符号 X 并非是映射 X,而是映射的函数值 $X(s)$ 省去 s 的结果。

至此,我们知道了,原先在工科概率论课程中所提到的随机变量实质上是概率空间的样本点集合到实数集上的一个映射,如图 1.3.1 所示。只是在那里并没有过多提及概率空间的概念,因而,对于某一个随机变量 $X:S\to\mathbf{R}$ 而言,那里也没有过多说明随机变量的定义域 S,只是关注随机变量的取值范围,也就是随机变量 X 的值域 $X(S)=\{X(s)\mid s\in S\}$,它是 $\mathbf{R}$ 的一个子集,即 $X(S)\subset\mathbf{R}$。事实上,对于在数学分析中所见到的普通变量,比如 x,那么该

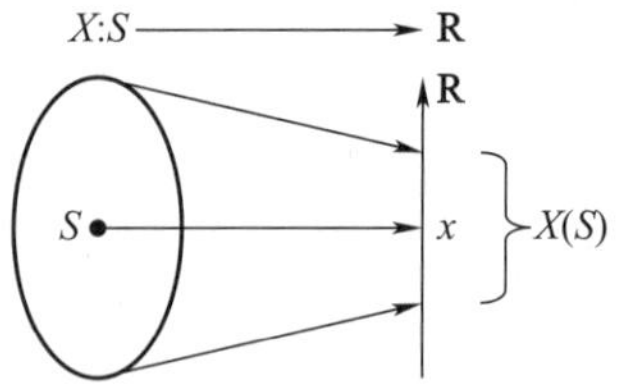

图 1.3.1 随机变量作为映射的定义示意图

变量一定取自于某一个数集 $A\subset\mathbf{R}$,而对于随机变量 X 而言,除了它也取自于 $\mathbf{R}$ 的某个子集外,和 X 相联系的还有其取具体某个值的概率。比如,对于取值于$\{1,2,3,4,5,6\}$变量 x,我们仅仅知道变量 x 的取值范围,而对于 6 个面为数字 1,2,3,4,5,6 的骰子而言,当我们用随机变量 X 描述掷骰子的结果,则我们不仅知道随机变量 X 的取值范围为$\{1,2,3,4,5,6\}$,而且我们还知道 X 取各个值的概率均为 1/6。可见,随机变量相对于普通变量而言,增加了取值的概率,所以随机变量就是"随机的"变量。

由随机变量的定义可知,随机变量的确定是和事件域 $\mathcal{F}$ 相关的。若事件域 $\mathcal{F}$ 是由样本空间 S 的所有子集构成,那么任何 S 到 $\mathbf{R}$ 的映射 $X:S\to\mathbf{R}$,均满足$\{s\in S\mid X(s)\leqslant a\}\in\mathcal{F}$这个条件,因而此时 S 到 $\mathbf{R}$ 的任何一个映射都是随机变量。可见,在同一概率空间上,可以定义许多不同的随机变量。现以掷骰子为例进行说明,假设骰子的 6 个面是 6 种不同的图案:圆形、正方形、三角形、梯形、字母 W、字母 V。我们分别用 s_1,s_2,s_3,s_4,s_5,s_6 来标记这 6 种不同的图案。其中,几何图形是 4 个,英文字母是 2 个。对于掷骰子所涉及的样本空间来说,样本点集合 $S=\{s_1,s_2,s_3,s_4,s_5,s_6\}$ 的任意子集都是随机事件,因而任何 S 到 $\mathbf{R}$ 的映射都是随机变量。至于如何选取随机变量,由所关注的事件决定。比如,如果关注的就是掷骰子时每个图案发生的概率,那么就做映射

$$X:S\to\mathbf{R},\quad X(s_k)=k,k\in\{1,2,3,4,5,6\}\tag{1.3.2}$$

根据原概率空间$\langle S,\mathcal{F},P\rangle$上的事件概率,可知

$$P[X=k]\triangleq P(\{s\in S\mid X(s)=k\})=P(\{s_k\})=\frac{1}{6},\quad k\in\{1,2,3,4,5,6\}$$

从上式可以看出,原本概率函数 P 是作用于事件上的,在引入随机变量后,可以作用于随机变量。在上式中,我们将 s 在映射 X 下的像 $X(s)$ 简写为 X,这样就变成了我们在工科概率论课程中所学到的随机变量的样子了。今后如果没有特殊需要,不必每次都写出概率空间$\langle S,\mathcal{F},P\rangle$。此外,注意式子中$\{s\in S\mid X(s)=k\}=\{s_k\}$是集合形式的随机事件,它们是属于事件域 $\mathcal{F}$ 的。

再比如,如果关注的是掷骰子试验中,几何图形和英文字母图案发生的概率,那么可以做映射

$$X:S\to\mathbf{R},\quad X(s_k)=1,k\in\{1,2,3,4\};X(s_k)=2,k\in\{5,6\}\tag{1.3.3}$$

也就是说,此时映射将骰子的几何图形面均映射为实数 1,将骰子的英文字母面均映射为实数 2。因而,可以知道,随机变量 X 取值为 1 的概率为

$$P[X=1]=P(\{s\in S\mid X(s)=1\})=P(\{s_1,s_2,s_3,s_4\})=\frac{4}{6}$$

随机变量 X 取值为 2 的概率为

$$P[X=2]=P(\{s\in S\mid X(s)=2\})=P(\{s_5,s_6\})=\frac{2}{6}$$

从上面的例子可见,在引入随机变量之后,使得概率论的研究对象从随机事件转变为随机变量。本书使用大写的英文字母 $X,Y,Z,\cdots$ 表示随机变量,用相应的小写字母 $x,y,z,\cdots$ 表示随机变量的可能取值,也就是作为映射的随机变量的值域里某个实数。这里需要指出的是,对于数学分析中作为函数变量的 x,由于 x 取具体某个值没有什么本质上的差别,比如函数 $y=f(x)=x^2$ 中,自变量 x 取 1 或取 2 没有本质区别,都用一个自变量 x 表示即可,而对于随机变量而言,其取某个值是和一个概率相联系的,所以需要区分各个不同的取值。因而,采用大写字母表示随机变

量,而另外再采用小写字母表示不同的取值。

对于概率空间上的随机变量 $X:S\to\mathbf{R}$,随机变量的所有可能取值为 $X(S)=\{X(s)\mid s\in S\}$,它是 $\mathbf{R}$ 的一个子集。当随机变量 X 的值域 $X(S)$ 是有限的或是可列无限个时,我们称该随机变量 X 为离散型随机变量。若随机变量 X 的值域 $X(S)$ 是 $\mathbf{R}$ 上的一个或若干个区间的形式,则我们称该随机变量 X 为连续型随机变量。下面我们分情况讨论。

1.3.2 离散型随机变量的分布律

由于离散型随机变量只能取有限个或可列无限个值,所以记离散型随机变量 X 的所有可能取值为 $x_k(k=1,2,\cdots)$,而随机变量 X 取各个可能值的概率记为

$$p_k\triangleq P[X=x_k](k=1,2,\cdots) \tag{1.3.4}$$

称为离散型随机变量 X 的分布律或分布列,可以用表 1.3.1 来表示。

表 1.3.1 离散型随机变量 X 的概率分布表

X	x_1	x_2	$\cdots$	x_k	$\cdots$
P	p_1	p_2	$\cdots$	p_k	$\cdots$

表 1.3.1 称为 X 的概率分布表。离散型随机变量的分布律如图 1.3.2 所示。

根据概率的定义,显然 p_k 满足如下两个条件:

(1) $$p_k\geqslant 0 \tag{1.3.5}$$

(2) $$\sum_{k=1}^{\infty}p_k=1 \tag{1.3.6}$$

伯努利分布是一种常见的离散随机变量概率分布。对于服从伯努利分布的随机变量 X,其可能的取值为 0 和 1 两个值。由于这种离散型随机变量的取值仅有两个,记其中取值为 1 的概率 p,即 $P[X=1]=p$,则 $P[X=0]=1-p$。可见,伯努利分布仅由参数 p 决定。在投掷硬币的实验中,若假定投掷结果为正面用 1 表示,投掷结果为反面用 0 表示,则此实验结果所代表的随机变量就是服从伯努利分布的随机变量。

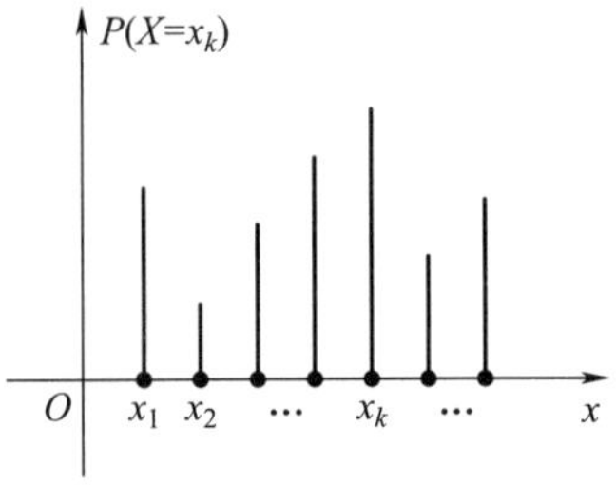

图 1.3.2 离散型随机变量的分布律示意图

另一种常见的离散随机变量概率分布为二项式分布,它可以由伯努利分布导出。设 $X_1,X_2,\cdots,X_n$ 是 n 个独立的伯努利随机变量,且它们的参数均为 p,则随机变量

$$Y=X_1+X_2+\cdots+X_n$$

为服从二项式分布的随机变量。可见,随机变量 Y 的取值范围为从 0 到 n 的任意整数,可以得到

$$P[Y=m]=\frac{n!}{m!\ (n-m)!}p^m q^{n-m},\quad 0\leqslant m\leqslant n$$

式中,$q=1-p$。从随机变量 Y 的定义中可以看出,当 Y 取值为 m 时,表示 n 个伯努利随机变量中有 m 个取值为 1。还以投掷硬币为例,当投掷 n 次硬币,各次投掷硬币之间是独立的,则 n 次投掷硬币的结果所代表的随机变量就是服从二项式分布的随机变量。由于 Y 取值为 m 的概率等于二项式 $(px+q)^n$ 展开式中 x^m 项的系数,因此称为二项式分布。

1.3.3 随机变量的分布函数

对于连续型随机变量,我们关注其取值在某个区间上的概率。这是因为:一方面,对于连续型随机变量,由于其取值为不可列个无限多,并且又由于随机变量所有取值的概率之和为有限值1,所以连续型随机变量取任一具体实数值的概率为0;另一方面,对于连续型随机变量而言,根据其定义,其取值范围本来就是 $\mathbf{R}$ 上的区间形式。因而,如果确知其取值于任意区间上的概率,特别是区间 $(x_1,x_2]$ 上的概率,其中 $x_1<x_2$ 为任意实数,那么我们就可以完全掌握其取值的概率情况。与在随机变量的定义中,只需引入一种区间类型进行说明即可类似,在这里,我们同样只需对 $P[X\leqslant x]=P\{s\in S\mid X(s)\leqslant x\}$ 定义就可以了。由此,引入随机变量分布函数的概念。

【定义】 设 X 是一个随机变量,对于任意 $x\in\mathbf{R}$,定义函数

$$F_X(x)=P[X\leqslant x] \tag{1.3.7}$$

为随机变量 X 的分布函数,它表示随机变量 X 的取值在区间 $(-\infty,x]$ 内的概率。根据概率空间中概率的性质,可以得到随机变量 X 取值在区间 $(x_1,x_2]$ 上的概率为

$$P[x_1<X(s)\leqslant x_2]=P[X(s)\leqslant x_2]-P[X(s)\leqslant x_1]=F_X(x_2)-F_X(x_1) \tag{1.3.8}$$

因此,随机变量的分布函数可以完整地描述随机变量的统计规律性。显然,分布函数的概念对于连续型随机变量和离散型随机变量都适用。

对于离散型随机变量,设其分布律为 $p_k\triangleq P[X=x_k]$,则由概率函数 P 的性质,可以得到离散型随机变量分布函数的表达式为

$$F_X(x)=P[X\leqslant x]=\sum_{x_k\leqslant x}P[X=x_k]=\sum_{x_k\leqslant x}p_k$$

若采用单位阶跃函数 $\varepsilon(x)$ 表示,则上式成为

$$F_X(x)=\sum_{x-x_k\geqslant 0}P[X=x_k]=\sum_{k=1}^{\infty}P[X=x_k]\varepsilon(x-x_k)=\sum_{k=1}^{\infty}p_k\varepsilon(x-x_k) \tag{1.3.9}$$

离散型随机变量的分布函数如图1.3.3所示,从图上可见,离散型随机变量的分布函数是阶梯型函数。

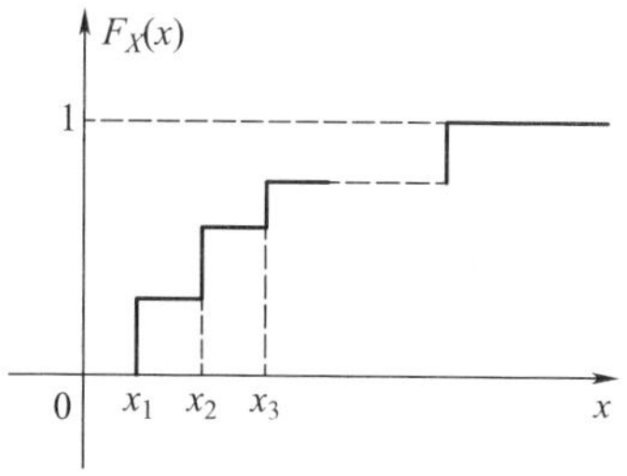

图1.3.3 离散型随机变量的分布函数示意图

1.3.4 连续型随机变量的概率密度函数

【定义】 设连续型随机变量 X 的分布函数为 $F_X(x)$,若存在函数 $f_X(x)$,满足对于任意实数 x,有

$$F_X(x)=\int_{-\infty}^{x}f_X(u)\,\mathrm{d}u \tag{1.3.10}$$

则称函数 $f_X(x)$ 为连续型随机变量 X 的概率密度函数。

由定义,可以直接得到

$$f_X(x)=\frac{\mathrm{d}F_X(x)}{\mathrm{d}x} \tag{1.3.11}$$

需要指出的是,对于连续型随机变量 X,可能不存在其概率密度函数,也就是说不存在 $f_X(x)$ 满足

式(1.3.10)。本书不讨论这种情况,即,总是认为连续型随机变量 X 的概率密度函数 $f_X(x)$ 是存在的。

根据式(1.3.10)和式(1.3.11)可知,连续型随机变量的概率密度函数和分布函数互为微分和积分的一对互逆运算,根据一个可以求出另一个;因而,它们都是完整描述随机变量统计规律性的函数。相对于概率密度函数 $f_X(x)$ 而言,分布函数 $F_X(x)$ 是由概率空间中 $\langle S,\mathcal{F},P\rangle$ 的概率函数 P 直接定义的,所以更具有一般性。

根据概率密度函数的定义,连续型随机变量 X 取值于区间 $(a,b]$ 上的概率为

$$P[a<X(s)\leqslant b]=F_X(b)-F_X(a)=\int_{-\infty}^{b}f_X(x)\,\mathrm{d}x-\int_{-\infty}^{a}f_X(x)\,\mathrm{d}x=\int_{a}^{b}f_X(x)\,\mathrm{d}x \qquad (1.3.12)$$

和离散型随机变量分布律需满足的性质类似,连续型随机变量的概率密度函数满足如下的性质:

(1) $$f_X(x)\geqslant 0,\quad \forall x\in\mathbf{R} \qquad (1.3.13)$$

(2) $$\int_{-\infty}^{\infty}f_X(x)\,\mathrm{d}x=1 \qquad (1.3.14)$$

可以用函数所表示曲线的曲边梯形的面积来描述概率密度函数的积分,则式(1.3.12)和式(1.3.14)可以用图1.3.4和图1.3.5表示,这样更加形象。

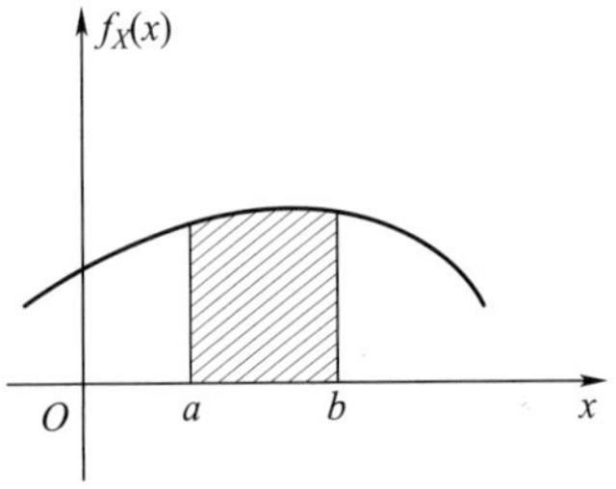

图1.3.4 随机变量取值在区间 $(a,b]$ 上的概率大小示意图

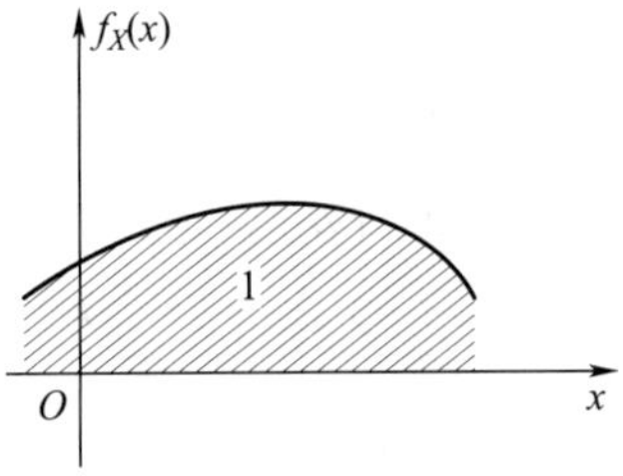

图1.3.5 概率密度函数与横轴所围成面积为1的示意图

下面介绍几种常见的连续型随机变量概率分布。

1. 均匀分布

若随机变量 X 的概率密度函数为

$$f_X(x)=\begin{cases}\dfrac{1}{b-a} & x\in[a,b]\\ 0 & x\notin[a,b]\end{cases} \qquad (1.3.15)$$

则称 X 为服从 $[a,b]$ 上均匀分布的随机变量。

2. 正态分布

正态分布也称为高斯分布。服从正态分布的随机变量 X,其概率密度函数为

$$f_X(x)=\frac{1}{\sqrt{2\pi}\,\sigma_X}\mathrm{e}^{-\frac{(x-m_X)^2}{2\sigma_X^2}},\quad x\in\mathbf{R} \qquad (1.3.16)$$

式中,m_X 和 $\sigma_X>0$ 为参数。随机变量 X 服从正态分布记为 $X\sim N(m_X,\sigma_X^2)$。当 $m_X=0,\sigma_X^2=1$ 时,称随机变量 X 服从标准正态分布,记为 $X\sim N(0,1)$。

3. 瑞利分布

瑞利分布随机变量的概率密度函数为

$$f_X(x)=\begin{cases}\dfrac{x}{\sigma_X^2}\mathrm{e}^{-\frac{x^2}{2\sigma_X^2}} & x\geqslant 0\\ 0 & x<0\end{cases} \tag{1.3.17}$$

式中,$\sigma_X>0$ 为参数。瑞利分布可以由正态分布得到。设 X_1,X_2 均是参数为 0 和 σ_X 且相互独立的正态分布随机变量,即 $X_1,X_2\sim N(0,\sigma_X^2)$,则随机变量 $X=\sqrt{X_1^2+X_2^2}$ 就服从参数为 σ_X 的瑞利分布。

4. 指数分布

指数分布随机变量的概率密度函数为

$$f_X(x)=\begin{cases}\dfrac{1}{\beta}\mathrm{e}^{-\frac{x}{\beta}} & x\geqslant 0\\ 0 & x<0\end{cases} \tag{1.3.18}$$

式中,$\beta>0$ 为参数。指数分布也可以由正态分布得到。设 X_1,X_2 均是参数为 0 和 σ_X 且相互独立的正态分布随机变量,即 $X_1,X_2\sim N(0,\sigma_X^2)$,则随机变量 $X=X_1^2+X_2^2$ 就服从参数为 $\beta=2\sigma_X^2$ 的指数分布。

5. 莱斯分布

莱斯分布随机变量的概率密度函数为

$$f_X(x)=\begin{cases}\dfrac{x}{\sigma_X^2}\mathrm{e}^{-\frac{x^2+\lambda^2}{2\sigma_X^2}}I_0\left(\dfrac{x\lambda}{\sigma_X^2}\right) & x\geqslant 0\\ 0 & x<0\end{cases} \tag{1.3.19}$$

式中,λ 和 $\sigma_X>0$ 为参数;$I_0(x)$ 为第一类 0 阶修正贝塞尔函数。莱斯分布同样可以由正态分布得到。设 $X_1\sim N(m_{X_1},\sigma_{X_1}^2)$,$X_2\sim N(m_{X_2},\sigma_{X_2}^2)$,其中 $\sigma_{X_1}^2=\sigma_{X_2}^2=\sigma_X^2$,$X_1,X_2$ 相互独立,则随机变量 $X=\sqrt{X_1^2+X_2^2}$ 就服从参数为 $\lambda^2=m_{X_1}^2+m_{X_2}^2$ 和 σ_X 的莱斯分布。可见,瑞利分布是莱斯分布当 $\lambda=0$ 的特例。

需要指出的是,概率密度函数是针对连续型随机变量引入的,因为连续型随机变量取某一个具体实数值的概率为 0,所以不可采用离散型随机变量中分布律的概念来描述连续型随机变量。通过引入概率分布函数这种取值于 $\mathbf{R}$ 上区间的概率函数,完成了连续型随机变量取值于 $\mathbf{R}$ 上任意区间概率的描述,进而定义出连续随机变量的概率密度函数。这种方法虽然是针对连续型随机变量的,然而,对于离散型随机变量而言,根据其概率分布函数,并且利用连续型随机变量的概率密度函数和分布函数的关系式(1.3.11),我们可以比照前面连续型随机变量去定义离散型随机变量的概率密度函数,具体地

$$f_X(x)=\frac{\mathrm{d}}{\mathrm{d}x}F_X(x)=\frac{\mathrm{d}}{\mathrm{d}x}\sum_{k=1}^{\infty}p_k\varepsilon(x-x_k)=\sum_{k=1}^{\infty}p_k\delta(x-x_k) \tag{1.3.20}$$

式中,$\delta(x)=\mathrm{d}\varepsilon(x)/\mathrm{d}x$ 为我们在信号与系统中所学到的单位冲激函数,也称为狄拉克函数。

本节最后需要指出的是,根据分布函数的定义,并结合概率的性质,可以很容易得到分布函数具有如下性质:

(1) 分布函数为不减函数,即当 $x_2 \geqslant x_1$ 时,$F_X(x_2) \geqslant F_X(x_1)$。

(2) $0 \leqslant F_X(x) \leqslant 1$,且有 $F_X(-\infty) \triangleq \lim\limits_{x \to -\infty} F_X(x) = 0$,$F_X(+\infty) \triangleq \lim\limits_{x \to +\infty} F_X(x) = 1$。

此外,分布函数 $F_X(x)$ 还是右连续的,即 $\lim\limits_{x \to a+0} F_X(x) = F_X(a)$。此性质并不是显然的,这里做一些说明。分布函数右连续的性质是由分布函数的定义中采用 $X \leqslant x$,即 $X(s) \in (-\infty, x]$ 决定的。根据定义,$\lim\limits_{x \to a+0} F_X(x) = \lim\limits_{\varepsilon \to 0^+} F_X(a+\varepsilon) = \lim\limits_{n \to \infty} F_X(a+1/n)$。令 $I_n = \left(-\infty, a+\dfrac{1}{n}\right]$,考虑如下的极限:$\lim\limits_{n \to \infty} I_n$。考虑到 $a \in I_n$,$\forall n$,所以 $\lim\limits_{n \to \infty} I_n = (-\infty, a]$。因而,我们可以得到 $\lim\limits_{n \to \infty} F_X(a+1/n) = F_X(a)$。而对于区间列 $\left(-\infty, a-\dfrac{1}{n}\right]$ 而言,$a \notin \left(-\infty, a-\dfrac{1}{n}\right]$,$\forall n$,也就是说,随着 n 的增大,也不会把 a 包含进去,因而有 $\lim\limits_{n \to \infty}\left(-\infty, a-\dfrac{1}{n}\right] = (-\infty, a)$,所以,分布函数 $F_X(x)$ 并不一定是左连续的,这点在离散随机变量的分布函数中体现出来。

【例 1.3.1】 设随机变量 X 的概率密度函数为 $f_X(x) = a\mathrm{e}^{-|x|}$,$x \in (-\infty, \infty)$,求系数 a。

解: 利用连续型随机变量概率密度函数的性质(2)即可。具体地

$$\int_{-\infty}^{\infty} f_X(x)\,\mathrm{d}x = \int_{-\infty}^{\infty} a\mathrm{e}^{-|x|}\,\mathrm{d}x = a\left(\int_{-\infty}^{0} \mathrm{e}^{x}\,\mathrm{d}x + \int_{0}^{\infty} \mathrm{e}^{-x}\,\mathrm{d}x\right) = 2a = 1$$

所以系数 $a = 1/2$。

1.4 多维随机变量及其分布

前面我们讨论了单个随机变量的情况。实际中,经常会遇到需要多个随机变量才能清楚描述某一随机现象的情况。比如,预测飞机在空中的位置,这需要 3 个随机变量 (X, Y, Z) 来确定。我们把 n 个随机变量 $X_1, X_2, \cdots, X_n$ 写在一起,并称 $(X_1, X_2, \cdots, X_n)$ 为 n 维随机变量。当然,我们也可以把 n 维随机变量 $(X_1, X_2, \cdots, X_n)$ 写成列向量的形式,即

$$\boldsymbol{X} = [X_1, X_2, \cdots, X_n]^{\mathrm{T}}$$

这只是符号上的区别,实质是一样的。鉴于二维随机变量和 n 维随机变量没有本质上的区别,所以我们着重讨论二维随机变量的情形。

1.4.1 二维随机变量的分布函数

【定义】 设 X, Y 是概率空间 $\langle S, \mathcal{F}, P\rangle$ 上的两个随机变量,则 (X, Y) 称为二维随机变量。对于任意 $x, y \in \mathbf{R}$,定义函数

$$F_{XY}(x, y) = P[X \leqslant x, Y \leqslant y] \tag{1.4.1}$$

为二维随机变量 (X, Y) 的联合分布函数或二维分布函数。

从定义可以看出,二维分布函数和一维分布函数的出发点是一样的,都是采用区间 $(-\infty, a]$ 来定义分布函数的。

当二维随机变量 (X, Y) 的所有可能取值是有限对或可列无限对时,此时的二维随机变量为离散型二维随机变量。对于离散型二维随机变量而言,由于其取值有限,所以更关注于二维分布律,即二维随机变量取具体数值的概率

$$p_{k,l}=P[X=x_k,Y=y_l](k,l=1,2,\cdots) \tag{1.4.2}$$

和一维情况类似，二维分布函数主要是用于连续型二维随机变量的，所以下面考虑连续型二维随机变量的情况。

【定义】 若存在二元函数 $f_{XY}(x,y)$，满足对于任意 $x,y\in\mathbf{R}$，有

$$F_{XY}(x,y)=\int_{-\infty}^{y}\int_{-\infty}^{x}f_{XY}(u,v)\,\mathrm{d}u\mathrm{d}v \tag{1.4.3}$$

则称函数 $f_{XY}(x,y)$ 为连续型二维随机变量 (X,Y) 的联合概率密度函数。

由定义，可以直接得到

$$f_{XY}(x,y)=\frac{\partial^2}{\partial x\partial y}F_{XY}(x,y) \tag{1.4.4}$$

1.4.2　二维随机变量的边缘分布

对于二维随机变量 (X,Y)，我们已经定义了联合分布函数 $F_{XY}(x,y)$，它是将二维随机变量 (X,Y) 作为一个整体考虑的。自然地，还要考虑 X、Y 作为个体，其各自的分布函数 $F_X(x)$、$F_Y(y)$，以及表示它们之间相互关系的条件分布（因为这符合客观直觉）：对于两个事物而言，除了要考虑它们作为整体的情况，还要考虑它们分别作为个体，以及这两个个体间关系的情况。首先看 X、Y 作为个体的分布函数 $F_X(x)$ 和 $F_Y(y)$。

根据二维随机变量联合分布函数的定义，当一个随机变量取值于整个 $\mathbf{R}$ 时，则联合分布函数便成为一维分布函数，即

$$F_X(x)=F_{XY}(x,\infty)\triangleq\lim_{y\to\infty}F_{XY}(x,y) \tag{1.4.5}$$

$$F_Y(y)=F_{XY}(\infty,y)\triangleq\lim_{x\to\infty}F_{XY}(x,y) \tag{1.4.6}$$

对于二维随机变量 (X,Y) 而言，称 $F_X(x)$ 和 $F_Y(y)$ 分别为 (X,Y) 关于 X 和关于 Y 的边缘分布函数。

将式(1.4.3)带入式(1.4.5)和式(1.4.6)中，得到

$$F_X(x)=F_{XY}(x,\infty)=\int_{-\infty}^{\infty}\int_{-\infty}^{x}f_{XY}(u,v)\,\mathrm{d}u\mathrm{d}v=\int_{-\infty}^{x}\left(\int_{-\infty}^{\infty}f_{XY}(u,v)\,\mathrm{d}v\right)\mathrm{d}u$$

$$F_Y(y)=F_{XY}(\infty,y)=\int_{-\infty}^{y}\int_{-\infty}^{\infty}f_{XY}(u,v)\,\mathrm{d}u\mathrm{d}v=\int_{-\infty}^{y}\left(\int_{-\infty}^{\infty}f_{XY}(u,v)\,\mathrm{d}u\right)\mathrm{d}v$$

对照一维随机变量 X 和 Y 的一维分布函数和其一维概率密度函数的积分关系式，即有

$$f_X(x)=\int_{-\infty}^{\infty}f_{XY}(x,y)\,\mathrm{d}y \tag{1.4.7}$$

$$f_Y(y)=\int_{-\infty}^{\infty}f_{XY}(x,y)\,\mathrm{d}x \tag{1.4.8}$$

类似于边缘分布函数的概念，对于二维随机变量 (X,Y) 而言，称 $f_X(x)$ 和 $f_Y(y)$ 分别为 (X,Y) 关于随机变量 X 和关于随机变量 Y 的边缘密度函数。

1.4.3　二维随机变量的条件分布函数和条件密度函数

在 1.2 节中，我们已经引入了条件概率的概念，即在给定事件 B 发生的条件下，事件 A 发生的概率为

$$P(A|B)=\frac{P(A\cap B)}{P(B)}$$

我们知道,随机变量 X 的分布函数 $F_X(x)$ 是直接和概率函数 P 相关的,它本来就是随机事件 $A=\{s\in S|X(s)\leqslant x\}$ 发生的概率 $P(A)$,只是简写为 $P[X\leqslant x]$。因此,给定事件 B 发生的条件下,事件 $\{s\in S|X(s)\leqslant x\}$ 发生的概率定义为:给定事件 B 发生的条件下,随机变量 X 的条件分布函数

$$F_{X|B}(x|B)=P[X\leqslant x|B]=\frac{P(\{s\in S|X(s)\leqslant x\}\cap B)}{P(B)} \tag{1.4.9}$$

对于二维随机变量(X,Y)而言,随机事件 B 一定是关于随机变量 Y 的某个事件,因为这样才能体现随机变量 X 和随机变量 Y 之间的关系。可能大家首先想到的是 $B=\{s\in S|Y(s)\leqslant y\}$。然而,实际中更多遇到的是,随机变量 X 在随机变量 Y 取某个特定值时的条件概率,也就是说,$B=\{s\in S|Y(s)=y\}$。由于连续型随机变量取某个具体值的概率为 0,我们只能通过极限手段来完成定义,具体地

$$\begin{aligned}F_{X|B}(x|B)&=P[X\leqslant x|Y=y]=\lim_{\Delta y\to 0^+}P[X\leqslant x|y-\Delta y<Y\leqslant y+\Delta y]\\&=\lim_{\Delta y\to 0^+}\frac{P[X\leqslant x,y-\Delta y<Y\leqslant y+\Delta y]}{P[y-\Delta y<Y\leqslant y+\Delta y]}\\&=\lim_{\Delta y\to 0^+}\frac{\int_{y-\Delta y}^{y+\Delta y}\int_{-\infty}^{x}f_{XY}(u,v)\,\mathrm{d}u\mathrm{d}v}{\int_{y-\Delta y}^{y+\Delta y}f_Y(v)\,\mathrm{d}v}\\&=\lim_{\Delta y\to 0^+}\frac{\int_{-\infty}^{x}f_{XY}(u,y)\,\mathrm{d}u\cdot 2\Delta y}{f_Y(y)\cdot 2\Delta y}\\&=\frac{\int_{-\infty}^{x}f_{XY}(u,y)\,\mathrm{d}u}{f_Y(y)}\end{aligned} \tag{1.4.10}$$

再将上式中 B 看作是特定事件,即 Y 取某个特定值 y,然后对上式做关于 x 的导数,有

$$f_{X|Y}(x|y)\triangleq\frac{\partial}{\partial x}F_{X|B}(x|B)=\frac{f_{XY}(x,y)}{f_Y(y)} \tag{1.4.11}$$

自然地,式(1.4.10)可以写为

$$F_{X|B}(x|B)=P[X\leqslant x|Y=y]=\int_{-\infty}^{x}f_{X|Y}(u|y)\,\mathrm{d}u \tag{1.4.12}$$

我们将 $B=\{s\in S|Y(s)=y\}$ 时的 $F_{X|B}(x|B)$ 记为 $F_{X|Y}(x|Y=y)$,它是随机变量 X 的条件分布函数 $F_{X|B}(x|B)$的一个特例,而$f_{X|Y}(x|y)$称为 $Y=y$ 条件下,X 的条件密度函数。类似地,由对称性,可以得到$f_{Y|X}(y|x)$,这里不再赘述。

1.4.4 相互独立的随机变量

在 1.2 节中,我们已经引入了两个随机事件独立的概念。对于二维随机变量,我们也引入两个随机变量独立的概念。当然,由于随机变量的分布函数是直接和事件的概率相关的,所以通过分布函数直接可以引入随机变量的独立概念也就是自然的了。

【定义】 设(X,Y)是二维随机变量,若对于任意 $x,y\in\mathbf{R}$,有

$$P[X\leqslant x,Y\leqslant y]=P[X\leqslant x]P[Y\leqslant y] \tag{1.4.13}$$

则称随机变量 X 和 Y 相互独立。

根据联合分布函数的定义,式(1.4.13)等价于

$$F_{XY}(x,y)=F_X(x)F_Y(y) \tag{1.4.14}$$

根据联合密度函数和边缘密度函数的定义,上式又可以写为

$$f_{XY}(x,y)=f_X(x)f_Y(y) \tag{1.4.15}$$

上述随机变量的独立性的概念是通过事件的独立性引入的,具体地说,是通过事件独立性中的乘积公式 $P(A\cap B)=P(A)\times P(B)$ 引入的,而乘积公式可以由随机事件的条件概率 $P(A|B)=P(A)$ 得到,这是随机事件独立性的物理来源。联想 1.4.3 节中定义的条件分布函数和条件密度函数,是否随机变量的独立性也和条件分布函数和条件密度函数有关呢?答案是肯定的。当随机变量 X 和 Y 相互独立时,根据式(1.4.11),有

$$f_{X|Y}(x|y)=\frac{f_{XY}(x,y)}{f_Y(y)}=f_X(x) \tag{1.4.16}$$

同理

$$f_{Y|X}(y|x)=\frac{f_{XY}(x,y)}{f_X(x)}=f_Y(y) \tag{1.4.17}$$

上面两式说明,当随机变量 X 和 Y 相互独立时,随机变量 X 在 $Y=y$ 条件下的密度函数等于随机变量 X 在无条件下的密度函数,这符合随机变量独立性的直观物理解释。

1.4.5 n 维随机变量的情况

前面讨论的二维随机变量的相关结论都可以推广到 n 维随机变量 $(X_1,X_2,\cdots,X_n)$ 的情况,且这种推广是直接的、简单的。下面直接给出相关结果。

n 维随机变量 $(X_1,X_2,\cdots,X_n)$,或者随机矢量 $\mathbf{X}=[X_1,X_2,\cdots,X_n]^{\mathrm{T}}$ 的联合分布函数定义为

$$F_{X_1X_2\cdots X_n}(x_1,x_2,\cdots,x_n)=P[X_1\leqslant x_1,X_2\leqslant x_2,\cdots,X_n\leqslant x_n] \tag{1.4.18}$$

若存在 n 元函数 $f_{X_1X_2\cdots X_n}(x_1,x_2,\cdots,x_n)$,满足对于任意 $x_1,x_2,\cdots,x_n\in\mathbf{R}$,有

$$F_{X_1X_2\cdots X_n}(x_1,x_2,\cdots,x_n)=\int_{-\infty}^{x_n}\cdots\int_{-\infty}^{x_2}\int_{-\infty}^{x_1}f_{X_1X_2\cdots X_n}(u_1,u_2,\cdots,u_n)\mathrm{d}u_1\mathrm{d}u_2\cdots\mathrm{d}u_n \tag{1.4.19}$$

则称函数 $f_{X_1X_2\cdots X_n}(x_1,x_2,\cdots,x_n)$ 为 n 维随机变量 $(X_1,X_2,\cdots,X_n)$ 的联合密度函数。

根据式(1.4.19),也有

$$f_{X_1X_2\cdots X_n}(x_1,x_2,\cdots,x_n)=\frac{\partial^n}{\partial x_1\partial x_2\cdots\partial x_n}F_{X_1X_2\cdots X_n}(x_1,x_2,\cdots,x_n) \tag{1.4.20}$$

根据 n 维概率分布函数的定义,我们可以得到 n 维随机变量的 m 维边缘分布函数和边缘概率密度函数,其中 $1\leqslant m<n$

$$F_{X_1X_2\cdots X_m}(x_1,x_2,\cdots,x_m)=F_{X_1X_2\cdots X_n}(x_1,x_2,\cdots,x_m,\infty,\cdots,\infty) \tag{1.4.21}$$

$$f_{X_1X_2\cdots X_m}(x_1,x_2,\cdots,x_m)=\underbrace{\int_{-\infty}^{\infty}\cdots\int_{-\infty}^{\infty}}_{(n-m)}f_{X_1X_2\cdots X_n}(u_1,\cdots,u_m,u_{m+1},\cdots,u_n)\mathrm{d}u_{m+1}\cdots\mathrm{d}u_n \tag{1.4.22}$$

n 维随机变量 $(X_1,X_2,\cdots,X_n)$ 在给定条件 $X_1=x_1,\cdots,X_m=x_m$ 的条件下,其余 $n-m$ 个分量 $(X_{m+1},X_{m+2},\cdots,X_n)$ 的条件概率密度为

$$f_{X_{m+1}X_{m+2}\cdots X_n \mid X_1X_2\cdots X_m}(x_{m+1},x_{m+2},\cdots,x_n \mid x_1,x_2,\cdots,x_m)=\frac{f_{X_1X_2\cdots X_n}(x_1,x_2,\cdots,x_n)}{f_{X_1X_2\cdots X_m}(x_1,x_2,\cdots,x_m)} \quad (1.4.23)$$

并且,当随机变量 $X_1,X_2,\cdots,X_n$ 相互独立时,有

$$f_{X_1X_2\cdots X_n}(x_1,x_2,\cdots,x_n)=f_{X_1}(x_1)f_{X_2}(x_2)\cdots f_{X_n}(x_n) \quad (1.4.24)$$

1.5 随机变量的函数

前面我们讨论了随机变量的概率及其统计分布的特性。实际应用中,有时我们还需要知道随机变量某个函数的统计分布特性。比如,对于概率空间$\langle S,\mathcal{F},P\rangle$上随机变量 X,已知其概率分布函数 $F_X(x)$,希望进一步知道 $Y=g(X)$ 这个新的随机变量 Y(如果 Y 是随机变量的话)的概率分布函数 $F_Y(y)$,其中 g 是某个实函数。这在电子系统中经常遇到,比如,随机变量 X 表示一个非线性放大器的输入信号在某时刻的值,随机变量 Y 表示该时刻放大器的输出值,其中 $Y=g(X)$ 的具体表达式,也就是放大器的传输特性为

$$Y=g(X)=\begin{cases} X^{1/n} & X\geqslant 0 \\ -|X|^{1/n} & X<0 \end{cases}$$

式中,n 为某个正整数。

显然,变量 Y 是随机变化的,但却未必是概率空间$\langle S,\mathcal{F},P\rangle$上的随机变量。我们当然希望它是概率空间$\langle S,\mathcal{F},P\rangle$上的随机变量,这样我们就可以根据随机变量 X 的统计特性,以及确定的实函数 g,推导出随机变量 Y 的统计特性。这在随机变量 X 可以直接观测而 Y 不能直接观测时非常有用。我们知道随机变量 X 是样本空间到实数集上的函数,即 $X:S\to\mathbf{R}$,而实函数 g 是实数集到实数集上的函数,即 $g:\mathbf{R}\to\mathbf{R}$,所以 Y 就是函数 X 和函数 g 的复合,因而是样本空间到实数集上的函数,即 $Y:S\to\mathbf{R}$;这也就是说,对于每个 $s\in S$,$Y(s)=g[X(s)]\in\mathbf{R}$。但是这还不够,$Y$ 若想成为概率空间$\langle S,\mathcal{F},P\rangle$上的随机变量,还得满足:对于任意实数 $a\in\mathbf{R}$,$\{s\in S \mid Y(s)\leqslant a\}\in\mathcal{F}$。由于 X 是随机变量,所以 Y 是否是随机变量完全取决于实函数 $g:\mathbf{R}\to\mathbf{R}$ 的特点。本书不对实函数 g 应该满足什么样的性质才能保证 Y 为随机变量做详细阐述,因为,以我们所学的工科数学那些知识,对这个事情不能采用较短篇幅说清楚,并且这也不是本书所关注的。大家只需要知道,对于 $\mathbf{R}$ 上的所有实函数这个集合而言,里面确实会有看起来非常“怪异”的函数,然而,在实际的电子系统中,不会遇到这些函数,我们所能遇到的实函数都是可以保证 Y 为随机变量的函数。下面我们讨论如何求得随机变量 Y 的统计特性。

1.5.1 一维随机变量的函数

首先讨论一种最简单的情况:实函数 g 为连续的单调函数,即 $x_1\neq x_2$ 时,$g(x_1)\neq g(x_2)$,此时存在反函数 $X=g^{-1}(Y)\triangleq h(Y)$。对连续型随机变量 X 和 Y,采用微元法来分析,如图 1.5.1 所示。由于 g 为连续的单调函数,因而,若 X 位于$(x,x+\mathrm{d}x)$这么一个很小的区间内,则 Y 必位于$(y,y+\mathrm{d}y)$这样一个相应的区间内;反之亦然。因而,这两个随机事件发生的概率相等,即

$$P[x<X<x+\mathrm{d}x]=P[y<Y<y+\mathrm{d}y]$$

也就有

$$f_X(x)\,\mathrm{d}x=f_Y(y)\,\mathrm{d}y \tag{1.5.1}$$

所以

$$f_Y(y)=f_X(x)\frac{\mathrm{d}x}{\mathrm{d}y}=f_X[h(y)]h'(y) \tag{1.5.2}$$

由于概率密度不可能取负值,所以 $\mathrm{d}x/\mathrm{d}y$ 应取绝对值,即

$$f_Y(y)=f_X[h(y)]\,|h'(y)| \tag{1.5.3}$$

这样的话,无论 $h(y)$ 是单调增函数 $[h'(y)>0]$,还是单调减函数 $[h'(y)<0]$,上式均成立。这里再次强调一下符号上的区别。函数 $y=g(x)$ 是一个确定的函数,其导数使用 $\mathrm{d}y/\mathrm{d}x$,其反函数 $x=h(y)$ 的导数使用 $\mathrm{d}x/\mathrm{d}y$。表达式 $Y=g(X)$ 的含义是 $Y(s)=g[X(s)]$,它表示映射(或函数)的复合运算。

若随机变量 X 和 Y 之间存在非单调函数关系 $Y=g(X)$,那么反函数 $X=h(Y)$ 将不唯一。假设一个 Y 的取值对应于两个 X 的值:$X_1=h_1(Y)$ 和 $X_2=h_2(Y)$,如图 1.5.2 所示。这时,当 Y 位于区间 $(y,y+\mathrm{d}y)$ 时,有 X 位于 $(x_1,x_1+\mathrm{d}x_1)$ 和 $(x_2,x_2+\mathrm{d}x_2)$ 两种可能。由于这两种事件是不相交的,所以根据概率空间 $\langle S,\mathcal{F},P\rangle$ 中概率的加法公式,有

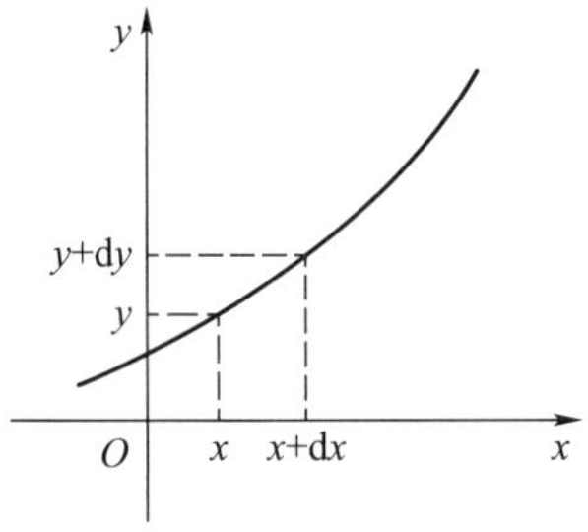

图 1.5.1　随机变量的单值函数示意图

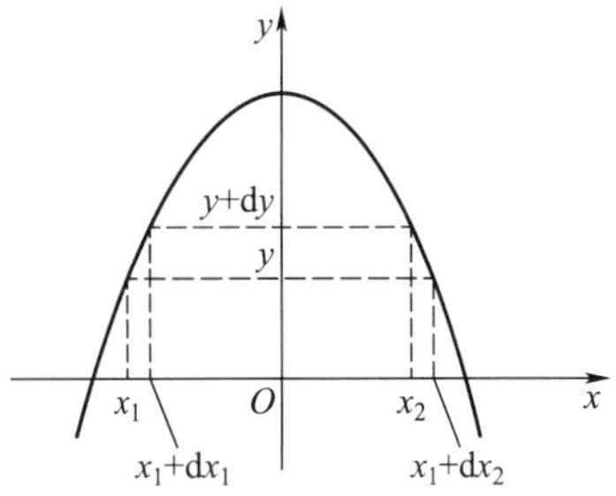

图 1.5.2　随机变量的多值函数示意图

$$f_Y(y)\,\mathrm{d}y=f_X(x_1)\,\mathrm{d}x_1+f_X(x_2)\,\mathrm{d}x_2 \tag{1.5.4}$$

将 $x_1=h_1(y)$ 和 $x_2=h_2(y)$ 代入上式,得到

$$f_Y(y)=f_X[h_1(y)]\,|h_1'(y)|+f_X[h_2(y)]\,|h_2'(y)| \tag{1.5.5}$$

对于一个 Y 的取值对应多个 X 的值的情况,可以以此类推。

【例 1.5.1】　设随机变量 X 服从指数分布,其概率密度函数为

$$f_X(x)=\begin{cases}\lambda\mathrm{e}^{-\lambda x}, & x\geqslant 0\\ 0, & x<0\end{cases}$$

或者可以写作

$$f_X(x)=\lambda\mathrm{e}^{-\lambda x}\varepsilon(x)$$

式中,$\varepsilon(x)$ 表示单位阶跃函数,求 $Y=X^2$ 的概率密度函数。

解:首先对随机变量 Y 的取值范围有一个判断,尤其对于概率密度函数是分段形式的情况。由于 $Y=X^2\geqslant 0$,所以当 $y<0$ 时,$f_Y(y)=0$。

注意到,$f_X(x)$ 也仅在 $x\geqslant 0$ 处才有非零值,所以 $Y=g(X)=X^2$ 的反函数此时也只根据 $Y=X^2$,$x\geqslant 0$ 这一边的函数去求,如图 1.5.3 所示,即反函数为

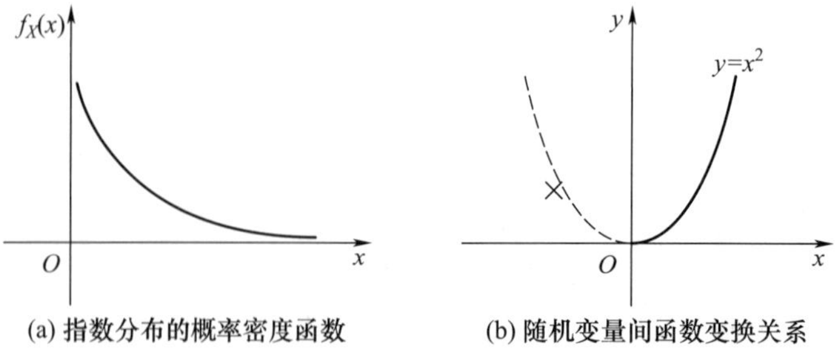

图 1.5.3 随机变量的概率密度函数及随机变量的函数变换示意图

$$X=h(Y)=\sqrt{Y}$$

而

$$\left|\frac{\mathrm{d}x}{\mathrm{d}y}\right|=\frac{1}{2\sqrt{y}}$$

所以,当 $y>0$ 时

$$f_Y(y)=f_X[x=\sqrt{y}]\left|\frac{\mathrm{d}x}{\mathrm{d}y}\right|=\lambda\mathrm{e}^{-\lambda\sqrt{y}}\cdot\frac{1}{2\sqrt{y}}=\frac{\lambda\mathrm{e}^{-\lambda\sqrt{y}}}{2\sqrt{y}}$$

综上

$$f_Y(y)=\begin{cases}\dfrac{\lambda\mathrm{e}^{-\lambda\sqrt{y}}}{2\sqrt{y}} & y>0\\ 0 & y<0\end{cases}$$

上一道例题中,由于反函数在 $y=0$ 处不可导,所以 Y 的概率密度函数在 $y=0$ 处无定义。

1.5.2 二维随机变量的函数

对于二维连续随机变量的情况,求解过程和上面一维的情况类似。已知二维连续随机变量 (X_1,X_2) 的联合概率密度函数为 $f_{X_1X_2}(x_1,x_2)$,若 Y_1 和 Y_2 分别是 (X_1,X_2) 的函数,即

$$\begin{cases}Y_1=g_1(X_1,X_2)\\ Y_2=g_2(X_1,X_2)\end{cases}\tag{1.5.6}$$

现在想要求得二维随机变量 (Y_1,Y_2) 的联合概率密度函数 $f_{Y_1Y_2}(y_1,y_2)$。其中,函数 g_1 和 g_2 可以是单值函数,也可以不是。我们这里只考虑单值的情况,此时,可以解出反函数为

$$\begin{cases}X_1=h_1(Y_1,Y_2)\\ X_2=h_2(Y_1,Y_2)\end{cases}\tag{1.5.7}$$

和一维情况类似,当二维随机变量 (X_1,X_2) 位于小区域 $\mathrm{d}S_{x_1x_2}$ 时,则 (Y_1,Y_2) 必位于 $\mathrm{d}S_{y_1y_2}$ 内;反之亦然,如图 1.5.4 所示。因而它们的概率相等,即

$$f_{X_1X_2}(x_1,x_2)\,\mathrm{d}S_{x_1x_2}=f_{Y_1Y_2}(y_1,y_2)\,\mathrm{d}S_{y_1y_2}\tag{1.5.8}$$

式中,$\mathrm{d}S_{x_1x_2}$ 和 $\mathrm{d}S_{y_1y_2}$ 为二维微元,也可以写作

$$\begin{cases}\mathrm{d}S_{x_1x_2}=\mathrm{d}x_1\mathrm{d}x_2\\ \mathrm{d}S_{y_1y_2}=\mathrm{d}y_1\mathrm{d}y_2\end{cases}\tag{1.5.9}$$

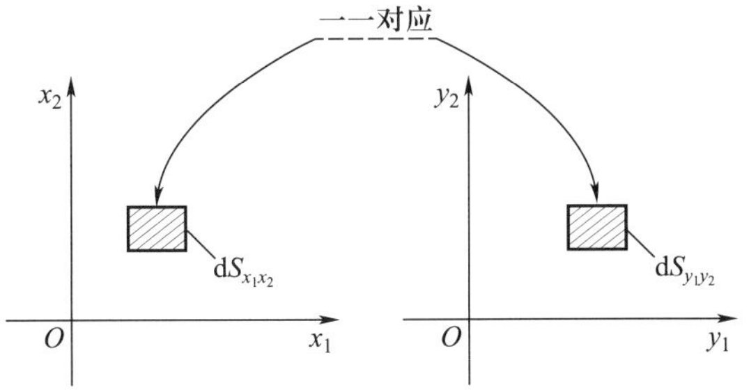

图 1.5.4 二维随机变量单值函数示意图

同样,考虑到概率密度大于零,所以(Y_1,Y_2)的概率密度函数为

$$f_{Y_1Y_2}(y_1,y_2)=f_{X_1X_2}(x_1,x_2)\left|\frac{dS_{x_1x_2}}{dS_{y_1y_2}}\right| \tag{1.5.10}$$

式中,$dS_{x_1x_2}/dS_{y_1y_2}$为二维坐标系转换的雅可比行列式

$$J(y_1,y_2)\triangleq\frac{dS_{x_1x_2}}{dS_{y_1y_2}}=\begin{vmatrix}\dfrac{\partial h_1}{\partial y_1} & \dfrac{\partial h_1}{\partial y_2}\\ \dfrac{\partial h_2}{\partial y_1} & \dfrac{\partial h_2}{\partial y_2}\end{vmatrix} \tag{1.5.11}$$

因此

$$f_{Y_1Y_2}(y_1,y_2)=f_{X_1X_2}(x_1,x_2)\,|J(y_1,y_2)|=f_{X_1X_2}[h_1(y_1,y_2),h_2(y_1,y_2)]\,|J(y_1,y_2)| \tag{1.5.12}$$

如果反函数 $x_1=h_1(y_1,y_2)$,$x_2=h_2(y_1,y_2)$对变量 y_1,y_2 的偏导数不易求得,而原函数 $y_1=g_1(x_1,x_2)$,$y_2=g_2(x_1,x_2)$对变量 x_1,x_2 的偏导数易求得时,则可以将式(1.5.10)转换为

$$f_{Y_1Y_2}(y_1,y_2)=f_{X_1X_2}(x_1,x_2)\left|\frac{dS_{y_1y_2}}{dS_{x_1x_2}}\right|^{-1} \tag{1.5.13}$$

而其中的二维坐标系转换的雅可比行列式 $dS_{y_1y_2}/dS_{x_1x_2}$ 计算公式为

$$\tilde{J}(x_1,x_2)=\frac{dS_{y_1y_2}}{dS_{x_1x_2}}=\begin{vmatrix}\dfrac{\partial g_1}{\partial x_1} & \dfrac{\partial g_1}{\partial x_2}\\ \dfrac{\partial g_2}{\partial x_1} & \dfrac{\partial g_2}{\partial x_2}\end{vmatrix} \tag{1.5.14}$$

因此

$$f_{Y_1Y_2}(y_1,y_2)=f_{X_1X_2}(x_1,x_2)\,|\tilde{J}(x_1,x_2)|^{-1}=f_{X_1X_2}(x_1,x_2)\,|\tilde{J}(x_1,x_2)|^{-1}\big|_{X_1=h_1(y_1,y_2),X_2=h_2(y_1,y_2)} \tag{1.5.15}$$

作为一个例子,考虑如下情形:已知二维连续随机变量(X,Y)的联合概率密度函数为$f_{XY}(x,y)$,求随机变量 $Z=X+Y$ 的概率密度函数。

由于已知的是二维随机变量(X,Y)的联合密度函数,所以需要构造另一个一维随机变量,以便和一维随机变量 Z 构成二维随机变量,进而可以利用上面的公式,求得新的二维随机变量的联合密度函数。当然,为了计算方便,构造的随机变量越简单越好。

令

$$Z_1=g_1(X,Y)=X,\quad Z_2=g_2(X,Y)=X+Y=Z$$

其反函数可以求得为

$$X=h_1(Z_1,Z_2)=Z_1,\quad Y=h_2(Z_1,Z_2)=Z_2-Z_1$$

其雅可比行列式为

$$J=\begin{vmatrix}1 & 0\\ -1 & 1\end{vmatrix}=1$$

因而,求得

$$f_{Z_1Z_2}(z_1,z_2)=f_{XY}(z_1,z_2-z_1)$$

进而可以求得二维随机变量(Z_1,Z_2)关于Z_2的边缘概率密度函数,也就是Z的概率密度函数

$$f_{Z_2}(z_2)=\int_{-\infty}^{\infty}f_{Z_1Z_2}(z_1,z_2)\mathrm{d}z_1=\int_{-\infty}^{\infty}f_{XY}(z_1,z_2-z_1)\mathrm{d}z_1 \tag{1.5.16}$$

当随机变量X,Y相互独立的话,则进一步有

$$f_{Z_2}(z_2)=\int_{-\infty}^{\infty}f_X(z_1)f_Y(z_2-z_1)\mathrm{d}z_1 \tag{1.5.17}$$

上式是卷积积分的形式,可以写作

$$f_Z=f_X*f_Y$$

需要特别指出的是,上述方法由于使用了微元法,所以只对连续型随机变量函数的分布适用。对于离散型随机变量函数的分布,由于离散型随机变量的取值可列,所以直接根据其分布律即可得到。

1.6 随机变量的数字特征

在实际应用中,要想获得随机变量的分布函数是很困难的,或者是不现实的。然而随机变量的一些数字特征还是较容易得到的,并且也能在一定程度上反映随机变量的特点。比如,随机抽取全班同学中的某一位同学,其身高是一个随机变量,而该随机变量的平均值则反映了全班同学的平均身高。另一方面,随机变量的分布函数也联系着一些数字特征,很多分布函数具有多个参数。比如常见的一维高斯分布,就包含均值和方差两个参数。事实上,随机变量的数字特征就是和随机变量的分布函数或密度函数相联系的一些数字,这些数字反映了随机变量在某方面的特征。比如,均值和方差就是和概率密度函数相联系,其必须通过概率密度函数求得,是描述概率密度函数中心和概率密度函数分散程度的一种度量;对于高斯分布而言,均值和方差直接反映在概率密度函数的表达式中。因此,对随机变量的数字特征的分析具有理论意义和实际价值。本节主要讨论连续型随机变量的数字特征。

1.6.1 随机变量及其函数的数学期望

对于概率密度函数为$f_X(x)$的一维连续随机变量X,称

$$E[X]\triangleq\int_{-\infty}^{\infty}xf_X(x)\mathrm{d}x \tag{1.6.1}$$

为随机变量X的数学期望,简称均值或期望。

若随机变量 X 是离散型随机变量，其分布律为 $p_k=P[X=x_k]$，$k=1,2,\cdots$，则离散型随机变量 X 的数学期望为

$$E[X]\triangleq\sum_{k=1}^{\infty}x_kp_k$$

随机变量的数学期望是一种关于随机变量的“平均”，称为“统计平均”。“平均”是针对某个集合而言的，本质上就是此集合各个成员某种属性量化值之和与此集合的某种全局属性量化值之比。比如，全班同学身高的平均值，就是各个同学的身高之和与全班同学人数之比。对于随机变量 X 而言，它与随机事件相联系，设其试验了 N 次，对于 X 的某个可能取值 x_α，其发生了 n_α 次，则该 N 次的平均值为各次发生的 x_α 之和与全部试验次数 N 之比。注意到，随机变量 X 的可能取值 x_α 是不同的，所以各次发生的 x_α 之和为 $\sum_\alpha x_\alpha n_\alpha$。进而 X 发生的平均值就是 $\sum_\alpha x_\alpha n_\alpha/N$，而 n_α/N 在 N 很大时为随机变量 X 取值为 x_α 的概率，所以才有了式(1.6.1)，只是那里对于连续型随机变量将求和变成积分而已。以掷骰子为例，随机变量 X 取值于{1,2,3,4,5,6}，设掷了 $N=600$ 次骰子，其中 X 取值为 1,2,3,4,5,6 的次数分别为 96,98,102,104,108,92，则掷了 600 次骰子的平均值为

$$(1\times96+2\times98+3\times102+4\times104+5\times108+6\times92)/600=3.51$$

当 N 逐渐增大时，X 取值为 1,2,3,4,5,6 的次数与 N 之比会趋于概率 1/6。随机变量与普通变量的根本区别在于，随机变量取某个值的概率是确定的，所以随机变量的统计平均值可以采用所有可能取值与其概率的乘积之和。

有时，我们还需要求得 $Y=g(X)$ 的期望。利用上一节中 $f_X(x)\mathrm{d}x=f_Y(y)\mathrm{d}y$，我们可以得到

$$E[Y]\triangleq\int_{-\infty}^{\infty}yf_Y(y)\mathrm{d}y=\int_{-\infty}^{\infty}g(x)f_X(x)\mathrm{d}x=E[g(X)] \tag{1.6.2}$$

对于二维随机变量(X,Y)的函数 $g(X,Y)$ 的数学期望，类似地，有

$$E[g(X,Y)]=\int_{-\infty}^{\infty}\int_{-\infty}^{\infty}g(x,y)f_{XY}(x,y)\mathrm{d}x\mathrm{d}y \tag{1.6.3}$$

1.6.2 随机变量的矩

下面我们考虑当随机变量的函数 $g(X)$ 为幂函数的时候，其数学期望的值。

称

$$m_k\triangleq E[X^k]=\int_{-\infty}^{\infty}x^kf_X(x)\mathrm{d}x \tag{1.6.4}$$

$$\mu_k\triangleq E[(X-E[X])^k]=\int_{-\infty}^{\infty}(x-E[X])^kf_X(x)\mathrm{d}x \tag{1.6.5}$$

分别为随机变量 X 的 k 阶原点矩和 k 阶中心矩。

当然，原点矩和中心矩之间可以相互转化

$$\begin{aligned}m_k&\triangleq E[X^k]=E[(X-E[X]+E[X])^k]\\&=E\left[\sum_{n=0}^{k-1}C_k^n(X-E[X])^n(E[X])^{k-n}\right]=\sum_{n=0}^{k-1}C_k^n\mu_n(m_1)^{k-n}\end{aligned}$$

$$\mu_k\triangleq E[(X-E[X])^k]=E\left[\sum_{n=0}^{k-1}C_k^nX^n(-1)^{k-n}(E[X])^{k-n}\right]$$

$$= \sum_{n=0}^{k-1} C_k^n m_n (-1)^{k-n} (m_1)^{k-n}$$

当 $k=1,2$ 时,就是最经常用到的矩了:其中,$m_1=E[X]$ 就是数学期望,$m_2=E[X^2]$ 称为随机变量 X 的均方值,$\mu_1=E[X-E[X]]=0$,$\mu_2=E[(X-E[X])^2]$ 称为随机变量 X 的方差。可以看出,随机变量 X 的矩是随机变量 X 的数字特征的一般形式。

对于二维随机变量,情形也类似。定义

$$E[X^n Y^k]=\int_{-\infty}^{\infty}\int_{-\infty}^{\infty} x^n y^k f_{XY}(x,y)\mathrm{d}x\mathrm{d}y \tag{1.6.6}$$

$$E[(X-E[X])^n(Y-E[Y])^k]=\int_{-\infty}^{\infty}\int_{-\infty}^{\infty}(X-E[X])^n(Y-E[Y])^k f_{XY}(x,y)\mathrm{d}x\mathrm{d}y \tag{1.6.7}$$

分别为随机变量(X,Y)的 $n+k$ 阶联合(混合)原点矩和中心矩。

在联合矩中,当 $n=k=1$ 时,有两个最重要的联合矩:$E[XY]$称为随机变量(X,Y)的互相关,通常用 R_{XY}表示;$E[(X-E[X])(Y-E[Y])]$称为随机变量(X,Y)的协方差,通常用 C_{XY}或者 $\mathrm{Cov}(X,Y)$表示。随机变量(X,Y)的互相关和协方差之间的关系为

$$C_{XY}=E[XY]-E[X]\cdot E[Y]=R_{XY}-E[X]\cdot E[Y] \tag{1.6.8}$$

事实上,随机变量(X,Y)的协方差根据定义就是“零均值化”的随机变量$(X-E[X],Y-E[Y])$的互相关,所以,随机变量(X,Y)的协方差和互相关,它们没有实质上的区别。

互相关 R_{XY}和协方差 C_{XY}都是衡量随机变量 X,Y 之间相关程度(这种相关属于线性相关)的一种度量:互相关 R_{XY}描述了随机变量 X,Y 取值之间的相关程度;协方差 C_{XY}描述了随机变量 X,Y 起伏值$(X-E[X],Y-E[Y])$之间的相关程度;它们没有本质区别。其实,随机变量 X,Y 之间的相关程度采用 $E[XY]$(或零均值化的 $E[XY]$)描述是正常的。在日常生活中,我们比较两个物体的相似程度或相关程度,就是把这两个事物放在一起比较。比如,对于两把钥匙,我们把它们放在一起,比较它们钥匙齿的形状,如果各个齿都一样,那么就可以开同一个锁。现在对于随机变量 X,Y,我们把它们乘在一起;当它们正相关时,X,Y 会以很高的概率取值 x,y 同为正值或同为负值,当它们负相关时,X,Y 会以很高的概率取值 x,y 为一正一负,而当它们不相关时,X 与 Y 的取值乘积 xy 会有时为正有时为负,所以 X,Y 乘积的均值即 $E[XY]$ 会约等于 0。此外,由于 X,Y 互相关和协方差是 $n=k=1$ 时的联合矩,即 X,Y 之间是一阶线性关系式,所以互相关和协方差描述了随机变量 X,Y 之间的线性相关程度。当 $C_{XY}=0$ 时,我们称随机变量 X,Y 线性不相关,简称为不相关。

根据柯西-施瓦兹不等式,可以证明如下不等式

$$|C_{XY}|\leqslant\sigma_X\sigma_Y \tag{1.6.9}$$

式中,σ_X 和 σ_Y 分别为随机变量 X,Y 的方差的平方根,称为标准差。因而,归一化协方差,定义

$$\rho_{XY}=\frac{C_{XY}}{\sigma_X\sigma_Y} \tag{1.6.10}$$

为随机变量 X,Y 的相关系数,它反映了随机变量 X,Y 之间的线性相关程度。自然地,$-1\leqslant\rho_{XY}\leqslant 1$。当 $\rho_{XY}=1$ 时,称 X,Y 正线性相关;当 $\rho_{XY}=-1$ 时,称 X,Y 负线性相关。

对比 $C_{XY}=0$,当 $R_{XY}=0$ 时,称随机变量 X,Y 是正交的。

若随机变量 X,Y 相互独立,则可以得到

$$C_{XY}=E[(X-E[X])(Y-E[Y])]=\int_{-\infty}^{\infty}\int_{-\infty}^{\infty}(X-E[X])(Y-E[Y])f_{XY}(x,y)\mathrm{d}x\mathrm{d}y$$
$$=\int_{-\infty}^{\infty}(X-E[X])f_X(x)\mathrm{d}x\int_{-\infty}^{\infty}(Y-E[Y])f_Y(y)\mathrm{d}y$$
$$=E[X-E[X]]E[Y-E[Y]]=0$$

即由随机变量的独立性,可以得到它们也是不相关的。

【例 1.6.1】 设随机变量 X 服从$[-1,1]$之间的均匀概率分布,$Y=X^2$,判断随机变量 X 和 Y 是否相关。

解:分别计算 $E[XY]$,EX,EY 即可,具体地

$$E[X]=\int_{-1}^{1}x\frac{1}{2}\mathrm{d}x=0$$

$$E[Y]=\int_{-1}^{1}x^2\frac{1}{2}\mathrm{d}x=\frac{1}{3}$$

$$E[XY]=\int_{-1}^{1}x^3\frac{1}{2}\mathrm{d}x=0$$

由于

$$E[XY]=E[X]\cdot E[Y]$$

也即

$$C_{XY}=E[XY]-E[X]\cdot E[Y]=0$$

所以,随机变量 X 和 Y 之间不相关。

从上一道例题可以看出,随机变量 X 和 Y 之间不相关是线性不相关,这并不是说,随机变量 X 和 Y 之间没有关系。由于随机变量 $Y=X^2$,它们之间当然有关系,只是它们之间的关系是二次关系,而非线性关系。

1.7 随机变量的特征函数

从上一节我们已经知道,通过随机变量的数字特征,可以获得其分布函数的一些特征,而随机变量的数字特征是随机变量幂函数的数学期望,随着幂函数阶次的增大,直接通过积分运算去求数字特征是麻烦的。本节引入随机变量特征函数的概念,可以对特征函数进行微分运算获得随机变量的数字特征。此外,特征函数还具有一些其他优良的性质。

1.7.1 特征函数的定义和性质

设 X 为定义在概率空间$\langle S,\mathcal{F},P\rangle$上的随机变量,其分布函数为 $F_X(x)$,称随机变量 X 的函数 e^{juX}的数学期望 $E[\mathrm{e}^{juX}]$为随机变量 X 的特征函数。对于连续型随机变量而言,其特征函数记为

$$\Phi_X(u)=E[\mathrm{e}^{juX}]=\int_{-\infty}^{\infty}\mathrm{e}^{jux}f_X(x)\mathrm{d}x \tag{1.7.1}$$

可以看出,随机变量 X 的特征函数就是随机变量 X 的某个函数 $g(X)$的数学期望;相对于上节的数字特征(也就是矩)那里采用幂函数 $g(X)=X^k$ 的数学期望,这里特征函数采用复指数函数(或三角函数)$g(X)=\mathrm{e}^{juX}$的数学期望。在数字特征那里,矩含有参变量 k,其取值为离散的;而

这里特征函数中的参变量是 u,其取值为连续的。联想我们在连续信号处理和离散信号处理所学到的傅里叶变换和 Z 变换,也是分别采用复指数函数和幂函数作为变换核的。因此,特征函数的定义式中,可以看作是概率密度函数 $f_X(x)$ 的傅里叶变换。自然地,已知特征函数,可以通过傅里叶反变换求得概率密度函数,所以,随机变量的概率密度函数和其特征函数是一一对应的。因而,特征函数也是描述随机变量分布的一种形式。

随机变量 X 的特征函数具有如下性质:

(1) $|\Phi_X(u)| \leqslant \Phi_X(0)=1$

证明:由定义

$$|\Phi_X(u)| = \left|\int_{-\infty}^{\infty} e^{jux} f_X(x)\,dx\right| \leqslant \int_{-\infty}^{\infty} |e^{jux} f_X(x)\,dx| = \int_{-\infty}^{\infty} f_X(x)\,dx = \Phi_X(0) = 1$$

(2) 若 X_1, X_2 是相互独立的随机变量,其特征函数分别为 $\Phi_{X_1}(u)$ 和 $\Phi_{X_2}(u)$,则随机变量 $Z=X_1+X_2$ 的特征函数为

$$\Phi_Z(u)=\Phi_{X_1}(u)\Phi_{X_2}(u)$$

证明:由 1.5 节中相互独立的随机变量之和的概率密度函数等于两个随机变量概率密度函数的卷积,而特征函数是概率密度函数的傅里叶变换,因而得此结论。或者,由于随机变量 X_1,X_2 相互独立,所以,它们的函数 $g(X_1)=e^{juX_1}$ 和 $g(X_2)=e^{juX_2}$ 也相互独立;进而由特征函数定义有

$$\Phi_Z(u)=E[e^{juZ}]=E[e^{ju(X_1+X_2)}]=E[e^{juX_1}e^{juX_2}]=E[e^{juX_1}]E[e^{juX_2}]=\Phi_{X_1}(u)\Phi_{X_2}(u)$$

(3) 随机变量 X 的线性函数 $Y=aX+b$ 的特征函数为

$$\Phi_Y(u)=e^{jub}\Phi_X(au)$$

证明:根据性质(2),常数 b 与随机变量 aX 相互独立,而常数 b 的特征函数为 $E[e^{jub}]=e^{jub}$,因而有 $\Phi_Y(u)=e^{jub}\Phi_{aX}(u)$。而 $\Phi_{aX}(u)=\Phi_X(au)$,因而结论得证。

【例 1.7.1】 随机变量 X 服从标准正态分布,即 $X\sim N(0,1)$,求其特征函数。

解:对于标准正态分布,其密度函数为

$$f_X(x)=\frac{1}{\sqrt{2\pi}}e^{-\frac{x^2}{2}}$$

进而,根据特征函数定义,有

$$\Phi_X(u)=\int_{-\infty}^{\infty} e^{jux}\frac{1}{\sqrt{2\pi}}e^{-\frac{x^2}{2}}dx=\frac{1}{\sqrt{2\pi}}e^{-\frac{u^2}{2}}\int_{-\infty}^{\infty} e^{-\frac{(x-ju)^2}{2}}dx$$

利用

$$\int_{-\infty}^{\infty} f_X(x)\,dx=\int_{-\infty}^{\infty}\frac{1}{\sqrt{2\pi}}e^{-\frac{x^2}{2}}dx=1$$

求得

$$\Phi_X(u)=\frac{1}{\sqrt{2\pi}}e^{-\frac{u^2}{2}}\int_{-\infty}^{\infty} e^{-\frac{(x-ju)^2}{2}}dx=e^{-\frac{u^2}{2}}$$

由于随机变量的概率密度函数和特征函数互为傅里叶变换对,则由该例题可见高斯函数的傅里叶变换还是高斯函数。

根据特征函数的性质(3),可以得到若 $X\sim N(m_X,\sigma_X^2)$,则其特征函数为

$$\Phi_X(u)=e^{jum_X-\frac{\sigma_X^2u^2}{2}} \tag{1.7.2}$$

【例 1.7.2】 已知随机变量 X 和 Y 之间相互独立，且它们的特征函数分别为 $\Phi_X(u)$，$\Phi_Y(u)$，求随机变量 $Z=X-2Y$ 的特征函数。

解：方法一如下。依据特征函数的定义

$$\Phi_Z(u)=E[\mathrm{e}^{\mathrm{j}uZ}]=E[\mathrm{e}^{\mathrm{j}u(X-2Y)}]=E[\mathrm{e}^{\mathrm{j}uX}\mathrm{e}^{-2\mathrm{j}uY}]$$

因为随机变量 X 和 Y 之间相互独立，所以它们通过函数所形成的随机变量 $g_1(X)$ 和 $g_2(Y)$ 也相互独立，进而有

$$\Phi_Z(u)=E[\mathrm{e}^{\mathrm{j}uX}]E[\mathrm{e}^{-2\mathrm{j}uY}]=\Phi_X(u)\Phi_Y(-2u)$$

方法二如下。令 $Z_1=X,Z_2=-2Y$，则有 $Z=Z_1+Z_2$。

设随机变量 X 和 Y 的概率密度函数分别为 $f_X(x)$ 和 $f_Y(y)$，则容易得到

$$f_{Z_1}(z_1)=f_X(z_1),\quad f_{Z_2}(z_2)=\frac{1}{2}f_Y\left(\frac{-z_2}{2}\right)$$

根据随机变量 X 和 Y 之间相互独立，可以得到随机变量 Z_1 和 Z_2 之间也相互独立，所以根据特征函数的性质(2)，有

$$\Phi_Z(u)=\Phi_{Z_1}(u)\Phi_{Z_2}(u)$$

显然 $\Phi_{Z_1}(u)=\Phi_X(u)$。对于 $\Phi_{Z_2}(u)$，根据 $f_{Z_2}(z_2)$ 和 $f_Y(y)$ 的关系，并利用傅里叶变换的尺度变换性质，有

$$\Phi_{Z_2}(u)=\Phi_Y(-2u)$$

所以

$$\Phi_Z(u)=\Phi_{Z_1}(u)\Phi_{Z_2}(u)=\Phi_X(u)\Phi_Y(-2u)$$

1.7.2 特征函数与矩的关系

在数字信号处理课程中，我们已经建立了 Z 变换和傅里叶变换之间的关系，而 Z 变换是用幂级数表示的，傅里叶变换是用复指数级数（或三角级数）表示的。在这里，我们也可以建立随机变量 X 的函数 $g(X)=X^n$ 和 $g(X)=\mathrm{e}^{\mathrm{j}uX}$ 的数学期望之间的关系。

根据随机变量特征函数的定义式，两边对特征函数参变量 u 进行微分，利用傅里叶变换的微分性质，可以得到

$$\frac{\mathrm{d}\Phi_X(u)}{\mathrm{d}u}=\int_{-\infty}^{\infty}(\mathrm{j}x)\cdot\mathrm{e}^{\mathrm{j}ux}f_X(x)\,\mathrm{d}x$$

令 $u=0$，则有

$$\frac{\mathrm{d}\Phi_X(u)}{\mathrm{d}u}\Big|_{u=0}=\mathrm{j}\int_{-\infty}^{\infty}xf_X(x)\,\mathrm{d}x=\mathrm{j}E[X]$$

类似地，微分 n 次，有

$$\frac{\mathrm{d}^n\Phi_X(u)}{\mathrm{d}u^n}\Big|_{u=0}=\mathrm{j}^n\int_{-\infty}^{\infty}x^nf_X(x)\,\mathrm{d}x=\mathrm{j}^nE[X^n]$$

因此有

$$E[X^n]=\mathrm{j}^{-n}\cdot\frac{\mathrm{d}^n\Phi_X(u)}{\mathrm{d}u^n}\Big|_{u=0}\tag{1.7.3}$$

从上式可以看出，求随机变量的各阶矩，可以通过对其特征函数求导数的方法得到，而无须做繁

杂的积分运算。

此外,若随机变量的特征函数可以展开成麦克劳林级数的话,则其特征函数可由该随机变量的各阶矩唯一确定,即

$$\Phi_X(u)=\sum_{n=0}^{\infty}\frac{\mathrm{d}^n\Phi_X(u)}{\mathrm{d}u^n}\Big|_{u=0}\cdot\frac{u^n}{n!}$$

$$=\sum_{n=0}^{\infty}E[X^n]\cdot\mathrm{j}^n\cdot\frac{u^n}{n!}\tag{1.7.4}$$

【例 1.7.3】 设随机变量 X 服从指数分布,即其概率密度函数为 $f_X(x)=\lambda\mathrm{e}^{-\lambda x}\varepsilon(x)$,其中 $\varepsilon(x)$ 表示单位阶跃函数,求随机变量 X 的特征函数和一阶矩。

解:根据信号与系统中已学过的常见傅里叶变换对

$$\mathrm{e}^{-\alpha t}\varepsilon(t)\leftrightarrow\frac{1}{\alpha+\mathrm{j}\omega}$$

而随机变量 X 特征函数 $\Phi_X(u)$ 与其密度函数 $f_X(x)$ 也是一对傅里叶变换对,只是变量 u 前面应该加一个负号,也就是说,严格意义上看,$\Phi_X(-u)$ 与 $f_X(x)$ 是一对傅里叶变换对。所以,有

$$\Phi_X(u)=\frac{\lambda}{\lambda-\mathrm{j}u}$$

根据特征函数与矩之间的关系,有

$$E[X]=\mathrm{j}^{-1}\cdot\frac{\mathrm{d}\Phi_X(u)}{\mathrm{d}u}\Big|_{u=0}=\mathrm{j}^{-1}\cdot\frac{\mathrm{j}\lambda}{(\lambda-\mathrm{j}u)^2}\Big|_{u=0}=\frac{1}{\lambda}$$

这道例题中,对于随机变量 X 的一阶矩,也可以不利用特征函数与矩之间的关系,而直接根据概率密度函数 $f_X(x)$,根据数学期望的定义去求,只是积分较为繁琐。

1.7.3 多维随机变量的特征函数

对于 n 维随机变量 $(X_1,\cdots,X_n)$,将其写成列向量的形式 $\boldsymbol{X}=[X_1,X_2,\cdots,X_n]^{\mathrm{T}}$,其特征函数定义为

$$\Phi_{X_1X_2\cdots X_n}(u_1,u_2,\cdots,u_n)\triangleq\Phi_{\boldsymbol{X}}(\boldsymbol{u})=E[\mathrm{e}^{\mathrm{j}u_1X_1+\mathrm{j}u_2X_2+\cdots+\mathrm{j}u_nX_n}]=E[\mathrm{e}^{\mathrm{j}\boldsymbol{u}^{\mathrm{T}}\boldsymbol{X}}]\tag{1.7.5}$$

式中,$\boldsymbol{u}=[u_1,u_2,\cdots,u_n]^{\mathrm{T}}$。

将 n 维随机变量的概率密度函数也写成向量形式

$$f_{\boldsymbol{X}}(\boldsymbol{x})\triangleq f_{X_1X_2\cdots X_n}(x_1,x_2,\cdots,x_n)$$

则 n 维随机变量的特征函数为

$$\Phi_{\boldsymbol{X}}(\boldsymbol{u})=\underbrace{\int_{-\infty}^{\infty}\cdots\int_{-\infty}^{\infty}}_{n}\mathrm{e}^{\mathrm{j}\boldsymbol{u}^{\mathrm{T}}\boldsymbol{x}}f_{X_1X_2\cdots X_n}(x_1,x_2,\cdots,x_n)\mathrm{d}x_1\mathrm{d}x_2\cdots\mathrm{d}x_n\tag{1.7.6}$$

式中,$\boldsymbol{x}=[x_1,x_2,\cdots,x_n]^{\mathrm{T}}$。

多维随机变量的特征函数也具有和一维随机变量特征函数类似的性质,下面以二维随机变量为例说明。

(1) 随机变量 X_1,X_2 相互独立的充分必要条件是

$$\Phi_{X_1X_2}(u_1,u_2)=\Phi_{X_1}(u_1)\Phi_{X_2}(u_2)$$

(2) $\Phi_{X_1X_2}(u_1,0)=\Phi_{X_1}(u_1)$;$\Phi_{X_1X_2}(0,u_2)=\Phi_{X_2}(u_2)$

(3) $E[X_1^k X_2^l]=\mathrm{j}^{-(k+l)}\cdot\dfrac{\partial^{(k+l)}\Phi_{X_1X_2}(u_1,u_2)}{\partial u_1^k\partial u_2^l}\Big|_{u_1=u_2=0}$

$$\Phi_{X_1X_2}(u_1,u_2)=\sum_{k=0}^{\infty}\sum_{l=0}^{\infty}E[X_1^kX_2^l]\cdot\frac{(\mathrm{j}u_1)^k}{k!}\cdot\frac{(\mathrm{j}u_2)^l}{l!}$$

考虑到随机变量 X 的特征函数 $\Phi_X(u)$ 与其概率密度函数 $f_X(x)$ 为一一对应关系，而特征函数 $\Phi_X(u)$ 又可以由随机变量的各阶矩 $E[X^n]$ $(n=0,1,2,\cdots)$ 唯一确定，所以随机变量 X 的概率密度函数 $f_X(x)$ 也认为可以由随机变量的各阶矩 $E[X^n]$ $(n=0,1,2,\cdots)$ 唯一确定。因而，由概率密度函数定义的随机变量之间的独立性，应该和随机变量之间的相关性一样，也可以由矩来描述。事实确实是这样的。即，若两个随机变量 X_1,X_2 的联合矩可以表示为

$$E[X_1^kX_2^l]=E[X_1^k]E[X_2^l] \tag{1.7.7}$$

式中，k,l 为任意的正整数，则随机变量 X_1,X_2 之间统计独立。或者说，两个随机变量 X_1,X_2 之间统计独立的充分必要条件是上式。

首先，必要性是显然的，直接根据独立性的定义 $f_{X_1X_2}(x_1,x_2)=f_{X_1}(x_1)f_{X_2}(x_2)$，计算 X_1,X_2 的联合矩即可。下面看充分性。利用多维随机变量特征函数的性质(3)，将 X_1,X_2 的特征函数用幂级数展开，有

$$\Phi_{X_1X_2}(u_1,u_2)=\sum_{k=0}^{\infty}\sum_{l=0}^{\infty}E[X_1^kX_2^l]\cdot\frac{(\mathrm{j}u_1)^k}{k!}\cdot\frac{(\mathrm{j}u_2)^l}{l!}$$

将式(1.7.7)代入上式，得到

$$\begin{aligned}\Phi_{X_1X_2}(u_1,u_2)&=\sum_{k=0}^{\infty}\sum_{l=0}^{\infty}E[X_1^k]E[X_2^l]\cdot\frac{(\mathrm{j}u_1)^k}{k!}\cdot\frac{(\mathrm{j}u_2)^l}{l!}\\&=\sum_{k=0}^{\infty}E[X_1^k]\cdot\frac{(\mathrm{j}u_1)^k}{k!}\sum_{l=0}^{\infty}E[X_2^l]\cdot\frac{(\mathrm{j}u_2)^l}{l!}\end{aligned} \tag{1.7.8}$$

而随机变量 X_1 和随机变量 X_2 各自特征函数展开成幂级数为

$$\Phi_{X_1}(u_1)=\sum_{n=0}^{\infty}E[X_1^n]\frac{(\mathrm{j}u_1)^n}{n!}$$

$$\Phi_{X_2}(u_2)=\sum_{n=0}^{\infty}E[X_2^n]\frac{(\mathrm{j}u_2)^n}{n!}$$

所以，式(1.7.8)可以写为

$$\Phi_{X_1X_2}(u_1,u_2)=\Phi_{X_1}(u_1)\Phi_{X_2}(u_2)$$

再根据多维随机变量特征函数的性质(1)，或者对上式直接做二维傅里叶变换即得随机变量 X_1，X_2 之间是统计独立的。

结合随机变量 X_1,X_2 之间不相关的定义 $E[XY]=E[X]\cdot E[Y]$，可以看出，不相关确实是独立的特殊情况。

【例 1.7.4】 设随机变量 X 服从 $[-\pi,\pi]$ 上的均匀分布，令 $Y=\sin(X)$，$Z=\cos(X)$，判断随机变量 Y 和 Z 之间的相关性和独立性。

解：计算

$$E[Y]=\int_{-\pi}^{\pi}\frac{1}{2\pi}\sin x\mathrm{d}x=0$$

$$E[Z]=\int_{-\pi}^{\pi}\frac{1}{2\pi}\cos x\mathrm{d}x=0$$

$$E[YZ]=\int_{-\pi}^{\pi}\frac{1}{2\pi}\sin x\cdot\cos x\mathrm{d}x=0$$

$$E[YZ]=E[Y]\cdot E[Z]$$

所以,随机变量 Y 和 Z 之间不相关。而

$$E[Y^2]=\int_{-\pi}^{\pi}\frac{1}{2\pi}\sin^2 x\mathrm{d}x=\frac{1}{2}$$

$$E[Z^2]=\int_{-\pi}^{\pi}\frac{1}{2\pi}\cos^2 x\mathrm{d}x=\frac{1}{2}$$

$$E[Y^2Z^2]==\int_{-\pi}^{\pi}\frac{1}{2\pi}\sin^2 x\cdot\cos^2 \mathrm{x}\mathrm{d}x=\frac{1}{8}$$

由于

$$E[Y^2Z^2]\neq E[Y^2]E[Z^2]$$

所以随机变量 Y 和 Z 之间不独立。

从上一道例题可以看出,随机变量 Y 和 Z 之间不相关是它们之间的线性关系不相关,而它们之间的二次关系是相关的。

第二章　随机信号的时域分析

随机信号是相对于确定信号而言的，随机信号不能用一个确定的时间函数来描述它。然而，随机信号的统计规律却是确定的。数学上，随机信号的数学模型称为随机过程；实际工程应用中，通常把随机过程称为随机信号。

2.1　随机过程的基本概念

2.1.1　随机过程的定义

我们知道，随机变量在每次试验的结果中，是一个与时间无关的数值。在许多的实际场合中，我们经常也会遇到试验结果不是一个确定的数值，而是一个确定的时间函数。比如，无线电技术中，在相同条件下，对无线通信中接收机的噪声电压进行若干次重复观测，记录下一些波形，如图 2.1.1 所示。在这个试验中，每一次的观测结果都是一个确定的时间波形（信号），可能是图 2.1.1 中的第一个波形 $x_1(t)$，也可能是 $x_2(t)$ 或 $x_3(t)$ 等。设 S 为样本点集合，在随机变量的定义中，对于样本点集合中的任一元素 $s \in S$，其对应于一个数值；而在这里，其对应于一个时间波形（函数）。可以想象成：现在掷骰子的每一个面不是几何图案，而是波形。也就是说，随机变量是样本点集合到实数集上的映射；而这里是样本点集合到实函数集合上的映射。所有这些确知的波形 $x_1(t), x_2(t), \cdots, x_m(t)$ 构成了可能的观测波形集合。注意，这里是为了示意，观测波形的集合是可列个。

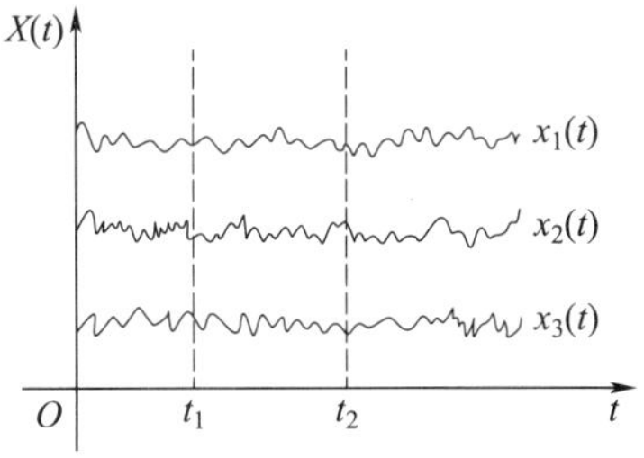

图 2.1.1　接收机噪声电压波形示意图

下面我们再看另一个例子。对于确定的正弦信号 $x(t)=a\sin(2\pi f_0 t+\varphi)$，其完全由参数 a, f_0, φ 决定，而当参数 a, f_0 为确定值，相位 φ 为服从$[0,2\pi]$上均匀分布的随机变量时，则此时正弦信号就不再为确定的了。此时若对其进行观测试验，由于相位 φ 的随机性，每次试验其为随机变量的某一个样本，因而每次试验中的正弦信号也呈现了随机性。图 2.1.2 给出了具有随机相位 φ 的正弦信号的 3 个观测样本。

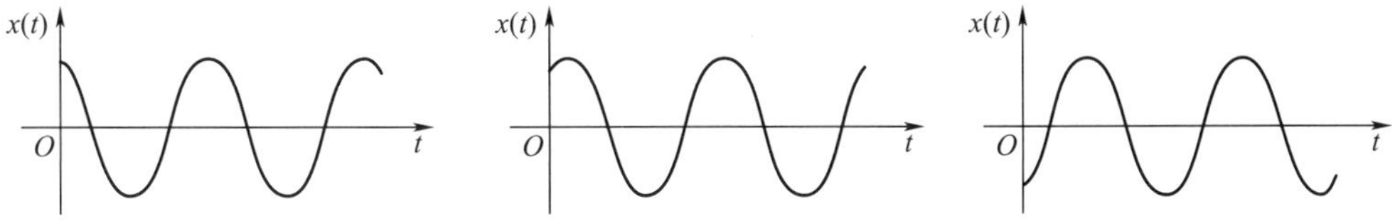

图 2.1.2　具有随机相位 φ 的正弦信号的 3 个样本函数示意图

从上面两个例子可以看出，接收机的噪声电压信号和具有随机相位的正弦信号都具有随机性，它们的变化规律在每次试验之前都是未知的，每次的试验结果也为不同的函数。下面给出随机过程的定义。

【定义】 设随机试验 E 的样本点集合是 S,若对于每个 $s\in S$,都有一个参数为 t 的函数 $X(t,s)$,$t\in T\subseteq \mathbf{R}$ 与之对应;因而,对于所有的 $s\in S$,会得到一个关于参数 t 的函数族$\{X(t,s),t\in T|s\in S\}$,将其称为随机过程。族中每一个函数称为该随机过程的样本函数。

为了方便起见,随机过程简写为 $X(t,s)$ 和 $X(t)$;因而样本函数采用 $x(t)$ 表示,以防止混淆。从定义可以看出,随机过程 $X(t,s)$ 实际上是时间 t 和样本点 s 两个变量的函数。对于一个特定的时间 t_i,$X(t_i,s)=X(s|t_i)$ 只含有变量 s,因而是一个随机变量;对于一个特定的样本点 s_α,$X(t,s_\alpha)=X(t|s_\alpha)$ 只含有变量 t,因而是一个确知的时间函数。所以,随机过程一方面是一个函数族,另一方面也可以看作是一个随时间变化的随机变量。因而,我们可以根据时间 t 和样本点 s 的取值不同,将随机过程 $X(t,s)$ 具体化为:

(1) 时间 t 和样本点 s 均固定,此时 $X(t_i,s_\alpha)=X|_{t_i,s_\alpha}$ 表示一个确定的数值;

(2) 时间 t 固定,样本点 s 为变量,此时 $X(t_i,s)=X(s|t_i)$ 表示一个随机变量;

(3) 时间 t 为变量,样本点 s 固定,此时 $X(t,s_\alpha)=X(t|s_\alpha)$ 表示一个确定时间函数;

(4) 时间 t 和样本点 s 均为变量,此时 $X(t,s)$ 表示一个随机过程。

2.1.2 随机过程的分类

随机过程的分类方式很多,根据不同的标准会得到不同的分类方法。下面列出几种常见的分类方法。

1. 按照随机过程 $X(t)$ 的自变量和函数值是连续的还是离散的进行分类

可以分为:

(1) 连续型随机过程,其自变量 t 和函数值 $X(t)$ 都是连续取值的。

(2) 离散型随机过程,其自变量 t 连续取值,而函数值 $X(t)$ 取值离散。

(3) 连续型随机序列,它可以看作是连续型随机过程的均匀采样结果,其自变量 t 取值离散,而函数值 $X(t)$ 是连续取值的。

(4) 离散型随机序列,它可以看作先对连续型随机过程进行均匀采样,然后将采样值进行量化处理。

随机序列,包括连续型随机序列和离散型随机序列,都是我们在数字信号处理课程中所熟悉的离散时间信号和数字信号的"随机化"版本。由于后三类都可以通过对连续型随机过程在时间自变量上和函数值上进行离散化处理得到,因而,本书主要以连续型随机过程为主进行讨论。

2. 按照随机过程的样本函数的形式进行分类

可以分为:

(1) 确定的随机过程,这种随机过程的任意样本函数的未来值,都可以由过去的观测值确定。也就是说,随机过程具有确定的函数表达形式。比如,前面例子中的随机相位正弦信号。

(2) 不确定的随机过程,与确定的随机过程相对应,这种随机过程的任意样本函数的未来值,不能由过去的观测值确定。也就是说,这种随机过程不具有确定的函数表达形式。比如,前面例子中,接收机的噪声电压信号就是不确定的随机过程。

3. 按照随机过程的概率特性分类

由于随机性是随机过程的本质属性,所以这种分类方法更为本质。可以按照概率分布函数和概率密度函数分为:高斯过程、瑞利分布、马尔可夫过程等。可以按照随机过程的统计特性有无平稳性和遍历性分为:平稳过程和非平稳过程、遍历过程和非遍历过程。

2.2 随机过程的统计特性

我们知道随机变量的统计特性由其概率分布函数决定。对于随机过程 $X(t)$ 而言,根据上一节的定义,它可以看作是时变的随机变量。也就是说,对随机过程 $X(t)$ 在时刻 $t_1, t_2, \cdots, t_n$ 进行采样,就得到 n 个随机变量 $X(t_1), X(t_2), \cdots, X(t_n)$,可以用这 n 个随机变量来近似描述随机过程 $X(t)$。当采样间隔逐渐减小时,所得到的 n 个随机变量或 n 维随机变量 $[X(t_1), X(t_2), \cdots, X(t_n)]$ 描述随机过程 $X(t)$ 越来越精确。因而,可以采用随机变量的研究方法来研究随机过程。

2.2.1 随机过程的概率分布函数

根据上面的分析,可以采用多维随机变量的联合概率分布来描述随机过程的概率分布。

1. 一维概率分布

随机过程 $X(t)$ 在任意时刻 t_1 的函数值 $X(t_1)$ 为一维随机变量,其分布函数为

$$F_X(x_1; t_1) = P[X(t_1) \leqslant x_1] \tag{2.2.1}$$

将 x_1 和 t_1 看作变量,则概率分布函数 $F_X(x_1; t_1)$ 反映了随机过程 $X(t)$ 在 t 的整个取值区间上所有一维分布情况。若 $F_X(x_1; t_1)$ 对 x_1 的偏导数存在,则称

$$f_X(x_1; t_1) = \frac{\partial F_X(x_1; t_1)}{\partial x_1} \tag{2.2.2}$$

为随机过程 $X(t)$ 的一维概率密度函数,它也是 x_1 和 t_1 的二元函数。

再次指出,函数的表示不依赖具体自变量的符号,比如 $F_X(x_1; t_1)$ 也可以写作 $F_X(x; t)$。显然,随机过程的一维分布函数和密度函数具有一维随机变量分布函数和密度函数的性质,所不同的是,它们还是时间 t 的函数。当然,它们仅仅能描述随机过程在任一个孤立时刻的统计特性,不能反映随机过程多个时刻之间的联系。

2. 二维概率分布

随机过程 $X(t)$ 在任意两个时刻 t_1, t_2 的函数值 $X(t_1), X(t_2)$ 构成二维随机变量 $[X(t_1), X(t_2)]$,其二维联合概率分布函数为

$$F_X(x_1, x_2; t_1, t_2) = P[X(t_1) \leqslant x_1, X(t_2) \leqslant x_2] \tag{2.2.3}$$

如果 $F_X(x_1, x_2; t_1, t_2)$ 对 x_1, x_2 存在二阶混合偏导数,则称

$$f_X(x_1, x_2; t_1, t_2) = \frac{\partial^2 F_X(x_1, x_2; t_1, t_2)}{\partial x_1 \partial x_2} \tag{2.2.4}$$

为随机过程 $X(t)$ 的二维概率密度函数。

这里需要对函数表示的符号做一点说明:我们在一维和二维分布函数和密度函数中均采用 F_X 和 f_X 表示随机过程 $X(t)$ 的分布函数和密度函数;严格地说,$X(t)$ 的一维分布函数和二维分布函数绝不会是同一个函数,我们使用同一个函数符号是想说明它们都是表示随机过程 $X(t)$ 的分布函数,至于是一维的分布函数还是二维的分布函数,由其所带自变量的数目给出。后面我们还会采用这种数学上不很严格,但是简洁方便的表示方式。

显然,二维分布函数描述了随机过程在任意两个时刻之间的联系,并且可以通过对二维概率

密度函数$f_X(x_1,x_2;t_1,t_2)$进行积分得到两个一维边缘概率密度函数$f_X(x_1;t_1)$和$f_X(x_2;t_2)$，因而，随机过程的二维分布比一维分布包含更多的信息，对随机过程的描述也更细致。然而，二维分布不能反映两个以上任意时刻之间的联系，所以不能完整描述出随机过程的全部统计特性。为此，引入任意n个时刻所形成的n维随机变量$[X(t_1),X(t_2),\cdots,X(t_n)]$的分布函数和密度函数。

3. n维概率分布

随机过程$X(t)$在任意n个时刻$t_1,t_2,\cdots,t_n$的函数值构成了n维随机变量$[X(t_1),X(t_2),\cdots,X(t_n)]$，其$n$维联合概率分布函数为

$$F_X(x_1,x_2,\cdots,x_n;t_1,t_2,\cdots,t_n)=P[X(t_1)\leqslant x_1,X(t_2)\leqslant x_2,\cdots,X(t_n)\leqslant x_n] \tag{2.2.5}$$

如果$F_X(x_1,x_2,\cdots,x_n;t_1,t_2,\cdots,t_n)$对$x_1,x_2,\cdots,x_n$存在$n$阶混合偏导数，则称

$$f_X(x_1,x_2,\cdots,x_n;t_1,t_2,\cdots,t_n)=\frac{\partial^n F_X(x_1,x_2,\cdots,x_n;t_1,t_2,\cdots,t_n)}{\partial x_1\partial x_2\cdots\partial x_n} \tag{2.2.6}$$

为随机过程$X(t)$的n维概率密度函数。

显然，随机过程的一维概率分布和二维概率分布只是n维概率分布中$n=1$和$n=2$的特例，并且随着n的不断增大，n维概率分布越来越趋于完善地描述随机过程的统计特性。理论上，维数n无限增大时，才可以完整地描述随机过程统计特性；然而，维数n越大，描述起来也就越困难。因而，实际应用中，一般只选取二维的情况。

类似于n维随机变量，随机过程$X(t)$的n维概率分布具有如下主要性质：

(1) $F_X(x_1,x_2,\cdots,-\infty,\cdots,x_n;t_1,t_2,\cdots,t_i,\cdots,t_n)=0$

(2) $F_X(\infty,\infty,\cdots,\infty;t_1,t_2,\cdots,t_n)=1$

(3) $f_X(x_1,x_2,\cdots,x_n;t_1,t_2,\cdots,t_n)\geqslant 0$

(4) $\int_{-\infty}^{\infty}\cdots\int_{-\infty}^{\infty}f_X(x_1,x_2,\cdots,x_n;t_1,t_2,\cdots,t_n)\,\mathrm{d}x_1\mathrm{d}x_2\cdots\mathrm{d}x_n=1$

(5) $\int_{-\infty}^{\infty}\cdots\int_{-\infty}^{\infty}f_X(x_1,\cdots,x_m,x_{m+1},\cdots,x_n;t_1,\cdots,t_m,t_{m+1},\cdots,t_n)\,\mathrm{d}x_{m+1}\cdots\mathrm{d}x_n=f_X(x_1,\cdots,x_m;t_1,\cdots,t_m)$

(6) 如果$X(t_1),X(t_2),\cdots,X(t_n)$统计独立，则有

$$f_X(x_1,x_2,\cdots,x_n;t_1,t_2,\cdots,t_n)=f_X(x_1;t_1)f_X(x_2;t_2)\cdots f_X(x_n;t_n)$$

2.2.2 随机过程的数字特征

和随机变量的情况一样，随机过程的概率分布函数很难确定，甚至不可能。实际应用中采用数字特征来描述随机过程，方便实际的测量和计算。随机过程常用的数字特征包括数学期望、方差、相关函数等，它们都是从随机变量的数字特征演变而来，这符合“随机过程可以看作一族随机变量或时变随机变量”这个观点。

1. 数学期望

随机过程$X(t)$在任意固定时刻t的函数值为一随机变量，因而其数学期望为

$$m_X(t)\triangleq E[X(t)]=\int_{-\infty}^{\infty}xf_X(x;t)\,\mathrm{d}x \tag{2.2.7}$$

随机过程的数学期望是时间t的函数，它代表了各个样本函数$X(t,s)$，$s\in S$在样本集合S上的平均，随机过程的各个样本函数$X(t,s)$以数学期望$m_X(t)$为中心来回摆动，如图2.2.1所示。这

里要注意,谈到"平均",我们需要清楚是怎么个平均法;对于以时间 t 为自变量的函数,我们首先想到的就是时间 t 上平均;然而,这里的随机过程 $X(t)$ 是一族样本函数 $\{X(t,s)\mid s\in S\}$,实际上也就是 $X(t,s)$,数学期望 $m_X(t)$ 是在自变量 s 上做平均化的,因而得到的是关于时间 t 的函数,这种平均称为统计平均或集合平均,以区分时间平均。

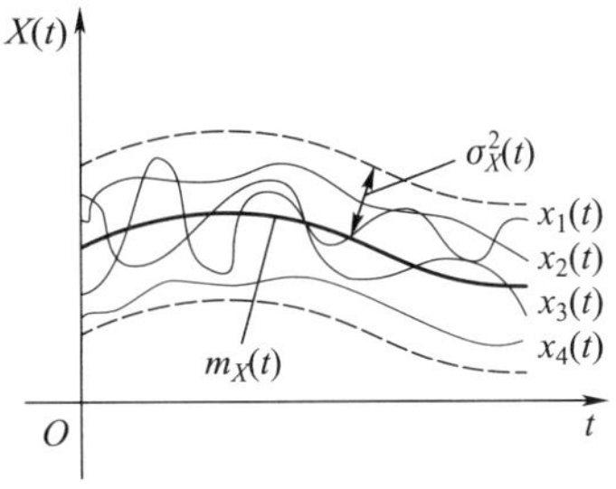

图 2.2.1 随机过程的数学期望和方差示意图

如果所讨论的随机过程 $X(t)$ 是接收机输出端的噪声电压,则此时 $m_X(t)$ 就是此噪声电压的瞬时统计平均值。

2. 均方值和方差

由于随机过程 $X(t)$ 在任意固定时刻 t 的函数值为一维随机变量,上述数学期望为这个一维随机变量的一阶原点矩(随机变量的一阶中心矩恒等于 0),自然地,我们也可以得到该一维随机变量的二阶矩,包括二阶原点矩和二阶中心矩,它们的定义如下。

随机过程 $X(t)$ 的均方值定义为

$$\psi_X^2(t)\triangleq E[X^2(t)]=\int_{-\infty}^{\infty}x^2f_X(x;t)\,\mathrm{d}x \tag{2.2.8}$$

随机过程 $X(t)$ 的方差定义为

$$\sigma_X^2(t)\triangleq D[X(t)]=E[(X(t)-m_X(t))^2] \tag{2.2.9}$$

由定义可知,随机过程的均方值和方差都是时间 t 的确定函数。方差 $D[X(t)]$ 描述了随机过程 $X(t)$ 的各个样本函数偏离于其数学期望 $m_X(t)$ 的程度,如图 2.2.1 所示。

如果所讨论的随机过程 $X(t)$ 是接收机输出端的噪声电压,则均方值和方差就表示消耗在单位电阻上的瞬时功率统计平均值和瞬时交流功率统计平均值。

3. 自相关函数和自协方差函数

随机过程的数学期望、均方值、方差都是随机过程某一个时刻所形成的一维随机变量的一阶矩和二阶矩。由于这些数字特征仅仅考虑了随机过程某一个时刻,自然就不能反映随机过程不同时刻之间的联系。比如,图 2.2.2 中所示的两个随机过程 $X_1(t)$ 和 $X_2(t)$,它们具有相近的均值和方差。然而,我们可以明显地看出,$X_1(t)$ 随时间变化缓慢,也即 $X_1(t)$ 在两个不同时刻的函数值具有较强的相关性,而 $X_2(t)$ 则随时间变化剧烈,其在两个不同时刻的函数值的相关性要弱很多。所以,对于这样的两个随机过程,仅仅依靠一个时刻的数字特征刻画其特点无法区分这两个不同的随机过程,需要引入可以描述随机过程在不同时刻之间相关程度的数字特征。

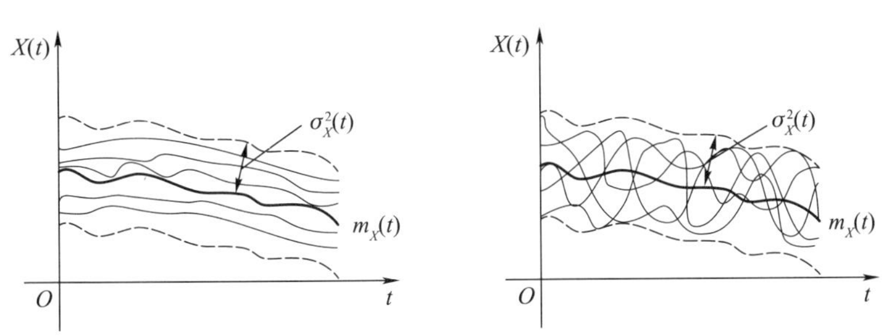

图 2.2.2 具有相近均值和方差的两个随机过程

对于随机过程 $X(t)$ 而言,其在任意两个不同时刻 t_1 和 t_2 的函数值 $X(t_1)$, $X(t_2)$ 构成二维随机变量 $[X(t_1),X(t_2)]$。因而,可以利用二维随机变量的二阶混合原点矩和中心矩来描述。

定义随机过程 $X(t)$ 的自相关函数为

$$R_X(t_1,t_2) \triangleq E[X(t_1)X(t_2)] = \int_{-\infty}^{\infty}\int_{-\infty}^{\infty} x_1 x_2 f_X(x_1,x_2;t_1,t_2)\mathrm{d}x_1\mathrm{d}x_2 \tag{2.2.10}$$

定义随机过程 $X(t)$ 的自协方差函数为

$$\begin{aligned} C_X(t_1,t_2) &\triangleq E[(X(t_1)-m_X(t_1))(X(t_2)-m_X(t_2))] \\ &= \int_{-\infty}^{\infty}\int_{-\infty}^{\infty}[x_1-m_X(t_1)][x_2-m_X(t_2)]f_X(x_1,x_2;t_1,t_2)\mathrm{d}x_1\mathrm{d}x_2 \end{aligned} \tag{2.2.11}$$

从上面的定义可以看出,随机过程 $X(t)$ 的自相关函数就是 $X(t)$ 在 t_1 和 t_2 时刻函数值 $X(t_1)$, $X(t_2)$ 的二阶混合原点矩,它描述了 $X(t)$ 在任意两个时刻的函数值之间的相关程度;随机过程 $X(t)$ 的自协方差函数是 $X(t)$ 在 t_1 和 t_2 时刻函数值 $X(t_1)$, $X(t_2)$ 的二阶混合中心矩,它描述了 $X(t)$ 在任意两个时刻起伏值之间的相关程度。

根据 $C_X(t_1,t_2)$ 的定义,我们可以得到

$$C_X(t_1,t_2) = R_X(t_1,t_2) - E[X(t_1)]E[X(t_2)] \tag{2.2.12}$$

当 $t_1=t_2=t$ 时

$$R_X(t_1,t_2)\big|_{t_1=t_2=t} = E[X^2(t)] \tag{2.2.13}$$

$$C_X(t_1,t_2)\big|_{t_1=t_2=t} = E[(X(t)-m_X(t))^2] = D[X(t)] \tag{2.2.14}$$

在随机过程理论中,仅讨论随机过程二阶矩范围内的理论,称为相关理论。本书就是只对相关理论进行分析。从上面的关系式可以看出,随机过程的均值 $m_X(t)$ 和相关函数 $R_X(t_1,t_2)$ 是相关理论中最基本的数字特征,由它们可以得到随机过程的均方值、方差、协方差这些数字特征。

【例 2.2.1】 随机过程 $X(t)=At+B$,其中,随机变量 A 服从标准正态分布,随机变量 B 服从 $[0,4]$ 上的均匀分布,且随机变量 A 与随机变量 B 之间相互独立。求随机过程 $X(t)$ 均值、方差、自相关函数。

解:根据题目中随机变量 A 与随机变量 B 所服从的分布,易知

$$E[A]=0,\quad D[A]=1,\quad E[B]=\frac{0+4}{2}=2,\quad D[B]=\frac{(4-0)^2}{12}=\frac{4}{3}$$

根据随机过程的各种矩的定义,并考虑 A 与 B 之间的独立性,有

$$m_X(t)=E[X(t)]=E[At+B]=t\cdot E[A]+E[B]=2$$

$$\sigma_X^2(t)=D[X(t)]=D[At+B]=t^2\cdot D[A]+D[B]=t^2+\frac{4}{3}$$

$$\begin{aligned} R_X(t_1,t_2) &= E[X(t_1)X(t_2)] = E[(At_1+B)(At_2+B)] \\ &= t_1t_2E[A^2]+(t_1+t_2)E[AB]+E[B^2] \\ &= t_1t_2\cdot(1+0^2)+(t_1+t_2)\cdot(0\times 2)+\left(\frac{4}{3}+2^2\right) \\ &= t_1t_2+\frac{16}{3} \end{aligned}$$

【例 2.2.2】 设有一脉冲数字通信系统,它传送脉宽为 T 的脉冲信号 $V(t)$。脉冲的幅度是一个随机变量,它可能的取值为±0.5、±1 这 4 个值,且取这些值的概率均为 1/4;不同周期内脉

冲幅度是相互独立的。图 2.2.3 给出了其中的一个样本函数。求脉冲信号 $V(t)$ 的一维概率密度函数 $f_V(v;t)$；$V(t)$ 的均值和自相关函数；$V(t)$ 的二维概率密度函数在 $t_1=2.5T,t_2=6.5T$ 时刻的值 $f_V(v_1,v_2;2.5T,6.5T)$。

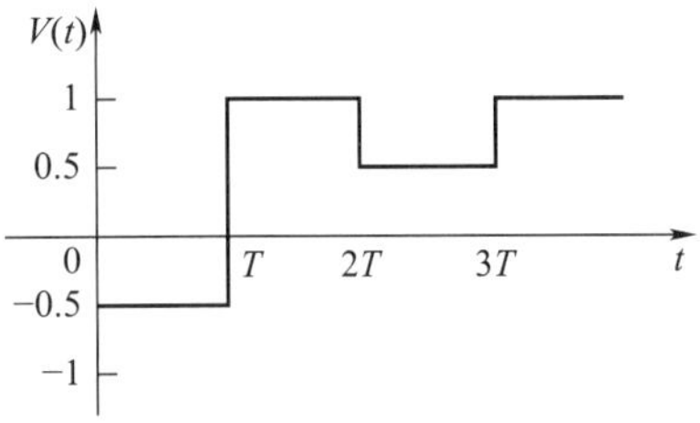

图 2.2.3 脉冲信号 $V(t)$ 的一个样本函数

解：对于任意时刻 t，$V(t)$ 的取值只可能是 ±0.5、±1 这 4 个值，所以 $V(t)$ 为离散随机变量。由于

$$P[V(t)=0.5]=P[V(t)=-0.5]$$
$$=P[V(t)=1]=P[V(t)=-1]=\frac{1}{4}$$

所以有

$$f_V(v;t)=\frac{1}{4}[\delta(v+0.5)+\delta(v-0.5)+\delta(v+1)+\delta(v-1)]$$

对于 $V(t)$ 的均值，对于任意时刻 t，由于 $V(t)$ 为离散随机变量，所以有

$$E[V(t)]=\frac{1}{4}\times0.5+\frac{1}{4}\times(-0.5)+\frac{1}{4}\times1+\frac{1}{4}\times(-1)=0$$

对于 $V(t)$ 的自相关函数，当 t_1,t_2 在同一脉冲持续周期 T 内时，即 $\lfloor t_1/T\rfloor=\lfloor t_2/T\rfloor$，其中 $\lfloor\ \rfloor$ 表示向下取整，则

$$R_V(t_1,t_2)=E[V(t_1)V(t_2)]=E[V^2(t_1)]=\frac{1}{4}\times[0.5^2+(-0.5)^2+1^2+(-1)^2]=0.625$$

当 t_1,t_2 不在同一周期内时，即 $\lfloor t_1/T\rfloor\neq\lfloor t_2/T\rfloor$，根据不同周期内脉冲幅度的独立性，有

$$R_V(t_1,t_2)=E[V(t_1)V(t_2)]=E[V(t_1)]E[V(t_2)]=0$$

由于 $t_1=2.5T,t_2=6.5T$ 这两个时刻不在同一个脉冲持续周期内，因而，随机变量 $V(2.5T)$ 与 $V(6.5T)$ 相互独立，所以

$$f_V(v_1,v_2;2.5T,6.5T)=f_V(v_1;2.5T)f_V(v_2;6.5T)$$

2.2.3 随机过程的特征函数

对于随机变量的特征函数，我们在第一章中已经知道了它与随机变量的概率密度函数互为傅里叶变换对，并且随机变量的矩也可以通过特征函数得到。由于随机过程可以看作是时变的随机变量，所以我们也可以定义随机过程的特征函数，并且也得到类似的性质。

根据随机过程 $X(t)$ 在任意固定时刻 t 的函数值为一维随机变量，所以其特征函数定义为

$$\boldsymbol{\Phi}_X(u;t)\triangleq E[e^{juX(t)}]=\int_{-\infty}^{\infty}e^{jux}f_X(x;t)\,dx \tag{2.2.15}$$

称其为随机过程 $X(t)$ 的一维特征函数，它是 u,t 的二元函数。固定时刻 t，$\boldsymbol{\Phi}_X(u;t)$ 与 $f_X(x;t)$ 互为傅里叶变换对，因而有

$$f_X(x;t)=\frac{1}{2\pi}\int_{-\infty}^{\infty}e^{-jux}\boldsymbol{\Phi}_X(u;t)\,du \tag{2.2.16}$$

和随机变量的特征函数类似，对随机过程的特征函数两边对 u 求 n 阶偏导数，得到

$$\frac{\partial^n\boldsymbol{\Phi}_X(u;t)}{\partial u^n}=\int_{-\infty}^{\infty}(jx)^n\cdot e^{jux}f_X(x;t)\,dx$$

则可以得到

$$E[X^n(t)]=\int_{-\infty}^{\infty}x^n f_X(x;t)\mathrm{d}x=(-\mathrm{j})^n\frac{\partial^n\Phi_X(u;t)}{\partial u^n}\Big|_{u=0} \tag{2.2.17}$$

随机过程 $X(t)$ 在任意两个不同时刻 t_1 和 t_2 的函数值 $X(t_1)$，$X(t_2)$ 构成二维随机变量 $[X(t_1),X(t_2)]$，利用第一章中多维随机变量的特征函数定义，有

$$\Phi_X(u_1,u_2;t_1,t_2)\triangleq E[\mathrm{e}^{\mathrm{j}u_1X(t_1)+\mathrm{j}u_2X(t_2)}]=\int_{-\infty}^{\infty}\int_{-\infty}^{\infty}\mathrm{e}^{\mathrm{j}(u_1x_1+u_2x_2)}f_X(x_1,x_2;t_1,t_2)\mathrm{d}x_1\mathrm{d}x_2 \tag{2.2.18}$$

对上式两边变量 u_1，u_2 各求一次偏导数，有

$$\frac{\partial^2\Phi_X(u_1,u_2;t_1,t_2)}{\partial u_1\partial u_2}=\int_{-\infty}^{\infty}\int_{-\infty}^{\infty}(\mathrm{j})^2x_1x_2\cdot\mathrm{e}^{\mathrm{j}(u_1x_1+u_2x_2)}f_X(x_1,x_2;t_1,t_2)\mathrm{d}x_1\mathrm{d}x_2$$

因而，可以得到随机过程 $X(t)$ 的自相关函数可以表示为

$$R_X(t_1,t_2)=\int_{-\infty}^{\infty}\int_{-\infty}^{\infty}x_1x_2f_X(x_1,x_2;t_1,t_2)\mathrm{d}x_1\mathrm{d}x_2=-\frac{\partial^2\Phi_X(u_1,u_2;t_1,t_2)}{\partial u_1\partial u_2}\Big|_{u_1=u_2=0} \tag{2.2.19}$$

对于随机过程的 n 维特征函数，情况类似，这里不再赘述。

【例 2.2.3】 已知随机过程 $X(t)=At,0<t<+\infty$，其中，随机变量 A 服从参数 $\lambda=3$ 的指数分布，即 $f_A(a)=3\mathrm{e}^{-3a}\varepsilon(a)$。请确定随机过程 $X(t)$ 的一维特征函数。

解：方法一如下。将时刻 t 看作固定参数，则随机过程 $X(t)$ 在时刻 t 为一随机变量 X_t，可以根据随机变量 A 的分布求得 X_t 的分布，进而得到随机变量 X_t 的特征函数，此即为 $X(t)$ 的一维特征函数。具体地，$X_t=At$。根据

$$f_{X_t}(x_t)\mathrm{d}x_t=f_A(a)\mathrm{d}a$$

得到

$$f_{X_t}(x_t)=f_A(a)\left|\frac{\mathrm{d}a}{\mathrm{d}x_t}\right|=f_A(a)\left|\frac{\mathrm{d}x_t}{\mathrm{d}a}\right|^{-1}$$
$$=f_A(a)\frac{1}{t}\Big|_{a=\frac{x_t}{t}}=3\mathrm{e}^{-\frac{3x_t}{t}}\varepsilon\left(\frac{x_t}{t}\right)\frac{1}{t}=\frac{3}{t}\mathrm{e}^{-\frac{3x_t}{t}}\varepsilon(x_t)$$

则有

$$\Phi_X(u;t)=E[\mathrm{e}^{\mathrm{j}uX(t)}]=E[\mathrm{e}^{\mathrm{j}uX_t}]=\int_{-\infty}^{\infty}\mathrm{e}^{\mathrm{j}ux_t}f_{X_t}(x_t)\mathrm{d}x_t$$
$$=\int_{-\infty}^{\infty}\mathrm{e}^{\mathrm{j}ux_t}\cdot\frac{3}{t}\mathrm{e}^{-3\frac{x_t}{t}}\varepsilon(x_t)\mathrm{d}x_t=\frac{3}{t}\int_0^{\infty}\mathrm{e}^{x_t\left(\mathrm{j}u-\frac{3}{t}\right)}\mathrm{d}x_t$$
$$=\frac{3}{t}\frac{\mathrm{e}^{x_t\left(\mathrm{j}u-\frac{3}{t}\right)}\Big|_{x_t=0}^{\infty}}{\mathrm{j}u-\frac{3}{t}}=\frac{3\cdot\mathrm{e}^{x_t\left(\mathrm{j}u-\frac{3}{t}\right)}\Big|_{x_t=0}^{\infty}}{\mathrm{j}ut-3}$$
$$=\frac{3\cdot\left(\lim\limits_{x_t\to\infty}\mathrm{e}^{\mathrm{j}ux_t-\frac{3}{t}x_t}-1\right)}{\mathrm{j}ut-3}=\frac{-3}{\mathrm{j}ut-3}$$

方法二如下。将时刻 t 看作固定参数，在随机过程 $X(t)$ 的一维特征函数表达式中，直接将 $X(t)$ 的表达式代入，进而转化为随机变量 A 的函数的矩的求解。具体地，根据随机过程一维特征函数的定义，有

$$
\begin{aligned}
\Phi_X(u;t) &= E[\mathrm{e}^{\mathrm{j}uX(t)}] = E[\mathrm{e}^{\mathrm{j}uAt}] \\
&= \int_{-\infty}^{\infty} \mathrm{e}^{\mathrm{j}uat} f_A(a)\,\mathrm{d}a = \int_{-\infty}^{\infty} \mathrm{e}^{\mathrm{j}uat} 3\mathrm{e}^{-3a} \varepsilon(a)\,\mathrm{d}a \\
&= \int_{0}^{\infty} \mathrm{e}^{\mathrm{j}uat} 3\mathrm{e}^{-3a}\,\mathrm{d}a = 3\int_{0}^{\infty} \mathrm{e}^{a(\mathrm{j}ut-3)}\,\mathrm{d}a \\
&= 3 \cdot \frac{\mathrm{e}^{a(\mathrm{j}ut-3)}}{\mathrm{j}ut-3}\Big|_{a=0}^{\infty} = \frac{3}{\mathrm{j}ut-3}\Big[\lim_{a\to\infty} \mathrm{e}^{a(\mathrm{j}ut-3)} - 1\Big] \\
&= \frac{3}{\mathrm{j}ut-3}\Big[\lim_{a\to\infty} \mathrm{e}^{-3a}\mathrm{e}^{\mathrm{j}aut} - 1\Big] = \frac{-3}{\mathrm{j}ut-3}
\end{aligned}
$$

从例 2.2.3 可以看出，直接将所求量转化为题目中所给出随机变量的相关量，相比于中间再构造一个随机变量要简单。

2.3　随机过程的微分和积分

在高等数学中，极限概念是微积分基础。对于随机过程而言，实际中也常常涉及微分和积分操作。对于随机过程微积分的概念，也是建立在极限概念基础上的。下面首先给出随机过程极限的概念。

2.3.1　随机过程的极限和连续

在高等数学中，数列 $\{x_n\}$ 和函数 $x(t)$ 的极限概念是通过 $\varepsilon-N$ 和 $\varepsilon-\delta$ 语言描述的。如果它们的极限存在，记为

$$\lim_{n\to\infty} x_n = a, \quad \lim_{t\to t_0} x(t) = x_0$$

式中，数列 $\{x_n\}$ 也可以写作自变量取值于自然数集的函数 $x(n)$；函数 $x(t)$ 在 t_0 处的极限也可以写为 $\lim\limits_{\Delta t\to 0} x(t_0+\Delta t) = x_0$。

对于随机序列，也即离散时间随机过程，记为 $X(n,s)$ 或 $X(n)$，其中 $X(n)$ 将取自于样本空间 S 的自变量 s 省略了。由于 $X(n)$ 是随机序列，和随机过程一样，它表示一族数列 $\{X(n,s) \mid s\in S\}$。若对于任意的 $s_\alpha \in S$，均有样本数列 $X(n,s_\alpha) \triangleq x^{(s_\alpha)}(n)$ 收敛于数值 x_{s_α}，其中上标 (s_α) 表示样本变量 s 在样本空间 S 内取某个具体元素 s_α 时，$X(n,s)$ 所形成的样本数列，那么称随机序列 $X(n)$ 处处收敛于随机变量 X，记为

$$\lim_{n\to\infty} X(n) = X \tag{2.3.1}$$

如果把上式完整地写出来，应该为

$$\lim_{n\to\infty} X(n,s) = X(s), \quad \forall s\in S \tag{2.3.2}$$

通过上式可以清楚地看出，当 s 取样本空间 S 内某个具体元素 s_α 时，$X(n,s)$ 成为某个样本数列 $X(n,s_\alpha)$，其收敛于数值 $X(s) = X(s_\alpha) = x_{s_\alpha} \in \mathbf{R}^1$；随机变量 X 为某个样本值 $X(s_\alpha)$ 的概率，等于随机序列 $X(n)$ 为样本数列 $X(n,s_\alpha)$ 的概率。在式(2.3.2)中，通过对自变量 n 取极限运算，消去自变量 n，只剩下自变量 s；因而，对于任意的 $s\in S$，上式均成立，所以是“处处收敛”。

显然，随机序列的处处收敛是数列收敛概念的直接推广，它要求随机序列的任意样本数列都收敛，这个要求十分苛刻，实际中采用如下均方收敛的概念。

对于随机序列 $X(n)$ 和随机变量 X，如果它们满足

$$\lim_{n\to\infty} E[(X(n)-X)^2]=0 \tag{2.3.3}$$

则称随机序列 $\{X(n)\}$ 均方收敛于随机变量 X，记为

$$\underset{n\to\infty}{\text{l.i.m}}X(n)=X \tag{2.3.4}$$

从随机序列均方收敛的定义可以看出，它并不要求对于每一个 $s\in S$，均有 $X(n,s)$ 收敛于数值 $X(s)$，对于 s 在样本空间 S 内取某些具体元素而形成的样本数列 $x(n)$，其可以不收敛于 $x=X(s)$；然而，这种情况相对于收敛的情况是很少的，所以不影响式(2.3.3)的成立。这就好比，在区间$[a,b]$上对连续函数 $f(x)$ 进行积分，得到积分值 A；若现在把区间$[a,b]$内某一个或某几个数值去掉，使得 $f(x)$ 在这些点上不连续，则积分值不会改变，还是 A。因为，这几个不连续点的个数相对于区间$[a,b]$上连续点的个数要少得多。因此，可以认为随机过程的均方收敛关注的是大范围的收敛性。需要注意的是，随机序列无论是处处收敛还是均方收敛，都是收敛于一个随机变量。

对于随机过程 $X(t,s)$ 或 $X(t)$，类似地，我们也可以定义其在 t_0 点处的处处收敛和均方收敛。若对于任意的 $s\in S$，均有样本函数 $X(t,s)$ 在 $t=t_0$ 点处收敛于数值 $X(s)$，那么称随机过程 $X(t,s)$ 在 $t=t_0$ 点处，处处收敛于随机变量 $X(s)$，记为

$$\lim_{t\to t_0} X(t,s)=X(s) \tag{2.3.5}$$

如果随机过程 $X(t,s)$ 和随机变量 $X(s)$ 满足

$$\lim_{t\to t_0} E[(X(t,s)-X(s))^2]=0 \tag{2.3.6}$$

则称随机过程 $X(t,s)$ 在 $t=t_0$ 点处均方收敛于随机变量 $X(s)$，记为

$$\underset{t\to t_0}{\text{l.i.m}}X(t,s)=X(s) \tag{2.3.7}$$

和随机序列的均方收敛含义一样，由于采用了数学期望运算，所以均方收敛表示随机过程 $X(t,s)$ 在 $t=t_0$ 点处，对于绝大多数的 $s\in S$ 样本点处形成的序列收敛于随机变量 $X(s)$。

进一步，当随机变量 $X(s)$ 为随机过程 $X(t,s)$ 在 $t=t_0$ 点处形成的随机变量时，即

$$\lim_{t\to t_0} E[(X(t,s)-X(t_0,s))^2]=0 \tag{2.3.8}$$

或者

$$\lim_{\Delta t\to 0} E[(X(t+\Delta t,s)-X(t,s))^2]=0 \tag{2.3.9}$$

则称随机过程 $X(t,s)$ 在 $t=t_0$ 点处均方连续，记为

$$\underset{\Delta t\to 0}{\text{l.i.m}}X(t+\Delta t,s)=X(t,s) \tag{2.3.10}$$

对于均方连续的随机过程 $X(t)$，其定义式中采用了类似于随机过程均方值的形式，因而，如果令 $Y(t)=X(t+\Delta t)-X(t)$，则利用随机过程方差可以表示为均方值与均值的平方之差，可以得到如下不等式

$$E[(X(t+\Delta t)-X(t))^2]-E^2[X(t+\Delta t)-X(t)]=\sigma_Y^2(t)\geqslant 0$$

进而有

$$E[(X(t+\Delta t)-X(t))^2]\geqslant E^2[X(t+\Delta t)-X(t)]$$

根据均方连续的定义，不等式左边在 $\Delta t\to 0$ 为 0，而右边又大于等于 0，所以有

$$\lim_{\Delta t\to 0} E[X(t+\Delta t)-X(t)]=0$$

也即

$$\lim_{\Delta t\to 0}E[X(t+\Delta t)]=E[X(t)] \tag{2.3.11}$$

因此,对于均方连续的随机过程 $X(t)$,它具有如下重要结论:均方连续的随机过程,其数学期望连续。

结合式(2.3.10)和式(2.3.11),进一步有

$$\lim_{\Delta t\to 0}E[X(t+\Delta t)]=E[\underset{\Delta t\to 0}{\mathrm{l.i.m}}\,X(t+\Delta t)] \tag{2.3.12}$$

从上式可以看出,取极限操作和取数学期望操作可以互换。其实,对于随机过程 $X(t,s)$ 而言,这两种运算一种是针对自变量 t 取极限运算,一种是针对自变量 s 取数学平均,它们之间可以交换也在情理之中。当然,先对随机过程进行取数学期望运算后,得到是随机过程的均值函数,它已不含有随机成分,因而是确定函数,所以再取极限就是普通极限运算了,而非均方极限的概念了。

2.3.2 随机过程的微分

类似于随机过程极限的定义,我们也可以定义随机过程在处处收敛意义下的导数,前提是如果随机过程的每个样本函数均可导的话。然而,这种定义实用中不可行,我们采用均方意义下的导数定义。

对于随机过程 $X(t)$,如果存在另一个随机过程 $X'(t)$ 满足

$$\lim_{\Delta t\to 0}E\left[\left(\frac{X(t+\Delta t)-X(t)}{\Delta t}-X'(t)\right)^2\right]=0 \tag{2.3.13}$$

或

$$\underset{\Delta t\to 0}{\mathrm{l.i.m}}\frac{X(t+\Delta t)-X(t)}{\Delta t}=X'(t) \tag{2.3.14}$$

则称随机过程 $X'(t)$ 为随机过程 $X(t)$ 在均方意义下的导函数过程。

在随机过程的导数定义出来之后,我们关心随机过程导数的一、二阶矩和原随机过程一、二阶矩之间的关系。可以猜想,由于导数是对时间变量 t 求导,而矩又是关于样本变量 s 的运算,因而应该也是可以交换的,所以随机过程导数的矩应该是随机过程矩的导数。下面来印证这种猜想。

据定义,对随机过程的导数求一阶矩

$$\begin{aligned}E[X'(t)]&=E\left[\underset{\Delta t\to 0}{\mathrm{l.i.m}}\frac{X(t+\Delta t)-X(t)}{\Delta t}\right]=\lim_{\Delta t\to 0}E\left[\frac{X(t+\Delta t)-X(t)}{\Delta t}\right]\\&=\lim_{\Delta t\to 0}\frac{1}{\Delta t}E[X(t+\Delta t)-X(t)]=\lim_{\Delta t\to 0}\frac{1}{\Delta t}[m_X(t+\Delta t)-m_X(t)]\\&=m'_X(t)\end{aligned} \tag{2.3.15}$$

再看相关函数

$$\begin{aligned}R_{XX'}(t_1,t_2)&=E[X(t_1)X'(t_2)]=E\left[X(t_1)\underset{\Delta t\to 0}{\mathrm{l.i.m}}\frac{X(t_2+\Delta t)-X(t_2)}{\Delta t}\right]\\&=E\left[\underset{\Delta t\to 0}{\mathrm{l.i.m}}\frac{X(t_1)X(t_2+\Delta t)-X(t_1)X(t_2)}{\Delta t}\right]\\&=\lim_{\Delta t\to 0}E\left[\frac{X(t_1)X(t_2+\Delta t)-X(t_1)X(t_2)}{\Delta t}\right]\end{aligned}$$

$$=\lim_{\Delta t\to 0}\frac{R_X(t_1,t_2+\Delta t)-R_X(t_1,t_2)}{\Delta t}$$

$$=\frac{\partial R_X(t_1,t_2)}{\partial t_2} \tag{2.3.16}$$

进而有

$$R_{X'}(t_1,t_2)=E[X'(t_1)X'(t_2)]=E\left[\underset{\Delta t\to 0}{\mathrm{l.\,i.\,m}}\frac{X(t_1+\Delta t)-X(t_1)}{\Delta t}X'(t_2)\right]$$

$$=E\left[\underset{\Delta t\to 0}{\mathrm{l.\,i.\,m}}\frac{X(t_1+\Delta t)X'(t_2)-X(t_1)X'(t_2)}{\Delta t}\right]$$

$$=\lim_{\Delta t\to 0}E\left[\frac{X(t_1+\Delta t)X'(t_2)-X(t_1)X'(t_2)}{\Delta t}\right]$$

$$=\lim_{\Delta t\to 0}\frac{R_{XX'}(t_1+\Delta t,t_2)-R_{XX'}(t_1,t_2)}{\Delta t}$$

$$=\frac{\partial R_{XX'}(t_1,t_2)}{\partial t_1}=\frac{\partial^2 R_X(t_1,t_2)}{\partial t_1\partial t_2} \tag{2.3.17}$$

2.3.3 随机过程的积分

对于随机过程 $X(t)$ 在区间 $[a,b]$ 上的定积分，类似的，我们也关注其在均方意义下的定义。也即，如果存在随机变量 Y 满足

$$\lim_{\substack{\Delta t_i\to 0\\ n\to\infty}}E\left[\left(Y-\sum_{i=0}^{n-1}X(t_i)\Delta t_i\right)^2\right]=0 \tag{2.3.18}$$

则称随机变量 Y 为随机过程 $X(t)$ 在区间 $[a,b]$ 上的均方积分。记为

$$Y=\int_a^b X(t)\,\mathrm{d}t\triangleq\underset{\substack{\Delta t_i\to 0\\ n\to\infty}}{\mathrm{l.\,i.\,m}}\sum_{i=0}^{n-1}X(t_i)\Delta t_i \tag{2.3.19}$$

对于随机过程的定积分，其积分为一个随机变量；若把积分上限改为时间 t，则可以定义变上限积分，此时积分结果为一个随机过程。

$$Y(t)=\int_a^t X(u)\,\mathrm{d}u \tag{2.3.20}$$

同样的，对于随机过程的积分，我们考虑一、二阶矩在积分前后的关系。对于定积分，由于积分结果为一个随机变量，所以仅考虑其一阶矩在积分前后的关系；对于变上限积分，其积分结果为随机过程，所以可以考虑其一、二阶矩在积分前后的关系。我们也可以猜想到随机过程的积分的矩等于随机过程矩的积分。

$$E\left[\int_a^b X(t)\,\mathrm{d}t\right]=E\left[\underset{\substack{\Delta t_i\to 0\\ n\to\infty}}{\mathrm{l.\,i.\,m}}\sum_{i=0}^{n-1}X(t_i)\Delta t_i\right]=\lim_{\substack{\Delta t_i\to 0\\ n\to\infty}}E\left[\sum_{i=0}^{n-1}X(t_i)\Delta t_i\right]$$

$$=\lim_{\substack{\Delta t_i\to 0\\ n\to\infty}}\sum_{i=0}^{n-1}E[X(t_i)]\Delta t_i=\int_a^b E[X(t)]\,\mathrm{d}t \tag{2.3.21}$$

对于变上限积分的数学期望，结果类似

$$E\left[\int_a^t X(t)\,\mathrm{d}t\right]=\int_a^t E[X(t)]\,\mathrm{d}t \tag{2.3.22}$$

对于变上限积分的相关函数,利用积分和数学期望运算可以交换顺序,得到

$$E\left[\int_a^{t_1} X(u)\,\mathrm{d}u\int_a^{t_2} X(v)\,\mathrm{d}v\right]=E\left[\int_a^{t_1}\int_a^{t_2} X(u)X(v)\,\mathrm{d}u\mathrm{d}v\right]$$

$$=\int_a^{t_1}\int_a^{t_2} E[X(u)X(v)]\,\mathrm{d}u\mathrm{d}v=\int_a^{t_1}\int_a^{t_2} R_X(u,v)\,\mathrm{d}u\mathrm{d}v \tag{2.3.23}$$

当然,随机过程定积分的矩与原随机过程的矩的关系,可以看作是随机过程变上限积分的矩与原随机过程的矩关系的特例。

2.4 平稳随机过程

本节我们考虑一类特殊的随机过程:平稳随机过程。随机过程的"平稳"是指随机过程的统计特性与时间起点无关,不随时间的推移而变化。平稳随机过程包括严平稳随机过程和宽平稳随机过程。

2.4.1 平稳随机过程的概念

【定义】 对于随机过程 $X(t)$,如果其任意 n 维概率密度函数(或 n 维分布函数)不随时间起点的不同而改变,也即对于任意的 n 和 Δt,$X(t)$ 的 n 维概率密度函数满足如下等式:

$$f_X(x_1,x_2,\cdots,x_n;t_1,t_2,\cdots,t_n)=f_X(x_1,x_2,\cdots,x_n;t_1+\Delta t,t_2+\Delta t,\cdots,t_n+\Delta t) \tag{2.4.1}$$

则称随机过程 $X(t)$ 为严平稳随机过程(或狭义平稳过程)。

前面我们说过,对于随机过程 $X(t)$,我们通过对其在时间上采样,将其转化为随机变量,然后利用随机变量的知识来研究它。比如对随机过程 $X(t)$ 在时刻 $t_1,t_2,\cdots,t_n$ 进行采样,就得到 n 个随机变量 $X(t_1),X(t_2),\cdots,X(t_n)$。对于这 n 个时刻 $t_1,t_2,\cdots,t_n$ 而言,固定好它们之间的时间间隔,那么这 n 个时刻的位置就仅取决于时间起点;当然,实际应用中,我们希望这 n 个随机变量 $X(t_1),X(t_2),\cdots,X(t_n)$ 的统计特性与时间起点无关。比如,$n=10$,n 个时刻 $t_1,t_2,\cdots,t_n$ 的间隔是 1 秒,对于某一个随机过程 $X(t)$,我们希望今天以采样间隔为 1 秒的 10 个时刻去采集 $X(t)$ 所形成的 10 维随机变量的统计特性,和明天以同样方式采集 $X(t)$ 所形成的 10 维随机变量的统计特性是相同的。如果我们以分布函数来考察严平稳随机过程,令 $Y(t)=X(t+\Delta t)$,根据严平稳随机过程的定义,随机过程 $Y(t)$ 的 n 维分布函数为

$$\begin{aligned}
&F_Y(x_1,x_2,\cdots,x_n;t_1,t_2,\cdots,t_n)\\
&=P[Y(t_1)\leqslant x_1,Y(t_2)\leqslant x_2,\cdots,Y(t_n)\leqslant x_n]\\
&=P[X(t_1+\Delta t)\leqslant x_1,X(t_2+\Delta t)\leqslant x_2,\cdots,X(t_n+\Delta t)\leqslant x_n]\\
&=\int_{-\infty}^{x_1}\underset{n}{\cdots}\int_{-\infty}^{x_n} f_X(u_1,u_2,\cdots,u_n;t_1+\Delta t,t_2+\Delta t,\cdots,t_n+\Delta t)\,\mathrm{d}u_1\mathrm{d}u_2\cdots\mathrm{d}u_n\\
&=\int_{-\infty}^{x_1}\underset{n}{\cdots}\int_{-\infty}^{x_n} f_X(u_1,u_2,\cdots,u_n;t_1,t_2,\cdots,t_n)\,\mathrm{d}u_1\mathrm{d}u_2\cdots\mathrm{d}u_n\\
&=f_X(x_1,x_2,\cdots,x_n;t_1,t_2,\cdots,t_n)=P[X(t_1)\leqslant x_1,X(t_2)\leqslant x_2,\cdots,X(t_n)\leqslant x_n]
\end{aligned}$$

可以清楚地看出,随机过程 $X(t)$ 和随机过程 $Y(t)=X(t+\Delta t)$ 在时刻 $t_1,t_2,\cdots,t_n$ 处所形成的 n 维

随机变量统计特性一样。注意到随机过程 $Y(t)=X(t+\Delta t)$ 是随机过程 $X(t)$ 的平移版本，所以严平稳随机过程的统计特性与时间起点无关，因而实际应用中测量严平稳随机过程可以在任何时间对其进行测试，不会改变测量的统计结果，这使得对随机过程的分析得以简化。

下面我们考虑严平稳随机过程在相关理论范围内的一、二阶矩的特点。由于严平稳随机过程的统计特性不随时间平移而变化，自然它的一、二阶矩也不随时间起点而变化。可以想象，对于一个时刻所形成的一维随机变量而言，由于只有时间起点一个时刻，其一、二阶矩不随时间变化；对于两个时刻所形成的二维随机变量而言，其相关函数和协方差函数应该只和两个时刻的时间差有关。

具体地，对于严平稳随机过程 $X(t)$ 的一维概率密度函数，令 $\Delta t=-t_1$，有

$$f_X(x_1;t_1)=f_X(x_1;t_1+\Delta t)=f_X(x_1;0)=f_X(x_1) \tag{2.4.2}$$

可见，严平稳随机过程的一维概率密度函数与时间 t 无关。因此，$X(t)$ 的均值、均方值、方差均和时间 t 无关，为一个常量，即

$$E[X(t)]=\int_{-\infty}^{\infty} xf_X(x)\,\mathrm{d}x=m_X \tag{2.4.3}$$

$$E[X^2(t)]=\int_{-\infty}^{\infty} x^2f_X(x)\,\mathrm{d}x=\psi_X^2 \tag{2.4.4}$$

$$D[X(t)]=E[(X(t)-m_X)^2]=\int_{-\infty}^{\infty}(x-m_X)^2f_X(x)\,\mathrm{d}x=\sigma_X^2 \tag{2.4.5}$$

对于严平稳随机过程 $X(t)$ 的二维概率密度函数，令 $\Delta t=-t_1$，并设有 $\tau=t_2-t_1$，则

$$f_X(x_1,x_2;t_1,t_2)=f_X(x_1,x_2;t_1+\Delta t,t_2+\Delta t)=f_X(x_1,x_2;0,t_2-t_1)=f_X(x_1,x_2;\tau) \tag{2.4.6}$$

可见，严平稳随机过程的二维概率密度函数仅与时间间隔 $\tau=t_2-t_1$ 有关，因此，$X(t)$ 的自相关函数和自协方差函数也仅与时间间隔 τ 有关，即

$$R_X(t_1,t_2)=\int_{-\infty}^{\infty}\int_{-\infty}^{\infty} x_1x_2f_X(x_1,x_2;\tau)\,\mathrm{d}x_1\mathrm{d}x_2=R_X(\tau) \tag{2.4.7}$$

同样，自协方差函数为

$$\begin{aligned}C_X(t_1,t_2)&=\int_{-\infty}^{\infty}\int_{-\infty}^{\infty}(x_1-m_X)(x_2-m_X)f_X(x_1,x_2;\tau)\,\mathrm{d}x_1\mathrm{d}x_2\\&=C_X(\tau)=R_X(\tau)-m_X^2\end{aligned} \tag{2.4.8}$$

和以前讨论过的想法类似，对于直接和概率密度函数或分布函数有关系的概念，主要是理论上的意义。根据严平稳随机过程的定义，直接根据定义去判断一个随机过程的严平稳性十分困难。在一般的工程应用中，如果产生随机过程的物理条件不随时间变化的话，就认为该过程是平稳的。此外，很多实际问题中，也不要求随机过程在很长的时间内都严平稳，只要在一定的观测时间内满足严平稳即可。

另一方面，我们也可以在相关理论范围内，也就是从随机过程一、二阶矩的性质来考虑随机过程的平稳性。注意到严平稳随机过程的均值是一个常数，相关函数仅与时间间隔 τ 有关。因此，我们仅从这些矩的特性出发，定义随机过程的另一种平稳性——宽平稳性。

【定义】 若随机过程 $X(t)$ 的数学期望为常数，相关函数仅与时间间隔 τ 有关，且相关函数在 $\tau=0$ 点处也就是均方值是有限的，即满足

$$\begin{cases}E[X(t)]=m_X\\R_X(t_1,t_2)=R_X(\tau)\\E[X^2(t)]<\infty\end{cases}\tag{2.4.9}$$

则称随机过程 $X(t)$ 为宽平稳随机过程(或广义平稳随机过程)。

根据上述定义可以看出,由于宽平稳随机过程仅与一、二阶矩有关,所以严平稳随机过程可以看作是宽平稳随机过程的特例(只要均方值有界)。今后我们提到的平稳随机过程,除非特别声明外,均指的是宽平稳随机过程。前面已经指出,随机过程的均值 $m_X(t)$ 和相关函数 $R_X(t_1,t_2)$ 是最基本的,其他一、二阶矩均可由它们得到。所以,宽平稳定义中的均值和相关函数与时间起点无关,那么其他一、二阶矩,也会与时间起点无关。这就使得,随机过程一个时刻所形成的随机变量的一、二阶矩,比如均值、均方值、方差均为常数;随机过程两个时刻所形成的两个随机变量的联合二阶矩,比如相关函数和协方差函数仅与时间间隔有关。这些也都可以从它们之间的关系式得到。

需要说明一点,宽平稳定义中第 3 条也就是 $R_X(0)<\infty$,我们可以在得到 $R_X(\tau)$ 后直接代入 0 去判断;绝大多数情况下,$R_X(\tau)$ 都是初等函数,所以条件 $R_X(0)<\infty$ 一般都是满足的。然而,为了理论上分析的方便,可能有采用广义函数的地方,该条件的设立主要是为了处理某些广义函数,比如 $\delta(t)$,而设定的。

【例 2.4.1】 设随机过程 $X(t)=\mathrm{e}^{-at}$,$0<t<\infty$,其中 a 是服从 $[0,2\pi]$ 上均匀分布的随机变量,求该随机过程的均值 $m_X(t)$ 和自相关函数 $R_X(t,t+\tau)$,并判断该随机过程是否为平稳随机过程。

解:随机过程表达式里,a 为随机变量,其概率密度函数为

$$f_A(a)=\begin{cases}\dfrac{1}{2\pi} & a\in[0,2\pi]\\0 & a\notin[0,2\pi]\end{cases}$$

将时刻 t 看作固定的,根据随机变量函数的数学期望的求法,有

$$\begin{aligned}m_X(t)&=E[X(t)]=E[\mathrm{e}^{-at}]\\&=\int_0^{2\pi}\mathrm{e}^{-at}f_A(a)\,\mathrm{d}a\\&=\int_0^{2\pi}\mathrm{e}^{-at}\cdot\frac{1}{2\pi}\,\mathrm{d}a\\&=\frac{1-\mathrm{e}^{-2\pi t}}{2\pi t}\end{aligned}$$

同理,对于自相关函数,将时刻 t,τ 看作固定的,依据定义

$$\begin{aligned}R_X(t,t+\tau)&=E[X(t)X(t+\tau)]=E[\mathrm{e}^{-at}\mathrm{e}^{-a(t+\tau)}]\\&=\int_0^{2\pi}\mathrm{e}^{-at}\mathrm{e}^{-a(t+\tau)}\cdot f_A(a)\,\mathrm{d}a\\&=\int_0^{2\pi}\mathrm{e}^{-at}\mathrm{e}^{-a(t+\tau)}\cdot\frac{1}{2\pi}\,\mathrm{d}a\\&=\frac{1-\mathrm{e}^{-2\pi(2t+\tau)}}{2\pi(2t+\tau)}\end{aligned}$$

根据计算出来的 $m_X(t)$ 和 $R_X(t,t+\tau)$ 都随时间变化,所以 $X(t)$ 不是平稳随机过程。

在上一例题中,不可根据随机过程的数学期望和相关函数的定义,利用 t 时刻的一维概率密

度$f_X(x;t)$和t_1,t_2时刻的二维概率密度函数$f_X(x_1,x_2;t_1,t_2)$去求解随机过程的数学期望和相关函数,因为这样很复杂,甚至不可能。比如,若想采用概率密度函数求解数学期望,那么,$f_X(x;t)$可以通过第一章中随机变量函数的概率密度求法得到。具体地,将时刻t看作固定的,将$X(t)$看作随机变量X_t,则

$$X_t=\mathrm{e}^{-at}=g[a],\quad a=h(x_t)=\frac{-\ln x_t}{t}$$

再根据$f_{X_t}(x_t)\,\mathrm{d}x=f_A(a)\,\mathrm{d}a$,并根据$0\leqslant -\ln x_t/t\leqslant 2\pi$,得到,当$\mathrm{e}^{-2\pi t}\leqslant x_t\leqslant \mathrm{e}^0=1$时

$$\begin{aligned}f_{X_t}(x_t)&=f_A[a=h(x_t)]\,|h'(x_t)|\\&=f_A\left(\frac{-\ln x_t}{t}\right)\left|\left(\frac{-\ln x_t}{t}\right)'\right|=\frac{1}{2\pi}\cdot\frac{1}{x_t t}=\frac{1}{2\pi x_t t}\end{aligned}$$

进而

$$E[X(t)]=E[X_t]=\int_{\mathrm{e}^{-2\pi t}}^{1}x_t f_{X_t}(x_t)\,\mathrm{d}x_t=\frac{1}{2\pi t}(1-\mathrm{e}^{-2\pi t})$$

对比例题中的求解过程,直接求概率密度函数非常烦琐。例题中,随机过程$X(t)$的表达式是已知的,求解时只需要把$X(t)$的一阶、二阶矩问题转化为$X(t)$表达式中关于随机变量a的函数的一阶、二阶矩来求。

【例 2.4.2】 若随机信号$X(t)=X_1\cos\omega_0 t-X_2\sin\omega_0 t$,其中,随机变量$X_1,X_2$彼此独立,且都是均值为0,方差为5的高斯随机变量,试求$X(t)$的均值函数$m_X(t)$和相关函数$R_X(t_1,t_2)$,并判断此随机过程是否为平稳随机过程?

解:根据定义

$$\begin{aligned}m_X(t)&=E[X(t)]=E[X_1\cos\omega_0 t-X_2\sin\omega_0 t]\\&=\cos\omega_0 t\cdot E[X_1]-\sin\omega_0 t\cdot E[X_2]=0\end{aligned}$$

由于X_1,X_2彼此独立,再利用它们的均值和方差,得到

$$E[X_1X_2]=E[X_1]E[X_2]=0$$
$$E[X_1^2]=E[X_2^2]=5$$

进而有

$$\begin{aligned}R_X(t_1,t_2)&=E[(X_1\cos\omega_0 t_1-X_2\sin\omega_0 t_1)(X_1\cos\omega_0 t_2-X_2\sin\omega_0 t_2)]\\&=E[X_1^2\cos\omega_0 t_1\cos\omega_0 t_2-X_1X_2\cos\omega_0 t_1\sin\omega_0 t_2-X_1X_2\sin\omega_0 t_1\cos\omega_0 t_2+X_2^2\sin\omega_0 t_1\sin\omega_0 t_2]\\&=E[X_1^2]\cos\omega_0 t_1\cos\omega_0 t_2+E[X_2^2]\sin\omega_0 t_1\sin\omega_0 t_2\\&=5(\cos\omega_0 t_1\cos\omega_0 t_2+\sin\omega_0 t_1\sin\omega_0 t_2)\\&=5\cos\omega_0(t_1-t_2)\end{aligned}$$

根据上面的计算,并且$E[X^2(t)]=R(t,t)=5<\infty$,满足平稳性的三个条件,所以$X(t)$是平稳随机过程。

【例 2.4.3】 设平稳随机过程$X(t)$的相关函数是$R_X(\tau)$,求$X(t)$的导函数$Y(t)=X'(t)$的相关函数。

解:根据2.3节的式(2.3.16)和式(2.3.17)的推导过程,当$X(t)$是平稳随机过程时,有

$$R_{XX'}(t_1,t_2)=\lim_{\Delta t\to 0}\frac{R_X(t_1,t_2+\Delta t)-R_X(t_1,t_2)}{\Delta t}$$

$$= \lim_{\Delta t \to 0} \frac{R_X(\tau+\Delta t) - R_X(\tau)}{\Delta t}$$

$$= \frac{\mathrm{d}R_X(\tau)}{\mathrm{d}\tau}$$

进而有

$$R_{X'}(t_1,t_2) = \lim_{\Delta t \to 0} \frac{R_{XX'}(t_1+\Delta t, t_2) - R_{XX'}(t_1,t_2)}{\Delta t}$$

$$= \lim_{\Delta t \to 0} \frac{R_{XX'}(\tau-\Delta t) - R_{XX'}(\tau)}{\Delta t}$$

$$= -\frac{\mathrm{d}R_{XX'}(\tau)}{\mathrm{d}\tau} = -\frac{\mathrm{d}^2 R_X(\tau)}{\mathrm{d}^2\tau}$$

对于平稳随机过程而言，由于均值为常数 m_X，所以通过定义新的随机过程 $Y(t)=X(t)-E[X(t)]=X(t)-m_X$，使得随机过程 $Y(t)$ 的均值为 0，且 $R_Y(t_1,t_2)=C_X(t_1,t_2)=C_X(\tau)$，可见随机过程 $Y(t)$ 是零均值的平稳随机过程。因此，不失一般性，我们可以假设平稳随机过程的均值为 0。在这种假设条件下，随机过程 $X(t)$ 的基本数字特征就只剩下相关函数 $R_X(\tau)$ 了。它是相关理论中最重要的概念。下面我们给出平稳随机过程相关函数的一些重要性质。

2.4.2 平稳随机过程相关函数的一些性质

(1) $R_X(0)=E[X^2(t)]\geqslant 0$。

(2) $R_X(\tau)=R_X(-\tau)$；同理，$C_X(\tau)=C_X(-\tau)$。

(3) $R_X(0)\geqslant |R_X(\tau)|$。

证明：在第一章中，我们已经知道对于两个随机变量 X、Y 而言，有 $|C_{XY}|\leqslant \sigma_X\sigma_Y$。因此，平稳随机过程的两个时刻所形成的随机变量也满足此性质，再结合随机过程的平稳性，可以得到 $|C_X(\tau)|\leqslant \sigma_X^2=C_X(0)$；零均值化 $X(t)$，即令 $Y(t)=X(t)-m_X$，则有 $R_Y(\tau)=C_X(\tau)$，因而有 $|R_Y(\tau)|\leqslant R_Y(0)$。

需要指出，这里的不等号“$\geqslant$”是可以取得等号的，所以 $R_X(\tau)$ 的最大值可能并非只在 $\tau=0$ 处取得。

(4) 若平稳随机过程中不含有任何周期分量，则有

$$R_X(\infty)=m_X^2$$

证明：对于非周期随机过程，当两个时刻的间隔 τ 逐渐增大时，随机变量 $X(t)$ 和 $X(t+\tau)$ 的相关性会逐渐减弱，在 $\tau\to\infty$ 的极限情况下，两者将会不相关。进而有

$$R_X(\infty)=\lim_{\tau\to\infty}R_X(\tau)=\lim_{\tau\to\infty}E[X(t)X(t+\tau)]=\lim_{\tau\to\infty}E[X(t)]E[X(t+\tau)]=m_X^2$$

同理

$$C_X(\infty)=\lim_{\tau\to\infty}C_X(\tau)=R_X(\infty)-m_X^2=0$$

进一步

$$\sigma_X^2=C_X(0)=R_X(0)-m_X^2=R_X(0)-R_X(\infty)$$

2.4.3 平稳随机过程的自相关系数和相关时间

在第一章中，对于两个随机变量 X,Y，我们已经定义了其归一化协方差——相关系数，为 $\rho_{XY}=$

$C_{XY}/\sigma_X\sigma_Y$。在这里，我们也对平稳随机过程 $X(t)$ 的自协方差函数 $C_X(\tau)$ 也进行归一化的处理，即定义

$$\rho_X(\tau)=\frac{C_X(\tau)}{C_X(0)}=\frac{C_X(\tau)}{\sigma_X^2}=\frac{R_X(\tau)-m_X^2}{\sigma_X^2} \tag{2.4.10}$$

为平稳随机过程 $X(t)$ 的自相关系数。我们之所以做这种归一化的处理，是由于平稳随机过程 $X(t)$ 的自协方差函数 $C_X(\tau)$ 所表示的两个不同时刻的起伏值之间的相关程度，是和这两个时刻的起伏值大小有关。若这两个时刻的起伏值大小本身就很小的话，也就是说 $X(t)-m_X$ 或 $X(t+\tau)-m_X$ 很小的话，即使它们之间的相关性很强，也会造成 $C_X(\tau)$ 很小。事实上，相关性是衡量两个时刻之间的内在统计相关性，需要把这两个时刻本身的绝对量的作用去除，因而我们采用归一化的方法。

根据相关函数的性质(3)，可以得到

$$|\rho_X(\tau)|\leqslant\rho_X(0)=1 \tag{2.4.11}$$

当 $\rho_X(\tau)=1$ 时，说明平稳随机过程 $X(t)$ 在间隔为 τ 的两个时刻完全正相关；当 $\rho_X(\tau)=-1$ 时，说明完全负相关；当 $\rho_X(\tau)=0$ 时，说明不相关。

此外，需要额外说明一点的是，对于平稳随机过程 $X(t)$ 而言，自协方差函数 $C_X(\tau)$ 等于自相关函数 $R_X(\tau)$ 减去一个常数 m_X^2，自相关系数 $\rho_X(\tau)$ 等于自协方差函数 $C_X(\tau)$ 再除以一个常数 σ_X^2，所以，$R_X(\tau)$、$C_X(\tau)$、$\rho_X(\tau)$ 如果均以自变量 τ 为横轴画出相应图形时，它们具有类似的图形，如图 2.4.1 所示。

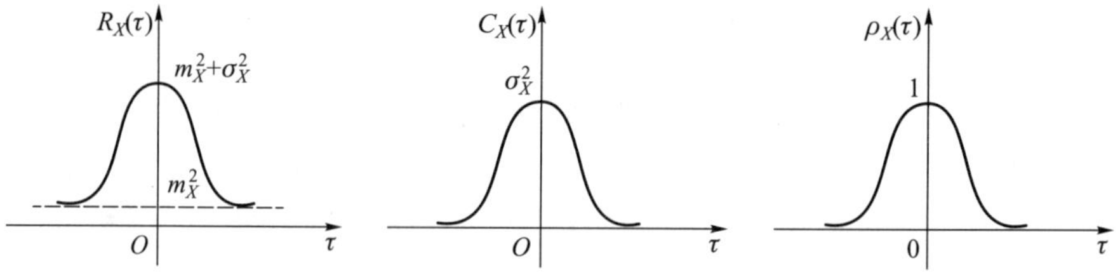

(a) 自相关函数　(b) 自协方差函数　(c) 自相关系数

图 2.4.1 平稳随机过程的自相关函数、自协方差函数、自相关系数示意图

在平稳随机过程的自相关系数定义之后，我们还需要给出一个类似于“门限”的判断标准，也就是说，具体 $\rho_X(\tau)$ 取值小于多少或时间间隔 τ 取值大于多少时，平稳随机过程 $X(t)$ 在两个时刻 t、$t+\tau$ 的起伏值不相关。尽管我们知道随着时间间隔 τ 的逐渐增大，$\rho_X(\tau)$ 在大趋势上会逐渐减小，并且在极限状态 $\tau\to\infty$ 下，$\rho_X(\tau)\to 0$，然而我们不能就简单地说在 τ 取很大数值的时候或者 $\rho_X(\tau)$ 取很小数值的时候，平稳随机过程 $X(t)$ 在两个时刻 t、$t+\tau$ 的起伏值不相关，我们需要给出一个具体的数值去“量化”这种不相关性，这在工程应用中非常重要。在工程应用中，常让 $\rho_X(\tau)$ 的取值门限 0.05 作为一个判断两个时刻是否相关的“门限”，也即

$$|\rho_X(\tau)|\leqslant 0.05 \tag{2.4.12}$$

上式表明，当 $\rho_X(\tau)$ 从最大值为 1 逐渐减小到 0.05 的时间间隔长度 τ_0 定义为相关时间，如图 2.4.2 所示。由于 $\rho_X(0)=1$，所以相关时间 τ_0 由 $\rho_X(\tau_0)=0.05$ 确定。当 $\tau>\tau_0$ 时，就可以认为 $X(t)$ 和 $X(t+\tau)$ 不相关。

相关时间 τ_0 还有一种定义方式是通过 $\rho_X(\tau)$ 的积分完成的，鉴于 $\rho_X(\tau)$ 为对称的，所以将 $\rho_X(\tau)$ 在 $[0,\infty)$ 上的积分与一个高为 $\rho_X(0)=1$、宽为 τ_0 的矩形面积 $1\times\tau_0=\tau_0$ 相等来确定相关时间 τ_0，如图 2.4.3 所示。也即

$$\tau_0=\int_0^{\infty}\rho_X(\tau)\,\mathrm{d}\tau \tag{2.4.13}$$

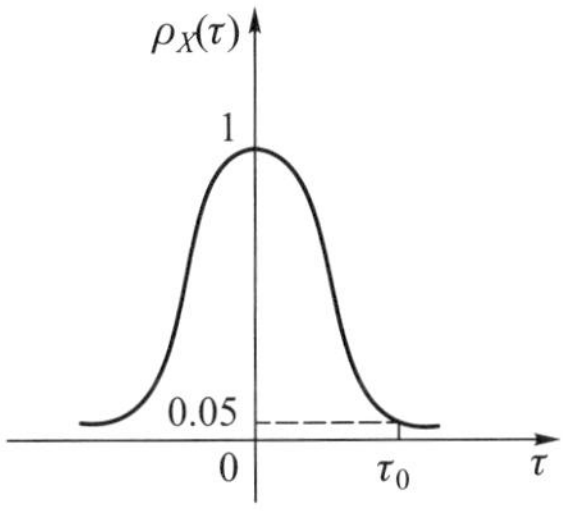

图 2.4.2 相关时间的第一种定义示意图

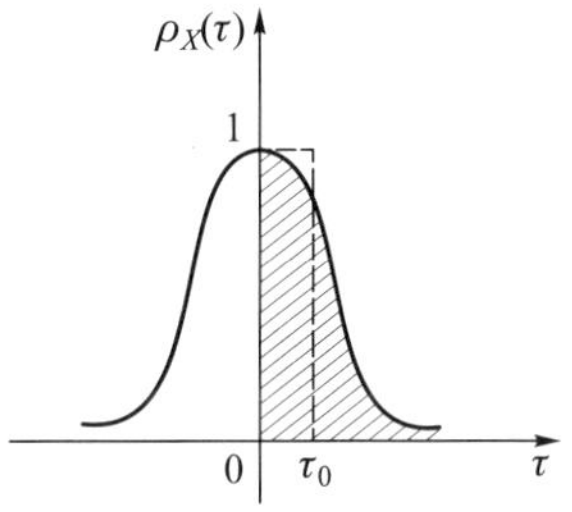

图 2.4.3 相关时间的第二种定义示意图

当然，对于平稳随机过程而言，由于我们认为当 $\tau>\tau_0$ 时，$X(t)$ 和 $X(t+\tau)$ 不相关，因而如果相关时间 τ_0 越小，则说明 $X(t)$ 和 $X(t+\tau)$ 不相关所需要的时间间隔也越小，说明随机过程变化也越剧烈。

2.5 遍历性过程

对于随机过程 $X(t)$ 的描述，其 n 维概率密度函数或分布函数可以描述它，然而这种方法主要是理论上的完备性所需，实际中很难获得；我们采用数字特征或矩来描述随机过程，然而对于这种方法，也需要获得大量的样本函数才可以，因为这些数字特征是通过统计方法求平均得到的，也就是说是对随机过程 $X(t,s)$ 的 s 变量在样本集合 S 上求平均得到的。相比较对 s 变量在样本集合 S 上求平均，对随机过程 $X(t,s)$ 的时间 t 变量在实数集上求平均，我们更加熟悉，也更加方便。因为我们在信号与系统、数字信号处理课程中，都是在处理实变量的时间函数 $x(t)$，无非 $x(t)$ 是一个确定函数而已，$x(t)$ 其关于时间 t 变量的平均，也就是时间平均为 $\overline{x(t)}=\lim\limits_{T\to\infty}\dfrac{1}{2T}\int_{-T}^{T}x(t)\,\mathrm{d}t$。自然地，我们希望可以建立起随机过程 $X(t,s)$ 的这两种求平均之间的联系，也就是说，希望可以对随机过程 $X(t,s)$ 的 t 变量求平均，特别是对随机过程 $X(t,s)$ 的一个样本函数 $x(t)$ 进行 t 变量上的平均，可以和对随机过程 $X(t,s)$ 的 s 变量求平均建立起来某种联系。苏联数学家辛钦证明了如下重要结论：在一定的条件下，对随机过程 $X(t)$ 的一个样本函数取时间平均，只要观测时间足够长，就可以趋于此随机过程的统计平均。对于这样的随机过程，我们称其具有遍历性或各态历经性。随机过程的遍历性可以理解为随机过程的任一个样本函数都同样地经历了随机过程的各种可能状态。比如，在稳定状态下工作的一个噪声二极管，在一个较长时间 T 内观测其电压值 $x(t)$。对其取 N 个时刻的电压值 $x(t_k)\,(k=1,\cdots,N)$，当然要求 N 充分大，则 $\sum\limits_{k=1}^{N}x(t_k)/N$ 将趋于 $\overline{x(t)}$，如图 2.5.1 所示；另一方面，对于 N 个噪声二极管，固定一个时刻 t_0，该时刻这些噪声二极管的电压记为 $x_k(t_0)\,(k=1,\cdots,N)$，则 $\sum\limits_{k=1}^{N}x_k(t_0)/N$ 将趋于 $E[X(t_0)]$，如图 2.5.2 所示；由于工作状态的稳定性，使得

$\sum_{k=1}^{N} x(t_k)/N$ 和 $\sum_{k=1}^{N} x_k(t_0)/N$ 相等。我们可以想象，由于噪声二极管工作状态的稳定性，噪声电压 $X(t)$ 作为一个随机过程是平稳的，因而可以认为 $X(t)$ 在各个时刻 t_k 是服从同一个分布的随机变量，那么对于 $X(t)$ 的某一次实现 $x(t)$，可以认为它是同一个随机变量实现了很多次在时间上排列形成的，因而在时间上做平均也就是在样本集合上做平均，当然，这样的想象是从均值意义上考虑的。根据上面的讨论，为了给出严格的定义，我们引入随机过程时间平均的概念。

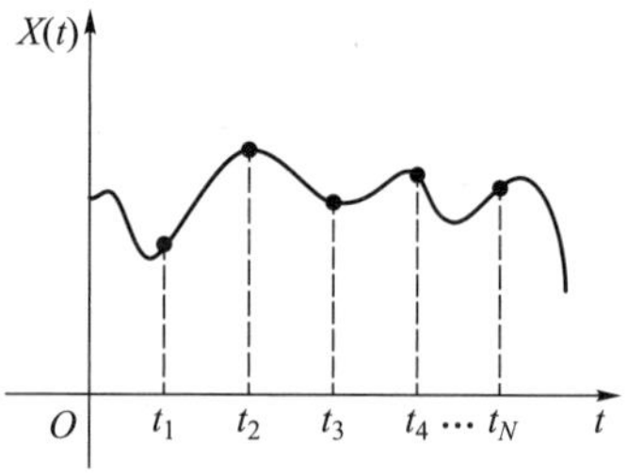

图 2.5.1　随机过程一次实现的时间平均示意图

对于一个随机过程 $X(t)$，在时间上做一、二阶平均，即

$$\overline{X(t)} \triangleq \lim_{T\to\infty} \frac{1}{2T}\int_{-T}^{T} X(t)\,\mathrm{d}t \tag{2.5.1}$$

$$\overline{X(t)X(t+\tau)} \triangleq \lim_{T\to\infty} \frac{1}{2T}\int_{-T}^{T} X(t)X(t+\tau)\,\mathrm{d}t \tag{2.5.2}$$

分别称为随机过程 $X(t)$ 的时间均值和时间自相关函数。

根据上面的定义，注意到 $X(t)=X(t,s)$，所以

$$\overline{X(t)} = \lim_{T\to\infty} \frac{1}{2T}\int_{-T}^{T} X(t,s)\,\mathrm{d}t$$

是含有样本变量 s 的，也就是说 $\overline{X(t)}$ 是一个随机变量。类似地

$$\overline{X(t)X(t+\tau)} = \lim_{T\to\infty} \frac{1}{2T}\int_{-T}^{T} X(t,s)X(t+\tau,s)\,\mathrm{d}t$$

除了含有时延变量 τ 之外，也是含有样本变量 s 的，所以 $\overline{X(t)X(t+\tau)}$ 是一个随机过程。

对于一个平稳随机过程 $X(t)$，其均值 $E[X(t)]$ 为一个常数 m_X，其自相关函数 $R_X(\tau)$ 为仅和时延 τ 有关的确定函数。若随机变量 $\overline{X(t)}$ 等于常数 m_X 的概率为 1，即

$$P\{\overline{X(t)} = m_X\} = 1 \tag{2.5.3}$$

则称随机过程 $X(t)$ 的均值具有遍历性。

若随机过程 $\overline{X(t)X(t+\tau)}$ 等于确定函数 $R_X(\tau)$ 的概率为 1，即

$$P\{\overline{X(t)X(t+\tau)} = R_X(\tau)\} = 1 \tag{2.5.4}$$

则称随机过程 $X(t)$ 的自相关函数具有遍历性。

【定义】　对于一个平稳随机过程 $X(t)$，如果它的均值和自相关函数都具有遍历性，则称 $X(t)$ 为遍历性过程。

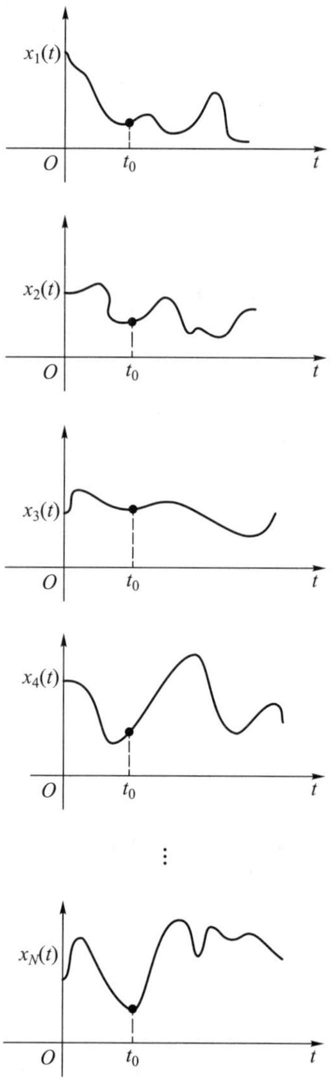

图 2.5.2　随机过程在某一时刻的统计平均示意图

从遍历性过程定义可以看出，首先遍历性过程一定是一个平稳过程；其次，对于遍历性过程而言，其时间均值会趋于一个常数。注意到，随机过程的时间均值是对所有样本函数进行积

分运算的，每个样本函数的积分值是不同的，因而一般情况下随机过程的时间均值应该为一个随机变量；此处，它成为非随机的常数，这说明对于遍历性过程而言，每个样本函数的时间均值应该相同，且都等于那个常数。基于此理解，遍历性过程的时间均值就可以由任一个样本函数的时间平均来计算，也即

$$\overline{X(t)}=\lim_{T\to\infty}\frac{1}{2T}\int_{-T}^{T}x(t)\,\mathrm{d}t=m_X \tag{2.5.5}$$

对于时间自相关函数，也可以通过对任一个样本函数求时间平均得到，即

$$\overline{X(t)X(t+\tau)}=\lim_{T\to\infty}\frac{1}{2T}\int_{-T}^{T}x(t)x(t+\tau)\,\mathrm{d}t=R_X(\tau) \tag{2.5.6}$$

至此，我们得到了可以在工程应用中实施的方法。还是以噪声信号为例，对于接收机中的噪声，我们可以采用对其长时间观测记录，然后求得时间均值和时间自相关函数，它们也就是该随机信号的数学期望和自相关函数。此时，我们不需要再对很多台接收机进行观测记录，然后再求统计平均了，这极大简化了实际工程应用中的操作。这也是我们引入遍历性过程的目的。

【例 2.5.1】 已知遍历性随机过程 $X(t)$ 的均值为 $m_X(t)=1$，请判断两个确定的时间函数 $x_1(t)=1+\cos(2\omega_0 t)$ 和 $x_2(t)=\cos(\omega_0 t+\pi/2)$ 是否可能为 $X(t)$ 的样本函数。

解：根据式(2.5.5)，随机过程 $X(t)$ 的数学期望和其任意样本函数的时间平均相等，根据此性质即可判断。具体地，$x_1(t)$ 的时间均值为

$$\overline{x}_1(t)=\lim_{T\to\infty}\frac{1}{2T}\int_{-T}^{T}x_1(t)\,\mathrm{d}t=\lim_{T\to\infty}\frac{1}{2T}\int_{-T}^{T}[1+\cos(2\omega_0 t)]\,\mathrm{d}t=1$$

即 $x_1(t)$ 的时间均值和 $X(t)$ 的统计均值相等，所以它可能为 $X(t)$ 的某一个样本函数。$x_2(t)$ 的时间均值为

$$\overline{x}_2(t)=\lim_{T\to\infty}\frac{1}{2T}\int_{-T}^{T}x_2(t)\,\mathrm{d}t=\lim_{T\to\infty}\frac{1}{2T}\int_{-T}^{T}\cos\left(\omega_0 t+\frac{\pi}{2}\right)\mathrm{d}t=0$$

即 $x_2(t)$ 的时间均值和 $X(t)$ 的统计均值不相等，所以它一定不可能是 $X(t)$ 的样本函数。

对于上一道例题，$x_1(t)$ 和 $x_2(t)$ 它们都是确定的时间函数，所以只存在时间均值，不存在统计均值。另外，对于 $x_2(t)$ 而言，由于其最大值为 1，最小值为 -1，所以其时间均值必小于 1，所以不用通过对其积分求得时间平均也可以判断出它一定不可能是样本函数。

至此，在相关理论下对随机过程进行时域分析的框架已完成。对于一个随机过程 $X(t)$，如果知道其任意 n 维概率密度函数或分布函数，当然也就完整地了解了该随机过程的统计特性，然而这在实际应用中往往不可行；转而求其次，我们希望获得随机过程的一、二阶矩的信息，这些矩的信息也在一定程度上反映了随机过程的某些统计特性，然而，根据一、二阶矩的定义，要获得它们，需要知道一维和二维概率密度函数，且还得求其统计平均，这种方法也很复杂；引入平稳性过程和在其基础上的遍历性过程后，它们一方面在实际中经常遇到或可以在一定范围和程度上近似，另一方面对于遍历性过程而言，可以对其一个样本函数求一、二阶时间平均来得到其一、二阶矩。此时，我们才得到了实际应用中可以使用的方法。需要注意，这种方法之所以可以实用，是有一系列理论得以保证的，所以我们还是需要从随机过程的分布函数、矩、平稳性过程一步一步地说起，才能理解这种实用性方法的合理性，而不能一上来就直接谈实际应用。这也说明了进行理论学习的重要性。

2.6 多个随机过程、复随机过程、离散时间随机过程

前面几节我们已经讨论了单个实随机过程的一些特性。本节我们将在此基础上,把单个实随机过程往多个实随机过程、复随机过程、离散时间随机过程这三个方向推广。这些推广的随机过程的性质都可以仿照单个实随机过程的性质得到。

2.6.1 多个随机过程

在实际应用中,我们经常会遇到需要两个或两个以上随机过程统计特性的情形。比如,接收机收到的回波往往是含有噪声的信号,为了从噪声中检测信号、估计信号参数,除了需要考虑噪声、信号各自作为单个随机过程的统计特性外,还需要考虑它们之间的联合统计特性。鉴于多个随机过程的统计特性可以类比两个随机过程的统计特性,所以我们以两个随机过程为例进行讨论。讨论的方向还是按照我们一直所采用的思路——分布函数或密度函数和一、二阶矩来进行,无非这里是联合分布函数或联合密度函数、联合二阶矩而已。

1. 两个随机过程的联合分布函数

对于两个随机过程 $X(t)$ 和 $Y(t)$,定义它们的 $n+m$ 维联合分布函数为

$$\begin{aligned}&F_{XY}(x_1,\cdots,x_n;y_1,\cdots,y_m;t_1,\cdots,t_n;t_1',\cdots,t_m')\\&=P[X(t_1)\leqslant x_1,\cdots,X(t_n)\leqslant x_n;Y(t_1',)\leqslant y_1,\cdots,Y(t_m')\leqslant y_m]\end{aligned}\tag{2.6.1}$$

若 $F_{XY}(x_1,\cdots,x_n;y_1,\cdots,y_m;t_1,\cdots,t_n;t'_1,\cdots,t'_m)$ 对 $x_1,\cdots,x_n;y_1,\cdots,y_m$ 的 $n+m$ 阶混合偏导数存在,则称

$$\begin{aligned}&f_{XY}(x_1,\cdots,x_n;y_1,\cdots,y_m;t_1,\cdots,t_n;t_1',\cdots,t_m')\\&=\frac{\partial^{n+m}F_{XY}(x_1,\cdots,x_n;y_1,\cdots,y_m;t_1,\cdots,t_n;t_1',\cdots,t_m')}{\partial x_1\cdots\partial x_n\partial y_1\cdots\partial y_m}\end{aligned}\tag{2.6.2}$$

为随机过程 $X(t)$ 和 $Y(t)$ 的 $n+m$ 维联合概率密度函数。

若对任意的 n,m 均有

$$\begin{aligned}&F_{XY}(x_1,\cdots,x_n;y_1,\cdots,y_m;t_1,\cdots,t_n;t_1',\cdots,t_m')\\&=F_X(x_1,\cdots,x_n;t_1,\cdots,t_n)F_Y(y_1,\cdots,y_n;t_1',\cdots,t_m')\end{aligned}\tag{2.6.3}$$

或

$$\begin{aligned}&f_{XY}(x_1,\cdots,x_n;y_1,\cdots,y_m;t_1,\cdots,t_n;t_1',\cdots,t_m')\\&=f_X(x_1,\cdots,x_n;t_1,\cdots,t_n)f_Y(y_1,\cdots,y_m;t_1',\cdots,t_m')\end{aligned}\tag{2.6.4}$$

则称随机过程 $X(t)$ 和 $Y(t)$ 相互独立。

若随机过程 $X(t)$ 和 $Y(t)$ 的联合分布函数或联合概率密度函数不随时间平移而变化,即与时间起点无关,则称这两个随机过程为联合严平稳或严平稳相依。

从上面的这些定义可以看出,对于两个随机过程 $X(t)$ 和 $Y(t)$ 而言,其联合的 $n+m$ 维统计特性就是对 $X(t)$ 和 $Y(t)$ 分别取 n 个时刻和 m 个时刻,形成 n 个随机变量和 m 个随机变量,然后按照多维随机变量联合分布函数和联合概率密度函数的定义方法,去定义随机过程 $X(t)$ 和 $Y(t)$ 的联合分布函数或联合概率密度函数。自然地,和多维随机变量一样,若随机过程 $X(t)$ 和 $Y(t)$ 的

$n+m$ 维联合分布函数或联合概率密度函数给定，则 $X(t)$ 和 $Y(t)$ 的全部统计特性也就确定了，通过积分运算可以求得它们的低维的联合分布函数和联合概率密度函数。此外，两个随机过程 $X(t)$ 和 $Y(t)$ 的独立性也还是根据它们的分布函数或概率密度函数定义的。和两个随机变量的独立性稍微不同的是，由于每个随机过程可以看作许多个随机变量形成的随机变量族，因而两个随机过程 $X(t)$ 和 $Y(t)$ 的相互独立就要求各自形成的随机变量族 $\{X(t_1),\cdots,X(t_n)\}$ 和 $\{Y(t'_1),\cdots,Y(t'_m)\}$ 相互独立，这点可以从两个随机过程独立性的定义中看出。

【例 2.6.1】 已知随机过程 $X(t)$ 和 $Y(t)$ 都不是平稳的，且 $X(t)=A(t)\cos t, Y(t)=B(t)\sin t$，其中，$A(t)$ 和 $B(t)$ 是均值为 0 的相互独立的平稳随机过程，且它们的自相关函数相同，判断随机过程 $Z(t)=X(t)+Y(t)$ 的平稳性。

解：随机过程 $Z(t)$ 的均值为

$$E[Z(t)]=E[X(t)+Y(t)]=E[X(t)]+E[Y(t)]=0$$

$Z(t)$ 的自相关函数为

$$\begin{aligned}R_Z(t,t+\tau)&=E[Z(t)Z(t+\tau)]=E\{[X(t)+Y(t)][X(t+\tau)+Y(t+\tau)]\}\\&=E[X(t)X(t+\tau)]+E[X(t)Y(t+\tau)]+E[Y(t)X(t+\tau)]+E[Y(t)Y(t+\tau)]\\&=E[A(t)A(t+\tau)]\cos t\cos(t+\tau)+E[A(t)B(t+\tau)]\cos t\sin(t+\tau)+\\&\quad E[B(t)A(t+\tau)]\sin t\cos(t+\tau)+E[B(t)B(t+\tau)]\sin t\sin(t+\tau)\\&=R_A(\tau)\cos t\cos(t+\tau)+R_{AB}(\tau)\cos t\sin(t+\tau)+R_{BA}(\tau)\sin t\cos(t+\tau)+R_B(\tau)\sin t\sin(t+\tau)\end{aligned}$$

由于 $A(t)$ 和 $B(t)$ 是均值为 0 的相互独立的平稳随机过程，所以有

$$R_{AB}(\tau)=E[A(t)B(t+\tau)]=E[A(t)]E[B(t+\tau)]=0$$

$$R_{BA}(\tau)=E[B(t)A(t+\tau)]=E[B(t)]E[A(t+\tau)]=0$$

再利用 $A(t)$ 和 $B(t)$ 具有相同的自相关函数，则有

$$\begin{aligned}R_Z(t,t+\tau)&=R_A(\tau)\cos t\cos(t+\tau)+R_B(\tau)\sin t\sin(t+\tau)\\&=R_A(\tau)[\cos t\cos(t+\tau)+\sin t\sin(t+\tau)]\\&=R_A(\tau)\cos\tau\end{aligned}$$

结合 $R_Z(0)=R_A(0)<\infty$，所以 $Z(t)$ 是平稳的随机过程。

2. 两个随机过程的联合矩

对于两个随机过程 $X(t)$ 和 $Y(t)$，其各自的一、二阶矩可以先通过对联合概率密度函数求得边缘概率密度函数，然后再利用边缘概率密度函数按照一、二阶矩的定义求得。然而，对于两个随机过程，我们更关心能反映它们之间联系的矩——联合矩。在相关理论范围内，相关矩就是二阶联合中心矩和原点矩。

对于两个随机过程 $X(t)$ 和 $Y(t)$，任意给定两个时刻 t_1,t_2，则 $X(t)$ 在 t_1 时刻的函数值 $X(t_1)$ 和 $Y(t)$ 在 t_2 时刻的函数值 $Y(t_2)$ 构成二维随机变量 $[X(t_1),Y(t_2)]$，则 $X(t)$ 和 $Y(t)$ 的互相关函数定义为

$$R_{XY}(t_1,t_2)\triangleq E[X(t_1)Y(t_2)]=\int_{-\infty}^{\infty}\int_{-\infty}^{\infty}xyf_{XY}(x,y;t_1,t_2)\,\mathrm{d}x\mathrm{d}y \tag{2.6.5}$$

类似地，定义随机过程 $X(t)$ 和 $Y(t)$ 的互协方差函数为

$$\begin{aligned}C_{XY}(t_1,t_2)&\triangleq E[(X(t_1)-m_X(t_1))(Y(t_2)-m_Y(t_2))]\\&=\int_{-\infty}^{\infty}\int_{-\infty}^{\infty}[x-m_X(t_1)][y-m_Y(t_2)]f_{XY}(x,y;t_1,t_2)\,\mathrm{d}x\mathrm{d}y\end{aligned} \tag{2.6.6}$$

式中，$m_X(t_1)$和$m_Y(t_2)$分别是随机变量$X(t_1)$，$Y(t_2)$的数学期望。根据第一章中两个随机变量协方差和互相关之间的关系，上式可以进一步写为

$$C_{XY}(t_1,t_2)=R_{XY}(t_1,t_2)-m_X(t_1)m_Y(t_2) \tag{2.6.7}$$

从上面两个随机过程的互相关函数和互协方差函数定义可以看出，它们也都是两个随机变量$X(t_1)$和$Y(t_2)$的联合中心矩和联合原点矩，无非在单个随机过程情况下，这两个随机变量是取自同一个随机过程的，即$Y(t_2)=X(t_2)$，而在两个随机过程的情况下，这两个随机变量取自两个不同的随机过程，也就是取自的随机过程“源”不同。

自然地，当互协方差函数和互相关函数取值为0时，可以定义两个随机过程的不相关和正交。具体地，若对任意的两个时刻t_1,t_2，均有

$$C_{XY}(t_1,t_2)=0 \tag{2.6.8}$$

则称随机过程$X(t)$和$Y(t)$互不相关。

若对任意的两个时刻t_1,t_2，均有

$$R_{XY}(t_1,t_2)=0 \tag{2.6.9}$$

则称随机过程$X(t)$和$Y(t)$正交。

对比第一章中两个随机变量X与Y的不相关、正交，两个随机过程$X(t)$和$Y(t)$的不相关和正交要求更强，它需要对任意两个时刻t_1,t_2所形成的随机变量$X(t_1)$，$Y(t_2)$均满足不相关和正交的条件。其实这也是正常的，因为随机过程可以看作随机变量族，自然也就要求随机过程$X(t)$在任一t_1时刻所形成的随机变量$X(t_1)$和随机过程$Y(t)$在任一t_2时刻所形成的随机变量$Y(t_2)$不相关或正交。

若随机过程$X(t)$和$Y(t)$各自宽平稳，且它们的互相关函数仅与时间差$\tau=t_2-t_1$有关，即

$$R_{XY}(t_1,t_2)=E[X(t_1)Y(t_2)]=R_{XY}(t_2-t_1)=R_{XY}(\tau) \tag{2.6.10}$$

则称随机过程$X(t)$和$Y(t)$联合宽平稳或宽平稳相依。

这里需要指出，在定义两个随机过程的联合严平稳和联合宽平稳时，对两个随机过程本身的平稳性要求不同。在定义联合严平稳时，是通过$n+m$维联合概率密度函数定义的，其联合概率密度函数不随时间平移而变化，由于可以通过积分得到两个随机过程各自的n维概率密度函数，所得到的各自的n维概率密度函数也不随时间平移而变化，所以两个随机过程各自也是严平稳随机过程。对于定义两个过程的联合宽平稳，是通过互相关函数定义的，我们不能从互相关函数仅与时间差τ有关，得出两个随机过程各自的自相关函数也仅与时间差τ有关，所以只能先要求这两个随机过程本身是宽平稳的，然后再要求互相关函数仅与时间差τ有关。

【例 2.6.2】 设两个平稳随机过程$X(t)=\cos(t+\alpha)$，$Y(t)=\sin(t+\alpha)$，其中随机变量α服从$[-\pi,\pi]$上的均匀分布，判断这两个随机过程的联合平稳性、正交性和相关性。

解：由于题目中已说明了$X(t)$，$Y(t)$是平稳的，所以判断联合平稳性只需计算它们的互相关函数。

$$\begin{aligned}R_{XY}(t_1,t_2)&=E[\cos(t_1+\alpha)\sin(t_2+\alpha)]\\&=\frac{1}{2}E[\sin(t_1+t_2+2\alpha)-\sin(t_1-t_2)]\\&=-\frac{1}{2}\sin(t_1-t_2)\end{aligned}$$

所以,这两个随机过程是联合平稳的。

因为 $X(t)$,$Y(t)$的互相关函数 $R_{XY}(t_1,t_2)$并不是对任意的两个时刻 t_1,t_2 恒为零,所以 $X(t)$ 和 $Y(t)$之间不正交。

由于

$$E[X(t)]=\int_{-\pi}^{\pi}\cos(t+\alpha)\frac{1}{2\pi}\mathrm{d}\alpha=0$$

$$E[Y(t)]=\int_{-\pi}^{\pi}\sin(t+\alpha)\frac{1}{2\pi}\mathrm{d}\alpha=0$$

所以 $C_{XY}(t_1,t_2)=R_{XY}(t_1,t_2)=-\sin(t_1-t_2)/2$ 并不是对任意的两个时刻 t_1,t_2 恒为零,所以 $X(t)$和 $Y(t)$相关。

对于联合平稳随机过程的互相关函数 $R_{XY}(\tau)$,它具有和平稳随机过程自相关函数 $R_X(\tau)$相类似的一些性质,比如,

(1) $R_{XY}(\tau)=R_{YX}(-\tau)$,$C_{XY}(\tau)=C_{YX}(-\tau)$;

(2) $R_X(0)R_Y(0)\geqslant|R_{XY}(\tau)|^2$,$C_X(0)C_Y(0)\geqslant|C_{XY}(\tau)|^2$。

这些性质也都可以通过互相关函数和互协方差函数的定义,以及把做数学期望运算的两个随机变量的来源理清楚,即可以直接得到上述性质。

类似地,我们在互相关函数和互协方差函数的基础上,也可以定义互相关系数,具体定义如下:

$$\rho_{XY}(\tau)=\frac{C_{XY}(\tau)}{\sqrt{C_X(0)}\sqrt{C_Y(0)}}=\frac{R_{XY}(\tau)-m_Xm_Y}{\sigma_X\sigma_Y} \tag{2.6.11}$$

由自相关函数的性质(2)知,$|\rho_{XY}(\tau)|\leqslant1$,由于互相关系数也就是根据性质(2)对互协方差函数进行归一化的,所以也称为归一化的互相关函数。

在随机过程 $X(t)$和 $Y(t)$联合平稳的条件下,我们可以定义它们的联合遍历性。首先,定义它们的时间互相关函数为

$$\overline{X(t)Y(t+\tau)}\triangleq\lim_{T\to\infty}\frac{1}{2T}\int_{-T}^{T}X(t)Y(t+\tau)\,\mathrm{d}t \tag{2.6.12}$$

类似地,一般情况下 $\overline{X(t)X(t+\tau)}$是一个随机过程;若当它等于互相关函数 $R_X(\tau)$这一确定函数的概率为 1,即

$$P\{\overline{X(t)X(t+\tau)}=R_{XY}(\tau)\}=1 \tag{2.6.13}$$

则称随机过程 $X(t)$和 $Y(t)$具有联合遍历性。

2.6.2 复随机过程

在无线电系统中,我们经常会遇到诸如正余弦信号 $\cos(\Omega t+\theta)$、线性调频信号 $\cos(\mu t^2+\Omega t+\theta)$等这类三角函数复合类信号 $\cos[f(t)]$。根据欧拉公式,我们可以将它们表示成复数的形式,因为这样可以简化我们的表示和分析。我们将这种用复数形式表达的随机过程称为复随机过程。类似于实随机过程,复随机过程可以看作是随时间变化的复随机变量族。由于我们分析随机过程的总体思路是将随机过程通过时间采样将其转化为随机变量的分析,所以我们先介绍复随机变量的概念。

1. 复随机变量

定义复随机变量 Z 为

$$Z=X+\mathrm{j}Y \tag{2.6.14}$$

式中,X 和 Y 为实随机变量。本质上,复随机变量 Z 就是由实随机变量 X 和 Y 构成的二维随机变量,或随机变量对(X,Y)。因而,Z 的统计特性描述可以通过 X 和 Y 的联合分布函数来描述。当然,由于复数不能比较大小,所以也不能定义复随机变量 Z 的分布函数和概率密度函数。对于复随机变量 Z 的矩,原则上我们也可以用 X 和 Y 各自的矩,将它们放在一起来表示,类似于 Z 用(X,Y)来表示。但是,现在我们把 Z 表示成了 $X+\mathrm{j}Y$ 的形式,所以我们也希望直接定义随机变量 Z 的矩,而不是用 X 和 Y 各自的矩放在一起去表示 Z 的矩。

定义复随机变量 Z 的数学期望和方差为

$$m_Z\triangleq E[Z]=E[X]+\mathrm{j}E[Y]=m_X+\mathrm{j}m_Y \tag{2.6.15}$$

$$\sigma_Z^2\triangleq E[|Z-E(Z)|^2]=E[|Z-m_Z|^2] \tag{2.6.16}$$

在上式中,注意到 $Z-m_Z=(X-m_X)+\mathrm{j}(Y-m_Y)$,所以有

$$\sigma_Z^2=E[|Z-m_Z|^2]=E[(X-m_X)^2+(Y-m_Y)^2]=\sigma_X^2+\sigma_Y^2 \tag{2.6.17}$$

由于上述定义中,就是把复随机变量 Z 表示为 $X+\mathrm{j}Y$ 进行处理的,所以自然地,当 $Y=0$ 时,上述定义就退化为实随机变量 X 的数学期望和方差。

对于两个复随机变量 $Z_1=X_1+\mathrm{j}Y_1$ 和 $Z_2=X_2+\mathrm{j}Y_2$,定义其互相关和协方差分别为

$$R_{Z_1Z_2}=E[Z_1^*Z_2] \tag{2.6.18}$$

$$C_{Z_1Z_2}=E[(Z_1-m_{Z_1})^*(Z_2-m_{Z_2})] \tag{2.6.19}$$

显然,在这种定义下,当 $Z_1=Z_2=Z$ 时,$C_{Z_1Z_2}=\sigma_Z^2$。需要指出的是,我们也可以把取共轭操作"$*$"放在复随机变量 Z_2 上,这不影响本质,它们互为共轭。

2. 复随机过程

在复随机变量的基础上,定义复随机过程 $Z(t)$ 为

$$Z(t)=X(t)+\mathrm{j}Y(t) \tag{2.6.20}$$

式中,$X(t)$ 和 $Y(t)$ 均为实随机过程。

复随机过程 $Z(t)$ 的 n 维统计特性,也就是 n 个时刻的统计特性,可以由 $X(t)$ 和 $Y(t)$ 的 $2n$ 维联合分布函数完整地描述,即

$$\begin{aligned}&F_{XY}(x_1,\cdots,x_n;y_1,\cdots,y_n;t_1,\cdots,t_n)\\&=P[X(t_1)\leqslant x_1,\cdots,X(t_n)\leqslant x_n;Y(t_1)\leqslant y_1,\cdots,Y(t_n)\leqslant y_n]\end{aligned} \tag{2.6.21}$$

若 $F_{XY}(x_1,\cdots,x_n;y_1,\cdots,y_n;t_1,\cdots,t_n)$ 对 $x_1,\cdots,x_n;y_1,\cdots,y_n$ 的 $2n$ 阶混合偏导数存在,则称

$$\begin{aligned}&f_{XY}(x_1,\cdots,x_n;y_1,\cdots,y_n;t_1,\cdots,t_n)\\&=\frac{\partial^{2n}f_{XY}(x_1,\cdots,x_n;y_1,\cdots,y_n;t_1,\cdots,t_n)}{\partial x_1\cdots\partial x_n\partial y_1\cdots\partial y_n}\end{aligned} \tag{2.6.22}$$

为随机过程 $Z(t)$ 的 n 维概率密度函数。

复随机过程 $Z(t)$ 的一、二阶各种矩分别定义为

$$m_Z(t)\triangleq E[Z(t)]=E[X(t)+\mathrm{j}Y(t)]=m_X(t)+\mathrm{j}m_Y(t) \tag{2.6.23}$$

$$\sigma_Z^2(t)\triangleq E[|Z(t)-m_Z(t)|^2] \tag{2.6.24}$$

$$R_Z(t_1,t_2)=E[Z^*(t_1)Z(t_2)] \tag{2.6.25}$$

$$C_Z(t_1,t_2)=E[(Z(t_1)-m_Z(t_1))^*(Z(t_2)-m_Z(t_2))] \tag{2.6.26}$$

若复随机过程 $Z(t)$满足

$$\begin{cases} m_Z(t)=m_Z \\ R_Z(t_1,t_2)=R_Z(t_2-t_1)=R_Z(\tau) \end{cases} \tag{2.6.27}$$

则称其 $Z(t)$为宽平稳的复随机过程。

对于两个复随机过程 $Z_1(t)$和 $Z_2(t)$,它们的互相关函数和互协方差函数分别定义为

$$R_{Z_1Z_2}(t_1,t_2)=E[Z_1^*(t_1)Z_2(t_2)] \tag{2.6.28}$$

$$C_{Z_1Z_2}(t_1,t_2)=E[(Z_1(t_1)-m_{Z_1}(t_1))^*(Z_2(t_2)-m_{Z_2}(t_2))] \tag{2.6.29}$$

当 $C_{Z_1Z_2}(t_1,t_2)=0$ 时,称复随机过程 $Z_1(t)$和 $Z_2(t)$互不相关;当 $R_{Z_1Z_2}(t_1,t_2)=0$ 时,称复随机过程 $Z_1(t)$和 $Z_2(t)$相互正交。

当两个复随机过程 $Z_1(t)$和 $Z_2(t)$各自宽平稳,且它们的互相关函数满足

$$R_{Z_1Z_2}(t_1,t_2)=R_{Z_1Z_2}(t_2-t_1)=R_{Z_1Z_2}(\tau) \tag{2.6.30}$$

则称这两个复随机过程 $Z_1(t)$和 $Z_2(t)$联合平稳或宽平稳相依。

【例 2.6.3】 判断复随机过程 $Z(t)=e^{j(\omega_0 t+\alpha)}$的平稳性,其中随机变量 α 服从$[0,2\pi]$上均匀分布,ω_0 为某个常数。

解:依据定义

$$\begin{aligned} E[Z(t)] &= \int_0^{2\pi} e^{j(\omega_0 t+\alpha)} \cdot \frac{1}{2\pi}d\alpha \\ &= \frac{1}{2\pi}\int_0^{2\pi}[\cos(\omega_0 t+\alpha)+j\cdot\sin(\omega_0 t+\alpha)]d\alpha \\ &= 0 \\ R_Z(t_1,t_2) &= E[Z^*(t_1)Z(t_2)] \\ &= \int_0^{2\pi} e^{-j(\omega_0 t_1+\alpha)} \cdot e^{-j(\omega_0 t_2+\alpha)} \cdot \frac{1}{2\pi}d\alpha \\ &= \frac{1}{2\pi}e^{-j\omega_0(t_1-t_2)} = \frac{1}{2\pi}e^{j\omega_0\tau} \end{aligned}$$

再根据 $R_Z(0)=1/2\pi<\infty$,所以复随机过程 $Z(t)$是平稳的。

2.6.3 离散时间随机过程

前面所提到的随机过程均是指连续时间随机过程。随着数字信号处理技术的发展和普及,我们经常遇到离散时间随机过程。离散时间随机过程可以看作是对连续时间随机过程进行采样得到,因而对于离散时间随机过程的分析,可以采用连续时间随机过程的分析方法并稍加推广得到。因此,本小节只是简要介绍实离散时间随机过程的统计特性。至于复随机序列的情形,可以通过上一小节的内容应用于本小节直接类推得到。

在 2.3 节中,我们曾提到过离散时间随机过程,它也称为随机序列,可以看作是对连续时间随机过程 $X(t)$在时刻 $t_1,t_2,\cdots,t_n$ 进行采样得到,当然,采样时刻可以无限多。通过采样,得到随机变量族$\{X(t_1),X(t_2),\cdots,X(t_n)\}$。由于此时离散时间随机过程以随机变量序列的形

式表示，因而我们直接以随机序列的形式将其表示为 $X(n)$。同连续时间随机过程采用符号 $X(t)$ 表示一样，我们采用符号 $X(n)$ 表示随机序列，这样也和连续时间随机过程的符号表示 $X(t)$ 一致了。

1. 概率分布

对于离散时间随机过程 $X(n)$，由于它已经在时间上离散化了，所以，对于其一维概率分布，我们不需要确定某个具体的时间 t，而是只需要确定某个具体的序数 n 即可。对于某个具体的序数 n，$X(n)$ 为一个随机变量，此时

$$F_X(x;n)=P[X(n)\leqslant x] \tag{2.6.31}$$

为离散时间随机过程 $X(n)$ 的一维概率分布。若 $F_X(x;n)$ 对 x 的偏导数存在，则称

$$f_X(x;n)=\frac{\partial F_X(x;n)}{\partial x} \tag{2.6.32}$$

为随机过程 $X(n)$ 的一维概率密度函数。

选定两个序数 n_1 和 n_2，$X(n_1)$ 和 $X(n_2)$ 形成两个随机变量，因而其二维联合概率分布函数为

$$F_X(x_1,x_2;n_1,n_2)=P[X(n_1)\leqslant x_1,X(n_2)\leqslant x_2] \tag{2.6.33}$$

如果 $F_X(x_1,x_2;n_1,n_2)$ 对 x_1,x_2 存在二阶混合偏导数，则称

$$f_X(x_1,x_2;n_1,n_2)=\frac{\partial^2 F_X(x_1,x_2;n_1,n_2)}{\partial x_1\partial x_2} \tag{2.6.34}$$

为离散时间随机过程 $X(n)$ 的二维概率密度函数。

类似地，离散时间随机过程 $X(n)$ 的 N 维概率分布函数和密度函数分别为

$$F_X(x_1,x_2,\cdots,x_N;n_1,n_2,\cdots,n_N)=P[X(n_1)\leqslant x_1,X(n_2)\leqslant x_2,\cdots,X(n_N)\leqslant x_N] \tag{2.6.35}$$

$$f_X(x_1,x_2,\cdots,x_N;n_1,n_2,\cdots,n_N)=\frac{\partial^n F_X(x_1,x_2,\cdots,x_N;n_1,n_2,\cdots,n_N)}{\partial x_1\partial x_2\cdots\partial x_N} \tag{2.6.36}$$

对于两个离散时间随机过程 $X(n)$ 和 $Y(n)$，定义它们的 $N+M$ 维联合分布函数和联合密度函数分别为

$$\begin{aligned}&F_{XY}(x_1,\cdots,x_N;y_1,\cdots,y_M;n_1,\cdots,n_N;n_1',\cdots,n_M')\\&=P[X(n_1)\leqslant x_1,\cdots,X(n_N)\leqslant x_N;Y(n_1',)\leqslant y_1,\cdots,Y(n_M')\leqslant y_M]\end{aligned} \tag{2.6.37}$$

$$\begin{aligned}&f_{XY}(x_1,\cdots,x_N;y_1,\cdots,y_M;n_1,\cdots,n_N;n_1',\cdots,n_M')\\&=\frac{\partial^{N+M}F_{XY}(x_1,\cdots,x_N;y_1,\cdots,y_M;n_1,\cdots,n_N;n_1',\cdots,n_M')}{\partial x_1\cdots\partial x_N\partial y_1\cdots\partial y_M}\end{aligned} \tag{2.6.38}$$

若对任意的 N,M 均有

$$\begin{aligned}&F_{XY}(x_1,\cdots,x_N;y_1,\cdots,y_M;n_1,\cdots,n_N;n_1',\cdots,n_M')\\&=F_X(x_1,\cdots,x_n;n_1,\cdots,n_N)F_Y(y_1,\cdots,y_n;n_1',\cdots,n_M')\end{aligned} \tag{2.6.39}$$

或

$$\begin{aligned}&f_{XY}(x_1,\cdots,x_N;y_1,\cdots,y_M;n_1,\cdots,n_N;n_1',\cdots,n_M')\\&=f_X(x_1,\cdots,x_n;n_1,\cdots,n_N)f_Y(y_1,\cdots,y_n;n_1',\cdots,n_M')\end{aligned} \tag{2.6.40}$$

则称离散时间随机过程 $X(n)$ 和 $Y(n)$ 相互独立。

2. 矩

离散时间随机过程 $X(n)$ 的一、二阶矩，包括均值、均方值、方差、自相关函数、自协方差函数的定义分别为

$$m_X(n) \triangleq E[X(n)] = \int_{-\infty}^{\infty} x f_X(x;n)\mathrm{d}x \tag{2.6.41}$$

$$\psi_X^2(n) \triangleq E[X^2(n)] = \int_{-\infty}^{\infty} x^2 f_X(x;n)\mathrm{d}x \tag{2.6.42}$$

$$\sigma_X^2(n) \triangleq D[X(n)] = E[(X(n)-m_X(n))^2] \tag{2.6.43}$$

$$R_X(n_1,n_2) \triangleq E[X(n_1)X(n_2)] = \int_{-\infty}^{\infty}\int_{-\infty}^{\infty} x_1x_2 f_X(x_1,x_2;n_1,n_2)\mathrm{d}x_1\mathrm{d}x_2 \tag{2.6.44}$$

$$\begin{aligned} C_X(n_1,n_2) &\triangleq E[(X(n_1)-m_X(n_1))(X(t_2)-m_X(n_2))] \\ &= \int_{-\infty}^{\infty}\int_{-\infty}^{\infty} [x_1-m_X(n_1)][x_2-m_X(n_2)]f_X(x_1,x_2;n_1,n_2)\mathrm{d}x_1\mathrm{d}x_2 \end{aligned} \tag{2.6.45}$$

离散时间随机过程 $X(n)$ 和 $Y(n)$ 的联合二阶矩：互相关函数和互协方差函数定义分别如下

$$R_{XY}(n_1,n_2) \triangleq E[X(n_1)Y(n_2)] = \int_{-\infty}^{\infty}\int_{-\infty}^{\infty} xy f_{XY}(x,y;n_1,n_2)\mathrm{d}x\mathrm{d}y \tag{2.6.46}$$

$$\begin{aligned} C_{XY}(n_1,n_2) &\triangleq E[(X(n_1)-m_X(n_1))(Y(n_2)-m_Y(n_2))] \\ &= \int_{-\infty}^{\infty}\int_{-\infty}^{\infty} [x-m_X(n_1)][y-m_Y(n_2)]f_{XY}(x,y;n_1,n_2)\mathrm{d}x\mathrm{d}y \end{aligned} \tag{2.6.47}$$

3. 平稳性

若离散时间随机过程 $X(n)$ 的任意 N 维概率密度函数不随序数 n 的平移而变化，即

$$f_X(x_1,x_2,\cdots,x_n;n_1,n_2,\cdots,n_N) = f_X(x_1,x_2,\cdots,x_n;n_1+m,n_2+m,\cdots,n_N+m) \tag{2.6.48}$$

则称该离散时间随机过程 $X(n)$ 是严平稳的。

若两个离散时间随机过程 $X(n)$ 和 $Y(n)$ 的联合概率密度函数不随序数 n 的平移而变化，则称这两个离散时间随机过程为联合严平稳或严平稳相依。

若离散时间随机过程 $X(n)$ 的一、二阶矩满足

$$\begin{cases} E[X(n)] = m_X \\ R_X(n_1,n_2) = R_X(n_2-n_1) = R_X(m) \end{cases} \tag{2.6.49}$$

则称该离散时间随机过程为宽平稳的。

若两个离散时间随机过程 $X(n)$ 和 $Y(n)$ 各自宽平稳，且它们的互相关函数仅与序数差 $m=n_2-n_1$ 有关，即

$$R_{XY}(n_1,n_2) = E[X(n_1)Y(n_2)] = R_{XY}(n_2-n_1) = R_{XY}(m) \tag{2.6.50}$$

则称离散时间随机过程 $X(n)$ 和 $Y(n)$ 联合宽平稳或宽平稳相依。

【例 2.6.4】 假设有一名篮球运动员，在同一位置上每隔单位时间进行投篮训练。现在记录他的投篮结果。若他在第 n 次投篮投中的话，记其结果为 1；若没有投中的话，记其结果为 0。假设他每次投篮投中的概率为 0.8，与投篮时刻无关，且每次投掷的结果与前后各次的结果是相互独立的。若该运动员一直投掷下去，便可得到一个随机序列，也即离散时间随机过程 $X(n)$。求该离散时间过程 $X(n)$ 的均值、均方值以及自相关函数。

解:对于某个具体的序数 n,$X(n)=X_n$ 为一个标准的贝努里随机变量。由题设知

$$P[X_n=1]=0.8,\quad P[X_n=0]=1-0.8=0.2$$

因而,根据定义

$$m_X(n)=E[X(n)]=1\cdot P[X_n=1]+0\cdot P[X_n=0]=0.8$$

$$\psi_X^2(n)=E[X^2(n)]=(1)^2\cdot P[X_n=1]+(0)^2\cdot P[X_n=0]=0.8$$

由于 $X(n)$ 在不同时刻 $n_1\neq n_2$ 所形成的随机变量 $X(n_1)$,$X(n_2)$ 是独立的,所以有

$$R_X(n_1,n_2)=E[X(n_1)X(n_2)]=\begin{cases}E[X_n^2]=0.8, & n_1=n_2=n\\ E[X_{n_1}]E[X_{n_2}]=(0.8)^2=0.64, & n_1\neq n_2\end{cases}$$

4. 遍历性

离散时间随机过程 $X(n)$ 的时间均值和时间自相关函数定义为

$$\overline{X(n)}\triangleq\lim_{N\to\infty}\frac{1}{2N+1}\sum_{n=-N}^{N}X(n) \tag{2.6.51}$$

$$\overline{X(n)X(n+m)}\triangleq\lim_{N\to\infty}\frac{1}{2N+1}\sum_{n=-N}^{N}X(n)X(n+m) \tag{2.6.52}$$

两个离散时间随机过程 $X(n)$ 和 $Y(n)$ 的互相关函数定义为

$$\overline{X(n)Y(n+m)}\triangleq\lim_{N\to\infty}\frac{1}{2N+1}\sum_{n=-N}^{N}X(n)Y(n+m) \tag{2.6.53}$$

对于一般的离散时间随机过程 $X(n)$ 而言,上述定义的时间均值为随机变量,时间自相关函数和时间互相关函数为离散时间随机过程。

若离散时间随机过程 $X(n)$ 是平稳的,且均值和自相关函数都具有遍历性,即

$$P\{\overline{X(n)}=m_X\}=1 \tag{2.6.54}$$

$$P\{\overline{X(n)X(n+m)}=R_X(m)\}=1 \tag{2.6.55}$$

则称离散时间随机过程 $X(n)$ 具有遍历性。

若两个离散时间随机过程 $X(n)$ 和 $Y(n)$ 是联合平稳的,且它们的互相关函数满足遍历性,即

$$P\{\overline{X(n)X(n+m)}=R_{XY}(m)\}=1 \tag{2.6.56}$$

则称 $X(n)$ 和 $Y(n)$ 具有联合遍历性。

对于满足遍历性的离散时间随机过程而言,由于它们的时间均值和时间相关函数为确定值或确定函数,所以可只对离散时间随机过程的任意一个样本函数求时间平均即可得到它的一、二阶数字特征,即

$$m_X=\lim_{N\to\infty}\frac{1}{2N+1}\sum_{n=-N}^{N}x(n) \tag{2.6.57}$$

$$R_X(m)=\lim_{N\to\infty}\frac{1}{2N+1}\sum_{n=-N}^{N}x(n)x(n+m) \tag{2.6.58}$$

$$R_{XY}(m)\triangleq\lim_{N\to\infty}\frac{1}{2N+1}\sum_{n=-N}^{N}x(n)y(n+m) \tag{2.6.59}$$

由于平稳离散时间随机过程相关函数的性质与连续时间随机过程的类似,这里不再赘述。

2.7 正态随机过程

正态分布也称为高斯分布，是工程应用中常见的一类重要分布，在理论上也常作为噪声的理论模型。中心极限定理也表明了大量统计独立的随机变量之和趋于高斯分布。在电子系统中，电阻热噪声、电子管散粒噪声等背景噪声均可认为是由统计独立的许多因素共同作用而形成，因而常建模为高斯过程。

2.7.1 正态分布随机变量

在第一章中，我们已经给出了一维正态分布的概率密度函数，即若随机变量 $X\sim N(m_X,\sigma_X^2)$，则其概率密度函数为

$$f_X(x)=\frac{1}{\sqrt{2\pi}\,\sigma_X}\mathrm{e}^{-\frac{(x-m_X)^2}{2\sigma_X^2}} \tag{2.7.1}$$

当均值 $m_X=0$，方差 $\sigma_X^2=1$ 时，即 $X\sim N(0,1)$，称其为标准正态分布，此时，其概率密度函数为

$$f_X(x)=\frac{1}{\sqrt{2\pi}}\mathrm{e}^{-\frac{x^2}{2}} \tag{2.7.2}$$

在第一章第 1.7 节中，我们已经得到了服从正态分布的随机变量的特征函数为

$$\Phi_X(u)=\mathrm{e}^{\mathrm{j}m_Xu-\frac{\sigma_X^2u^2}{2}}$$

对于二维随机变量 (X_1,X_2)，若这两个随机变量均服从正态分布，即 $X_1\sim N(m_{X_1},\sigma_{X_1}^2)$，$X_2\sim N(m_{X_2},\sigma_{X_2}^2)$，且当这两个随机变量相互独立时，其联合概率密度函数为

$$\begin{aligned}f_{X_1X_2}(x_1,x_2)&=f_{X_1}(x_1)f_{X_2}(x_2)=\frac{1}{2\pi\sigma_{X_1}\sigma_{X_2}}\mathrm{e}^{-\left[\frac{(x_1-m_{X_1})^2}{2\sigma_{X_1}^2}+\frac{(x_2-m_{X_2})^2}{2\sigma_{X_2}^2}\right]}\\&=\frac{1}{2\pi\sigma_{X_1}\sigma_{X_2}}\mathrm{e}^{-\left[\frac{\sigma_{X_2}^2(x_1-m_{X_1})^2+\sigma_{X_1}^2(x_2-m_{X_2})^2}{2\sigma_{X_1}^2\sigma_{X_2}^2}\right]}\end{aligned} \tag{2.7.3}$$

下面，我们考虑一般的情况，即这两个服从正态分布的随机变量，它们之间不相互独立时的联合概率密度函数形式。首先，我们先直接给出二维随机变量 (X_1,X_2) 为二维正态随机变量时，其联合密度函数的表达式为

$$f_{X_1X_2}(x_1,x_2)=\frac{1}{2\pi\sigma_{X_1}\sigma_{X_2}\sqrt{1-\rho_{X_1X_2}^2}}\mathrm{e}^{-\left[\frac{\sigma_{X_2}^2(x_1-m_{X_1})^2-2\rho_{X_1X_2}\sigma_{X_1}\sigma_{X_2}(x_1-m_{X_1})(x_2-m_{X_2})+\sigma_{X_1}^2(x_2-m_{X_2})^2}{2\sigma_{X_1}^2\sigma_{X_2}^2(1-\rho_{X_1X_2}^2)}\right]} \tag{2.7.4}$$

式中，$\rho_{X_1X_2}=C_{X_1X_2}/(\sigma_{X_1}\sigma_{X_2})$ 为二维随机变量 (X_1,X_2) 的互相关系数。可以看出，当 X_1,X_2 是两个互不相关的随机变量时，也就是说 $\rho_{X_1X_2}=0$，则确实上式退化为式(2.7.3)。对比二维正态随机变量独立和不独立的情况，它们的联合概率密度函数差别就在于：不独立时，联合概率密度函数增加了 (X_1,X_2)“相关”的成分。随机变量 (X_1,X_2) 相关性就是通过协方差函数反映的，为了把式(2.7.4)指数部分分子中的 3 个关于 X_1,X_2 的二次项全部考虑进去，我们定义随机变量 (X_1,X_2) 的协方差矩阵

$$\boldsymbol{C} \triangleq \begin{bmatrix} E[(X_1-m_{X_1})^2] & E[(X_1-m_{X_1})(X_2-m_{X_2})] \\ E[(X_2-m_{X_2})(X_1-m_{X_1})] & E[(X_2-m_{X_2})^2] \end{bmatrix}$$

$$= \begin{bmatrix} \sigma_{X_1}^2 & C_{X_1X_2} \\ C_{X_2X_1} & \sigma_{X_2}^2 \end{bmatrix} \tag{2.7.5}$$

在相关理论范围内,我们一直与、且仅仅与二阶打交道。对于二维随机变量(X_1,X_2),我们考察它们的二阶矩——互协方差函数。这也和高斯分布本身的特性吻合,式(2.7.1)中,指数项上面也是二次函数形式。

注意,由于 $C_{X_1X_2}=C_{X_2X_1}$,所以(X_1,X_2)的协方差矩阵为对角阵。其行列式为

$$\begin{aligned} |\boldsymbol{C}| &= \left| \begin{bmatrix} \sigma_{X_1}^2 & C_{X_1X_2} \\ C_{X_2X_1} & \sigma_{X_2}^2 \end{bmatrix} \right| \\ &= \sigma_{X_1}^2\sigma_{X_2}^2 - C_{X_1X_2}^2 \\ &= \sigma_{X_1}^2\sigma_{X_2}^2 - \rho_{X_1X_2}^2\sigma_{X_1}^2\sigma_{X_2}^2 \\ &= \sigma_{X_1}^2\sigma_{X_2}^2(1-\rho_{X_1X_2}^2) \end{aligned} \tag{2.7.6}$$

对比式(2.7.4)可以看出,$|\boldsymbol{C}|$就是其中常数项和指数部分的分母部分。对于指数部分的分子部分,就是关于$(x_1-m_{X_1})$和$(x_2-m_{X_2})$的二次多项式,也就是二次型,我们可以采用矩阵形式进行描述。

对于2×2的任意对称阵而言,其逆矩阵的一般形式为

$$\boldsymbol{A}^{-1} = \begin{bmatrix} a & c \\ c & b \end{bmatrix}^{-1} = \frac{1}{|\boldsymbol{A}|}\begin{bmatrix} b & -c \\ -c & a \end{bmatrix} = \frac{1}{ab-c^2}\begin{bmatrix} b & -c \\ -c & a \end{bmatrix}$$

所以

$$\boldsymbol{C}^{-1} = \frac{1}{|\boldsymbol{C}|}\begin{bmatrix} \sigma_{X_2}^2 & -C_{X_1X_2} \\ -C_{X_2X_1} & \sigma_{X_1}^2 \end{bmatrix} = \frac{1}{\sigma_{X_1}^2\sigma_{X_2}^2(1-\rho_{X_1X_2}^2)}\begin{bmatrix} \sigma_{X_2}^2 & -C_{X_1X_2} \\ -C_{X_2X_1} & \sigma_{X_1}^2 \end{bmatrix} \tag{2.7.7}$$

令

$$\boldsymbol{x} = \begin{bmatrix} x_1 \\ x_2 \end{bmatrix}, \quad \boldsymbol{m} = \begin{bmatrix} m_{X_1} \\ m_{X_2} \end{bmatrix}$$

我们知道,对于任意对称阵 $\boldsymbol{A}_{2\times2}$,其二次型为

$$\boldsymbol{x}^{\mathrm{T}}\boldsymbol{A}_{2\times2}\boldsymbol{x} = \boldsymbol{x}^{\mathrm{T}}\begin{bmatrix} a & c \\ c & b \end{bmatrix}\boldsymbol{x} = ax_1^2+2cx_1x_2+bx_2^2$$

所以

$$(\boldsymbol{x}-\boldsymbol{m})^{\mathrm{T}}\boldsymbol{C}^{-1}(\boldsymbol{x}-\boldsymbol{m}) = (\boldsymbol{x}-\boldsymbol{m})^{\mathrm{T}}\frac{1}{|\boldsymbol{C}|}\begin{bmatrix} \sigma_{X_2}^2 & -C_{X_1X_2} \\ -C_{X_2X_1} & \sigma_{X_1}^2 \end{bmatrix}(\boldsymbol{x}-\boldsymbol{m})$$

$$= \frac{1}{\sigma_{X_1}^2\sigma_{X_2}^2(1-\rho_{X_1X_2}^2)}[\sigma_{X_2}^2(x_1-m_{X_1})^2-2C_{X_1X_2}(x_1-m_{X_1})(x_2-m_{X_2})+\sigma_{X_1}^2(x_2-m_{X_2})^2]$$

$$=\frac{1}{\sigma_{X_1}^2\sigma_{X_2}^2(1-\rho_{X_1X_2}^2)}[\sigma_{X_2}^2(x_1-m_{X_1})^2-2\rho_{X_1X_2}\sigma_{X_1}\sigma_{X_2}(x_1-m_{X_1})(x_2-m_{X_2})+\sigma_{X_1}^2(x_2-m_{X_2})^2]$$

将上式结果带入式(2.7.4)可以得到

$$f_{X_1X_2}(x_1,x_2)=\frac{1}{2\pi\sigma_{X_1}\sigma_{X_2}\sqrt{1-\rho_{X_1X_2}^2}}\mathrm{e}^{-\left[\frac{(\boldsymbol{x}-\boldsymbol{m})^{\mathrm{T}}\boldsymbol{C}^{-1}(\boldsymbol{x}-\boldsymbol{m})}{2}\right]}$$

$$=\frac{1}{2\pi\sqrt{|\boldsymbol{C}|}}\mathrm{e}^{-\frac{(\boldsymbol{x}-\boldsymbol{m})^{\mathrm{T}}\boldsymbol{C}^{-1}(\boldsymbol{x}-\boldsymbol{m})}{2}} \tag{2.7.8}$$

上式即为二维正态随机变量联合概率密度函数的矩阵表达形式。

根据多维随机变量的特征函数定义,即

$$\boldsymbol{\Phi}_{X_1X_2}(u_1,u_2)=E[\mathrm{e}^{\mathrm{j}u_1X_1+\mathrm{j}u_2X_2}]=\int_{-\infty}^{\infty}\int_{-\infty}^{\infty}\mathrm{e}^{\mathrm{j}u_1x_1+\mathrm{j}u_2x_2}f_{X_1X_2}(x_1,x_2)\mathrm{d}x_1\mathrm{d}x_2$$

将二维正态随机变量的联合概率密度函数表达式(2.7.4)带入上式,可以得到二维正态随机变量的特征函数,这里直接给出结果,即

$$\boldsymbol{\Phi}_{X_1X_2}(u_1,u_2)=\mathrm{e}^{\mathrm{j}(m_{X_1}u_1+m_{X_2}u_2)-\frac{\sigma_{X_1}^2u_1^2+2\rho_{X_1X_2}\sigma_{X_1}\sigma_{X_2}u_1u_2+\sigma_{X_2}^2u_2^2}{2}} \tag{2.7.9}$$

从上式可以看出,指数上第一项是关于均值 $\boldsymbol{m}=[m_{X_1}\quad m_{X_2}]^{\mathrm{T}}$ 的线性项,它是由于概率密度函数 $f_{X_1X_2}(x_1,x_2)$ 中含有“时移”项 $(x_1-m_{X_1})$ 和 $(x_2-m_{X_2})$,其经过傅里叶变换后所生成的;指数上第二项也是一个二次型,只是这里是关于变量 u_1,u_2 的二次型,它是由关于 x_1 和 x_2 的二次型经过傅里叶变换后所生成的,这是一维高斯函数的傅里叶变换,也是一维高斯函数在二维高斯函数上的直接推广。

由于式(2.7.9)中,也有二次型的形式,所以我们也可以把它变成矩阵形式,令

$$\boldsymbol{u}=\begin{bmatrix}u_1\\u_2\end{bmatrix}$$

则式(2.7.9)可以写为

$$\boldsymbol{\Phi}_{X_1X_2}(u_1,u_2)=\mathrm{e}^{\mathrm{j}\boldsymbol{m}^{\mathrm{T}}\boldsymbol{u}-\frac{\boldsymbol{u}^{\mathrm{T}}\boldsymbol{C}\boldsymbol{u}}{2}} \tag{2.7.10}$$

根据二维正态随机变量的特征函数表达式,当 X_1,X_2 是两个互不相关的随机变量时,也就是说 $\rho_{X_1X_2}=0$,有

$$\boldsymbol{\Phi}_{X_1X_2}(u_1,u_2)=\mathrm{e}^{\mathrm{j}(m_{X_1}u_1+m_{X_2}u_2)-\frac{\sigma_{X_1}^2u_1^2+\sigma_{X_2}^2u_2^2}{2}}=\boldsymbol{\Phi}_{X_1}(u_1)\boldsymbol{\Phi}_{X_2}(u_2) \tag{2.7.11}$$

上式其实也证明了,对于高斯随机变量而言,不相关也就是独立。因为根据上一章中多维随机变量特征函数的性质(1),满足式(2.7.11)的两个随机变量 X_1,X_2 是相互独立的。

根据二维正态随机变量联合概率密度函数的矩阵表达式,我们可以推广到 n 维正态随机变量的情况。对于 n 维随机变量 $(X_1,\cdots,X_n)$,若它们的 n 维联合概率密度函数为

$$f_{X_1X_2\cdots X_n}(x_1,x_2,\cdots,x_n)=\frac{1}{(2\pi)^{\frac{n}{2}}|\boldsymbol{C}|^{\frac{1}{2}}}\mathrm{e}^{-\frac{(\boldsymbol{x}-\boldsymbol{m})^{\mathrm{T}}\boldsymbol{C}^{-1}(\boldsymbol{x}-\boldsymbol{m})}{2}} \tag{2.7.12}$$

式中

$$\boldsymbol{x}=\begin{bmatrix}x_1\\x_2\\\vdots\\x_n\end{bmatrix},\quad \boldsymbol{m}=\begin{bmatrix}m_{X_1}\\m_{X_2}\\\vdots\\m_{X_n}\end{bmatrix},$$

$$\boldsymbol{C}=\begin{bmatrix}E[(X_1-m_{X_1})^2] & E[(X_1-m_{X_1})(X_2-m_{X_2})] & \cdots & E[(X_1-m_{X_1})(X_n-m_{X_n})]\\ E[(X_2-m_{X_2})(X_1-m_{X_1})] & E[(X_2-m_{X_2})^2] & \cdots & E[(X_2-m_{X_2})(X_n-m_{X_n})]\\ \vdots & \vdots & & \vdots\\ E[(X_n-m_{X_n})(X_1-m_{X_1})] & E[(X_n-m_{X_n})(X_2-m_{X_2})] & \cdots & E[(X_n-m_{X_n})^2]\end{bmatrix}$$

$$=\begin{bmatrix}\sigma_{X_1}^2 & C_{X_1X_2} & \cdots & C_{X_1X_n}\\ C_{X_2X_1} & \sigma_{X_2}^2 & \cdots & C_{X_2X_n}\\ \vdots & \vdots & & \vdots\\ C_{X_nX_1} & C_{X_nX_2} & \cdots & \sigma_{X_n}^2\end{bmatrix} \tag{2.7.13}$$

则称随机变量$(X_1,\cdots,X_n)$为 n 维正态随机变量。

n 维正态随机变量$(X_1,\cdots,X_n)$的特征函数为

$$\Phi_{X_1X_2\cdots X_n}(u_1,u_2,\cdots,u_n)=\mathrm{e}^{\mathrm{j}\boldsymbol{m}^{\mathrm{T}}\boldsymbol{u}-\frac{\boldsymbol{u}^{\mathrm{T}}\boldsymbol{C}\boldsymbol{u}}{2}} \tag{2.7.14}$$

式中

$$\boldsymbol{u}=\begin{bmatrix}u_1\\u_2\\\vdots\\u_n\end{bmatrix}$$

正态随机变量具有很多特点,这里仅列出最重要的两个。

1. 不相关与独立等价

证明:当 n 维正态随机变量$(X_1,\cdots,X_n)$两两互不相关时,则 $C_{X_kX_l}=0,\ \forall k\neq l$,此时,式(2.7.13)中的协方差矩阵成为对角阵

$$\boldsymbol{C}=\begin{bmatrix}\sigma_{X_1}^2 & 0 & \cdots & 0\\ 0 & \sigma_{X_2}^2 & \cdots & 0\\ \vdots & \vdots & & \vdots\\ 0 & 0 & \cdots & \sigma_{X_n}^2\end{bmatrix} \tag{2.7.15}$$

此时

$$\boldsymbol{C}^{-1}=\begin{bmatrix}1/\sigma_{X_1}^2 & 0 & \cdots & 0\\ 0 & 1/\sigma_{X_2}^2 & \cdots & 0\\ \vdots & \vdots & & \vdots\\ 0 & 0 & \cdots & 1/\sigma_{X_n}^2\end{bmatrix} \tag{2.7.16}$$

$$|\boldsymbol{C}|=\sigma_{X_1}^2\sigma_{X_2}^2\cdots\sigma_{X_n}^2 \tag{2.7.17}$$

将式(2.7.15)~式(2.7.17)带入式(2.7.12),有

$$f_{X_1X_2\cdots X_n}(x_1,x_2,\cdots,x_n)=\frac{1}{(2\pi)^{\frac{n}{2}}(\sigma_{X_1}^2\sigma_{X_2}^2\cdots\sigma_{X_n}^2)^{\frac{1}{2}}}\mathrm{e}^{-\frac{(\boldsymbol{x}-\boldsymbol{m})^{\mathrm{T}}\begin{bmatrix}1/\sigma_{X_1}^2 & 0 & \cdots & 0\\ 0 & 1/\sigma_{X_2}^2 & \cdots & 0\\ \vdots & \vdots & & \vdots\\ 0 & 0 & \cdots & 1/\sigma_{X_n}^2\end{bmatrix}(\boldsymbol{x}-\boldsymbol{m})}{2}}$$

$$=\frac{1}{(2\pi)^{\frac{n}{2}}(\sigma_{X_1}^2\sigma_{X_2}^2\cdots\sigma_{X_n}^2)^{\frac{1}{2}}}\mathrm{e}^{-\frac{\sum_{k=1}^{n}\frac{1}{\sigma_{X_k}^2}(x_k-m_{X_k})^2}{2}}$$

$$=\prod_{k=1}^{n}\frac{1}{(2\pi)^{\frac{1}{2}}\sigma_{X_k}}\mathrm{e}^{-\frac{\frac{1}{\sigma_{X_k}^2}(x_k-m_{X_k})^2}{2}}=\prod_{k=1}^{n}f_{X_k}(x_k)$$

2. 正态随机变量经过线性变换后仍然服从正态分布

证明:对于 n 维正态随机变量$(X_1,\cdots,X_n)$,将其写成列向量的形式 $\boldsymbol{X}=[X_1X_2\cdots X_n]^{\mathrm{T}}$,其线性变换表示为 $\boldsymbol{Y}=\boldsymbol{AX}$,其中 $\boldsymbol{Y}=[Y_1Y_2\cdots Y_m]^{\mathrm{T}}$

$$\boldsymbol{A}_{m\times n}=\begin{bmatrix}a_{11} & \cdots & a_{1n}\\ \vdots & & \vdots\\ a_{n1} & \cdots & a_{mn}\end{bmatrix}$$

利用概率密度函数和特征函数的一一对应性,我们从特征函数的角度进行考察。我们已知 n 维正态随机变量的特征函数,现在经过线性变换后,出现 m 维随机变量 $\boldsymbol{Y}$,我们要确定其特征函数 $\boldsymbol{\Phi}_{Y_1Y_2\cdots Y_n}(u_1,u_2,\cdots,u_m)$。对于随机变量 $\boldsymbol{X}=[X_1X_2\cdots X_n]^{\mathrm{T}}$,由于已使用了 n 维特征函数的变量符号 $\boldsymbol{u}=[u_1\quad u_2\quad\cdots\quad u_n]^{\mathrm{T}}$,所以我们采用符号 $\boldsymbol{v}=[v_1\quad v_2\quad\cdots\quad v_m]^{\mathrm{T}}$ 来标记 m 维随机变量 $\boldsymbol{Y}$ 的特征函数的变量。根据特征函数的定义,有

$$\begin{aligned}\boldsymbol{\Phi}_{Y_1Y_2\cdots Y_n}(v_1,v_2,\cdots,v_m)&=E[\mathrm{e}^{\mathrm{j}v_1Y_1+\mathrm{j}v_2Y_2+\cdots+\mathrm{j}v_mY_m}]=E[\mathrm{e}^{\mathrm{j}\boldsymbol{v}^{\mathrm{T}}\boldsymbol{Y}}]\\&=E[\mathrm{e}^{\mathrm{j}\boldsymbol{v}^{\mathrm{T}}(\boldsymbol{AX})}]=E[\mathrm{e}^{\mathrm{j}(\boldsymbol{A}^{\mathrm{T}}\boldsymbol{v})^{\mathrm{T}}\boldsymbol{X}}]\\&=E[\mathrm{e}^{\mathrm{j}\tilde{\boldsymbol{u}}^{\mathrm{T}}\boldsymbol{X}}]=\boldsymbol{\Phi}_{X_1X_2\cdots X_n}(\tilde{u}_1,\tilde{u}_2,\cdots,\tilde{u}_n)\end{aligned}$$

式中

$$\tilde{\boldsymbol{u}}=\begin{bmatrix}\tilde{u}_1\\ \tilde{u}_2\\ \vdots\\ \tilde{u}_n\end{bmatrix}\triangleq\boldsymbol{A}^{\mathrm{T}}\boldsymbol{v}$$

对于正态随机变量 $\boldsymbol{X}=[X_1X_2\cdots X_n]^{\mathrm{T}}$,其特征函数已得到,所以有

$$\boldsymbol{\Phi}_{Y_1Y_2\cdots Y_n}(v_1,v_2,\cdots,v_m)=\boldsymbol{\Phi}_{X_1X_2\cdots X_n}(\tilde{u}_1,\tilde{u}_2,\cdots,\tilde{u}_n)=\mathrm{e}^{\mathrm{j}\boldsymbol{m}^{\mathrm{T}}\tilde{\boldsymbol{u}}-\frac{\tilde{\boldsymbol{u}}^{\mathrm{T}}\boldsymbol{C}\tilde{\boldsymbol{u}}}{2}}$$

$$
\begin{aligned}
&= \mathrm{e}^{\mathrm{j}\boldsymbol{m}^{\mathrm{T}}(\boldsymbol{A}^{\mathrm{T}}\boldsymbol{v})-\frac{(\boldsymbol{A}^{\mathrm{T}}\boldsymbol{v})^{\mathrm{T}}\boldsymbol{C}(\boldsymbol{A}^{\mathrm{T}}\boldsymbol{v})}{2}} = \mathrm{e}^{\mathrm{j}(\boldsymbol{A}\boldsymbol{m})^{\mathrm{T}}\boldsymbol{v}-\frac{\boldsymbol{v}^{\mathrm{T}}\boldsymbol{A}\boldsymbol{C}\boldsymbol{A}^{\mathrm{T}}\boldsymbol{v}}{2}} \\
&= \mathrm{e}^{\mathrm{j}(\boldsymbol{A}\boldsymbol{m})^{\mathrm{T}}\boldsymbol{v}-\frac{\boldsymbol{v}^{\mathrm{T}}(\boldsymbol{A}\boldsymbol{C}\boldsymbol{A}^{\mathrm{T}})\boldsymbol{v}}{2}} = \mathrm{e}^{\mathrm{j}\boldsymbol{m}_Y{}^{\mathrm{T}}\boldsymbol{v}-\frac{\boldsymbol{v}^{\mathrm{T}}\boldsymbol{C}_Y\boldsymbol{v}}{2}}
\end{aligned} \tag{2.7.18}
$$

式中

$$
\boldsymbol{m}_Y = \begin{bmatrix} m_{Y_1} \\ m_{Y_2} \\ \vdots \\ m_{Y_m} \end{bmatrix} = E[\boldsymbol{Y}] = E[\boldsymbol{A}\boldsymbol{X}] = \boldsymbol{A}E[\boldsymbol{X}] = \boldsymbol{A}\boldsymbol{m}
$$

$$
\begin{aligned}
\boldsymbol{C}_Y &= E[(\boldsymbol{Y}-\boldsymbol{m}_Y)(\boldsymbol{Y}-\boldsymbol{m}_Y)^{\mathrm{T}}] = E[(\boldsymbol{A}\boldsymbol{X}-\boldsymbol{A}\boldsymbol{m})(\boldsymbol{A}\boldsymbol{X}-\boldsymbol{A}\boldsymbol{m})^{\mathrm{T}}] \\
&= E[\boldsymbol{A}(\boldsymbol{X}-\boldsymbol{m})(\boldsymbol{X}-\boldsymbol{m})^{\mathrm{T}}\boldsymbol{A}^{\mathrm{T}}] = \boldsymbol{A}E[(\boldsymbol{X}-\boldsymbol{m})(\boldsymbol{X}-\boldsymbol{m})^{\mathrm{T}}]\boldsymbol{A}^{\mathrm{T}} = \boldsymbol{A}\boldsymbol{C}\boldsymbol{A}^{\mathrm{T}}
\end{aligned}
$$

【例 2.7.1】 设随机过程 $X(t)=A\cos(\pi t)$，其中 A 是均值为 0，方差为 σ^2 的正态随机变量，求随机变量 $X(1)$ 和 $X(0.25)$ 的概率密度函数。

解：由于随机变量 $X(1)=A\cos\pi$ 和 $X(0.25)=A\cos(\pi/4)$ 均为正态随机变量 A 的线性变换，所以，根据正态随机变量的性质(2)可知，随机变量 $X(1)$ 和 $X(0.25)$ 也为正态随机变量，所以只需求得它们的均值和方差，即可得到它们的概率密度函数。具体地

$$
E[X(1)] = E[-A] = 0
$$

$$
D[X(1)] = D[-A] = D[A] = \sigma^2
$$

$$
E[X(0.25)] = E\left[\frac{\sqrt{2}}{2}A\right] = 0
$$

$$
D[X(0.25)] = D\left[\frac{\sqrt{2}}{2}A\right] = \frac{1}{2}D[A] = \frac{\sigma^2}{2}
$$

所以

$$
f_X(x;1) = \frac{1}{\sqrt{2\pi}\,\sigma}\mathrm{e}^{-\frac{x^2}{2\sigma^2}}
$$

$$
f_X(x;0.25) = \frac{1}{\sqrt{\pi}\,\sigma}\mathrm{e}^{-\frac{x^2}{\sigma^2}}
$$

从这一道例题可以看出，由于正态随机变量经过线性变换后仍然为正态随机变量，所以其概率密度函数的形式也就知道了，剩下的只需求得一阶矩和二阶矩，即可确定其概率密度函数，而不需再利用第一章中关于随机变量函数的概率密度函数方法去求解经过线性变换后的随机变量的概率密度函数。

2.7.2 正态随机过程

有了前面一小节的内容，我们很容易得到正态随机过程的一些结论。首先，给出正态随机过程的定义。由于随机过程可以看作随机变量族，所以正态随机过程定义为：对于随机过程 $X(t)$，其任意 n 维概率密度函数都是正态分布。可见，正态随机过程作为一类特殊的随机过程，是从概率密度函数的角度进行定义的。

根据定义，正态随机过程 $X(t)$ 的概率密度函数为

$$f_X(x_1,x_2,\cdots,x_n;t_1,t_2,\cdots,t_n)=\frac{1}{(2\pi)^{\frac{n}{2}}|\boldsymbol{C}_X|^{\frac{1}{2}}}\mathrm{e}^{-\frac{(\boldsymbol{x}-\boldsymbol{m}_X)^{\mathrm{T}}\boldsymbol{C}_X^{-1}(\boldsymbol{x}-\boldsymbol{m}_X)}{2}} \tag{2.7.19}$$

式中

$$\boldsymbol{m}_X=\begin{bmatrix} m_X(t_1)\\ m_X(t_2)\\ \vdots\\ m_X(t_n)\end{bmatrix},\quad \boldsymbol{x}=\begin{bmatrix} x_1\\ x_2\\ \vdots\\ x_n\end{bmatrix}$$

令

$$\boldsymbol{X}=\begin{bmatrix} X(t_1)\\ X(t_2)\\ \vdots\\ X(t_n)\end{bmatrix}$$

$$\boldsymbol{C}_X=E[(\boldsymbol{X}-\boldsymbol{m}_X)(\boldsymbol{X}-\boldsymbol{m}_X)^{\mathrm{T}}]$$

和前面正态随机变量的情况一样,协方差矩阵中的任一个元素$(\boldsymbol{C}_X)_{kl}$可以用相关系数的形式表示,即

$$\begin{aligned}(C_X)_{kl}&\triangleq C_X(t_k,t_l)=E[(X(t_k)-m_X(t_k))(X(t_l)-m_X(t_l))]\\&=\rho_X(t_k,t_l)\sigma_X(t_k)\sigma_X(t_l)\qquad k,l=1,2,\cdots,n\end{aligned} \tag{2.7.20}$$

由正态随机过程的定义可以清楚的看出,其 n 维概率密度函数仅由它的一、二阶矩(均值、协方差)完全决定。

若对正态随机过程再加以约束,可以引入平稳正态过程,即若正态过程 $X(t)$满足

$$\begin{cases}E[X(t)]=m_X\\ R_X(t_k,t_l)=R_X(t_l-t_k)\end{cases} \tag{2.7.21}$$

则此正态过程是宽平稳的,称 $X(t)$为平稳正态过程。在此条件下,正态随机过程的协方差矩阵 $\boldsymbol{C}_X$ 可以做进一步的化简。具体地,由于

$$\sigma_X^2(t)=R_X(t,t)-m_X^2=R_X(0)-m_X^2\triangleq\sigma_X^2$$

$$\begin{aligned}C_X(t_k,t_l)&=E[(X(t_k)-m_X)(X(t_l)-m_X)]=R_X(t_k,t_l)-m_X^2\\&=R_X(t_l-t_k)-m_X^2\triangleq C_X(t_l-t_k)\end{aligned}$$

则

$$(C_X)_{kl}=C_X(t_k,t_l)=\rho_X(t_k,t_l)\sigma_X(t_k)\sigma_X(t_l)\triangleq\rho_X(t_l-t_k)\sigma_X^2\quad k,l=1,2,\cdots,n \tag{2.7.22}$$

可见,平稳正态过程 $X(t)$的协方差矩阵 $\boldsymbol{C}_X$ 中的每一个元素都含有 σ_X^2,再利用

$$C_X(t_k,t_l)=C_X(t_l,t_k)$$

协方差矩阵 $\boldsymbol{C}_X$ 可以化简为

$$\boldsymbol{C}_X=\begin{bmatrix}\rho_X(0)\sigma_X^2 & \rho_X(t_1-t_2)\sigma_X^2 & \cdots & \rho_X(t_1-t_n)\sigma_X^2\\ \rho_X(t_2-t_1)\sigma_X^2 & \rho_X(0)\sigma_X^2 & \cdots & \rho_X(t_2-t_n)\sigma_X^2\\ \vdots & \vdots & & \vdots\\ \rho_X(t_n-t_1)\sigma_X^2 & \rho_X(t_n-t_2)\sigma_X^2 & \cdots & \rho_X(0)\sigma_X^2\end{bmatrix}$$

$$=\sigma_X^2\begin{bmatrix}\rho_X(0) & \rho_X(t_1-t_2) & \cdots & \rho_X(t_1-t_n)\\ \rho_X(t_2-t_1) & \rho_X(0) & \cdots & \rho_X(t_2-t_n)\\ \vdots & \vdots & & \vdots\\ \rho_X(t_n-t_1) & \rho_X(t_n-t_2) & \cdots & \rho_X(0)\end{bmatrix}$$

$$=\sigma_X^2\begin{bmatrix}1 & \rho_X(t_2-t_1) & \cdots & \rho_X(t_n-t_1)\\ \rho_X(t_2-t_1) & 1 & \cdots & \rho_X(t_n-t_2)\\ \vdots & \vdots & & \vdots\\ \rho_X(t_n-t_1) & \rho_X(t_n-t_2) & \cdots & 1\end{bmatrix} \tag{2.7.23}$$

令

$$\boldsymbol{\rho}=\begin{bmatrix}1 & \rho_X(t_2-t_1) & \cdots & \rho_X(t_n-t_1)\\ \rho_X(t_2-t_1) & 1 & \cdots & \rho_X(t_n-t_2)\\ \vdots & \vdots & & \vdots\\ \rho_X(t_n-t_1) & \rho_X(t_n-t_2) & \cdots & 1\end{bmatrix} \tag{2.7.24}$$

则有

$$\boldsymbol{C}_X=\sigma_X^2\boldsymbol{\rho}$$

需要特别指出的是,根据平稳正态随机过程 $X(t)$ 的相关系数矩阵 $\boldsymbol{\rho}$ 的对称性,即 $\boldsymbol{\rho}=\boldsymbol{\rho}^{\mathrm{T}}$ 可知,相关系数矩阵 $\boldsymbol{\rho}$ 直接涉及 $n(n-1)/2$ 个不同时间间隔:$t_2-t_1,t_3-t_1,\cdots,t_n-t_1,t_3-t_2,\cdots,t_n-t_2,\cdots,t_n-t_{n-1}$,而这些不同的时间间隔仅由$(n-1)$个间隔 $t_2-t_1,t_3-t_2,\cdots,t_n-t_{n-1}$决定,比如 $t_3-t_1=(t_3-t_2)+(t_2-t_1)$。因此,相关系数矩阵 $\boldsymbol{\rho}$ 仅由$(n-1)$个间隔决定。

由于

$$|\boldsymbol{C}_X|=|\sigma_X^2\boldsymbol{\rho}|=(\sigma_X^2)^n|\boldsymbol{\rho}| \tag{2.7.25}$$

$$(\boldsymbol{C}_X)^{-1}=(\sigma_X^2\boldsymbol{\rho})^{-1}=\frac{(\boldsymbol{\rho})^{-1}}{\sigma_X^2} \tag{2.7.26}$$

将上两式带入正态随机过程的概率密度函数式(2.7.19),得到

$$f_X(x_1,x_2,\cdots,x_n;t_1,t_2,\cdots,t_n)=\frac{1}{(2\pi)^{\frac{n}{2}}(\sigma_X^n)|\boldsymbol{\rho}|^{\frac{1}{2}}}\mathrm{e}^{-\frac{(\boldsymbol{x}-\boldsymbol{m}_X)^{\mathrm{T}}\boldsymbol{\rho}^{-1}(\boldsymbol{x}-\boldsymbol{m}_X)}{2\sigma_X^2}} \tag{2.7.27}$$

由上式可以看见,宽平稳正态随机过程的概率密度函数仅由$(n-1)$个间隔决定,也即平稳正态随机过程的概率密度函数可以形式上写成

$$\begin{aligned}f_X(x_1,x_2,\cdots,x_n;t_1,t_2,\cdots,t_n)&=f_X(x_1,x_2,\cdots,x_n;t_2-t_1,t_3-t_2,\cdots,t_n-t_{n-1})\\&\triangleq f_X(x_1,x_2,\cdots,x_n;\tau_1,\tau_2,\cdots,\tau_{n-1})\end{aligned} \tag{2.7.28}$$

所以对于正态随机过程而言,满足宽平稳性等价于满足严平稳性。

对应于 n 维平稳正态随机过程的概率密度函数,n 维平稳正态随机过程的特征函数为

$$\boldsymbol{\Phi}_X(u_1,u_2,\cdots,u_n;\tau_1,\tau_2,\cdots,\tau_{n-1})=\mathrm{e}^{\mathrm{j}\boldsymbol{1}^{\mathrm{T}}\boldsymbol{u}-\frac{\boldsymbol{u}^{\mathrm{T}}\boldsymbol{C}_X\boldsymbol{u}}{2}} \tag{2.7.29}$$

式中

$$\boldsymbol{m}_X=\begin{bmatrix}m_X(t_1)\\ m_X(t_2)\\ \vdots\\ m_X(t_2)\end{bmatrix}=m_X\begin{bmatrix}1\\1\\ \vdots\\1\end{bmatrix}=m_X\boldsymbol{1}$$

作为特例,当 $n=1$ 和 $n=2$ 时,平稳正态随机过程的概率密度函数和特征函数为

$$f_X(x)=\frac{1}{\sqrt{2\pi}\sigma_X}\mathrm{e}^{-\frac{(x-m_X)^2}{2\sigma_X^2}} \tag{2.7.30}$$

$$f_{X_1X_2}(x_1,x_2;\tau)=\frac{1}{2\pi\sigma_X^2\sqrt{1-\rho_X^2(\tau)}}\mathrm{e}^{-\left\{\frac{(x_1-m_X)^2-2\rho_X(\tau)(x_1-m_X)(x_2-m_X)+(x_2-m_X)^2}{2\sigma_X^2[1-\rho_X^2(\tau)]}\right\}} \tag{2.7.31}$$

$$\Phi_X(u)=\mathrm{e}^{\mathrm{j}m_Xu-\frac{\sigma_X^2u^2}{2}} \tag{2.7.32}$$

$$\Phi_X(u_1,u_2;\tau)=\mathrm{e}^{\mathrm{j}m_X(u_1+u_2)-\frac{\sigma_X^2[u_1^2+2\rho_X(\tau)u_1u_2+u_2^2]}{2}} \tag{2.7.33}$$

正态随机过程具有一些性质,这些性质都可以正态随机变量的性质稍加推演得到,这里列举一些性质,不加以证明。

(1) 平稳正态随机过程与确定信号之和的概率分布仍然为正态分布。

(2) 若正态随机过程 $X(t)$ 均方可微,则其导函数也是正态随机过程。

(3) 若正态随机过程 $X(t)$ 均方可积,则其变上限积分也是正态随机过程。

(4) 正态随机过程通过线性系统后,输出仍然是正态随机过程。

【例 2.7.2】 已知随机过程 $X(t)=At+B, 0<t<+\infty$,其中,A,B 是两个相互独立且均服从均值为 3、方差为 4 的正态分布随机变量,求 $X(t)$ 的二维概率密度函数。

解: 根据定义

$$m_X(t)=E[X(t)]=E[At+B]=t\cdot E[A]+E[B]=3t+3$$

可见,$X(t)$ 是非平稳随机过程。

对于任意时刻 t,由于 $X(t)$ 为正态随机变量 A、B 的线性组合,因而,$X(t)$ 也是随机变量,进而可知,$X(t)$ 为正态随机过程。由于概率密度函数仅有均值和协方差函数决定,因此,只需求得均值和协方差函数即可。具体地,利用 A、B 的独立性,$X(t)$ 的自相关函数为

$$\begin{aligned}R_X(t_1,t_2)&=E[X(t_1)X(t_2)]=E[(At_1+B)(At_2+B)]\\&=t_1t_2E[A^2]+(t_1+t_2)E[AB]+E[B^2]\\&=t_1t_2E[A^2]+(t_1+t_2)E[A]E[B]+E[A^2]\\&=t_1t_2(4+3^2)+(t_1+t_2)3\times3+(4+3^2)\\&=13t_1t_2+9(t_1+t_2)+13\end{aligned}$$

因而,$X(t)$ 的自协方差函数为

$$C_X(t_1,t_2)=R_X(t_1,t_2)-m_X(t_1)m_X(t_2)=4t_1t_2+4$$

所以,$X(t)$ 的自协方差矩阵为

$$\boldsymbol{C}=\begin{bmatrix}C_X(t_1,t_1) & C_X(t_1,t_2)\\ C_X(t_2,t_1) & C_X(t_2,t_2)\end{bmatrix}=\begin{bmatrix}4t_1^2+4 & 4t_1t_2+4\\ 4t_1t_2+4 & 4t_2^2+4\end{bmatrix}$$

自协方差矩阵的行列式和逆分别为

$$|\boldsymbol{C}|=(4t_1^2+4)(4t_2^2+4)-(4t_1t_2+4)^2=16\ (t_1-t_2)^2$$

$$\boldsymbol{C}^{-1}=\frac{1}{|\boldsymbol{C}|}\begin{bmatrix}C_X(t_2,t_2) & -C_X(t_1,t_2)\\ -C_X(t_2,t_1) & C_X(t_1,t_1)\end{bmatrix}=\frac{1}{|\boldsymbol{C}|}\begin{bmatrix}4t_2^2+4 & -4t_1t_2-4\\ -4t_1t_2-4 & 4t_1^2+4\end{bmatrix}$$

计算如下二次型

$$
\begin{aligned}
&(\boldsymbol{x}-\boldsymbol{m})^{\mathrm{T}}\boldsymbol{C}^{-1}(\boldsymbol{x}-\boldsymbol{m})\\
&=[x_1-m_X(t_1)\quad x_2-m_X(t_2)]\frac{1}{|\boldsymbol{C}|}\begin{bmatrix}4t_2^2+4 & -4t_1t_2-4\\ -4t_1t_2-4 & 4t_1^2+4\end{bmatrix}\begin{bmatrix}x_1-m_X(t_1)\\ x_2-m_X(t_2)\end{bmatrix}\\
&=\frac{(t_2^2+1)[x_1-(3t_1+3)]^2-2(t_1t_2+1)[x_1-(3t_1+3)][x_2-(3t_2+3)]+(t_1^2+1)[x_2-(3t_2+3)]^2}{4(t_1-t_2)^2}
\end{aligned}
$$

进而,得到 $X(t)$ 的二维概率密度函数为

$$
f_X(x_1,x_2;t_1,t_2)=\frac{1}{2\pi|4(t_1-t_2)|}\mathrm{e}^{-\left[\frac{(\boldsymbol{x}-\boldsymbol{m})^{\mathrm{T}}\boldsymbol{C}^{-1}(\boldsymbol{x}-\boldsymbol{m})}{2}\right]}
$$

▲ 第三章　随机信号的频域分析

在信号与系统和数字信号处理课程中,我们采用频域或复频域的分析方法来分析信号和线性系统,其核心是傅里叶变换这一工具。在这两门课程中,所分析的信号是确定性信号。那么,对于随机性的信号,是否也存在与之对应的频域分析方法呢?下面,我们从理论上对这个问题进行详细讨论。

3.1　随机过程的功率谱密度

3.1.1　随机过程功率谱密度的定义

对于确定的实信号 $x(t)$,其信号总能量(也称为信号能量)为

$$E=\int_{-\infty}^{\infty} x^2(t)\,\mathrm{d}t \tag{3.1.1}$$

这个积分可能收敛,即积分值有限;也可能不收敛,即积分值无限大。对于积分值为有限值的情况,称信号 $x(t)$ 为能量信号。

对于某些信号,它的能量无限大,即式(3.1.1)积分为无限∞。此时,我们不去考察信号在整个时间范围 $t\in(-\infty,\infty)$ 的总能量,转而去考察信号在某一段时间范围 $t\in(t_1,t_2)$ 内的单位时间能量,即信号在这个时间范围内的平均功率,这个平均功率可能是有限值。比如,对于周期信号 $x(t)=x(t+2T)$,其能量显然无限大,然而其一个周期内平均功率却是有限的,即

$$P=\frac{1}{2T}\int_{-T}^{T} x^2(t)\,\mathrm{d}t<+\infty$$

对于非周期信号 $x(t)$ 而言,可以把它认为是周期为∞的周期信号。类似地,若其能量是无限大时,这些信号的平均功率却可能是有限值,即

$$P=\lim_{T\to\infty}\frac{1}{2T}\int_{-T}^{T} x^2(t)\,\mathrm{d}t<+\infty \tag{3.1.2}$$

此时,称满足条件式(3.1.2)的信号为功率信号。显然,对于能量信号而言,由于其能量为有限值,所以其在范围$(-\infty,\infty)$上的单位能量——功率为0。当然也存在既不是能量信号也不是功率信号的信号,我们这里不考虑这类信号。

对于能量信号 $x(t)$,设其傅里叶变换为 $X(\Omega)$。根据帕塞瓦尔(Parseval)定理,信号的能量也可以在频域中求得,即

$$E=\int_{-\infty}^{\infty} x^2(t)\,\mathrm{d}t=\frac{1}{2\pi}\int_{-\infty}^{\infty} |X(\Omega)|^2\,\mathrm{d}\Omega \tag{3.1.3}$$

这里我们采用符号 $X(\Omega)$ 来表示信号 $x(t)$ 的傅里叶变换,其中 Ω 为模拟角频率;$X(\Omega)$ 和符号 $X(t)$ 所表示的随机过程使用同一个符号 X,所以我们只能根据所带自变量 Ω 和 t,来区分 $X(\Omega)$ 和 $X(t)$ 的不同含义。

在式(3.1.3)中,我们称 $|X(\Omega)|^2$ 为能量频谱密度函数,简称为能谱密度,它描述了信号 $x(t)$ 在角频率 Ω 处的单位频带内的信号能量。

需要特别指出的是,我们并没有提及信号 $x(t)$ 的傅里叶变换 $X(\Omega)$ 存在的条件。因为这个问题的完整讨论需要工科数学以外的一些知识。对于仅从工科数学知识出发去讨论这个问题,大家仅仅需要知道在信号与系统课程中所熟悉的狄利克雷(Dirichlet)条件即可,这个条件中最重要的一条就是要求做傅里叶变换的信号 $x(t)$ 满足绝对可积条件。因此,可以认为如果一个信号 $x(t)$ 满足绝对可积条件,即 $\int_{-\infty}^{\infty}|x(t)|\mathrm{d}t<\infty$,则其傅里叶变换 $X(\Omega)$ 存在。应当指出,当信号 $x(t)$ 满足绝对可积条件时,其傅里叶变换 $X(\Omega)$ 却未必满足绝对可积条件。由于傅里叶变换及其反变换只是在复指数变换核上差一个负号,所以它们本质上是一样的。因而,在考虑信号 $x(t)$ 存在傅里叶变换 $X(\Omega)$,并且还可以根据 $X(\Omega)$ 通过傅里叶反变换反演出信号 $x(t)$ 的场合中,可以认为 $x(t)$ 是那些本身绝对可积,并且其傅里叶变换也绝对可积的信号。此外,对于某些不满足绝对可积条件的信号,比如常数1,当从极限的观点引入特殊函数——冲激函数 $\delta(t)$ 后,也可以得到其傅里叶变换结果,当然,这种结果已不是普通意义下的积分,因为积分不存在,所以需要从极限的角度去理解。

对于随机过程而言,特别是平稳随机过程,其每一个非零样本函数的持续时间无限长,所以能量是无限大的,然而其功率往往是有限的,也即每一个样本函数为功率信号。因此,我们不能从能量的角度对随机过程的每一个样本函数直接应用式(3.1.3),而只能从功率的角度去研究随机过程。

设 $x(t)$ 为随机过程 $X(t)$ 的某个样本函数,为了利用能量形式的帕塞瓦尔(Parseval)定理,我们对功率信号 $x(t)$ 进行截断,以使得截断后的信号为能量信号。结合功率的表示式(3.1.2),我们在范围 $(-T,T)$ 上对信号 $x(t)$ 进行截断,如图3.1.1所示,得到截断后信号 $x_T(t)$,即

$$x_T(t)=\begin{cases}x(t), & |t|\leqslant T\\ 0, & |t|>T\end{cases} \tag{3.1.4}$$

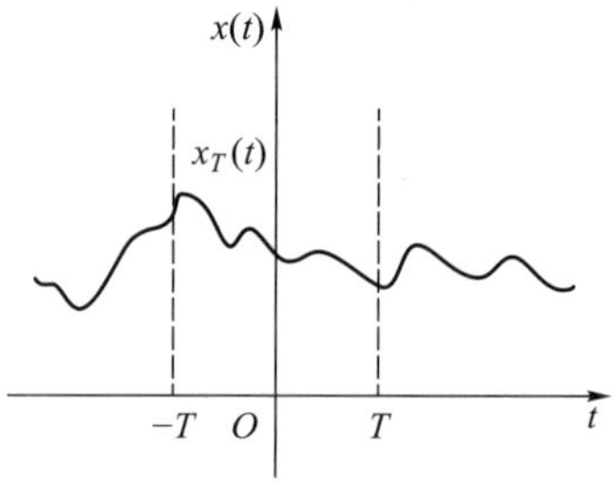

图3.1.1 信号 $x(t)$ 及其截断版本 $x_T(t)$ 示意图

对于截断信号 $x_T(t)$,其满足狄利克雷条件,其傅里叶变换存在,记为 $X_T(\Omega)$,并且其还是能量信号,即 $x_T(t)$ 同时满足绝对可积和平方可积,因而可以利用帕塞瓦尔定理,有

$$\int_{-\infty}^{\infty}x_T^2(t)\,\mathrm{d}t=\frac{1}{2\pi}\int_{-\infty}^{\infty}|X_T(\Omega)|^2\mathrm{d}\Omega \tag{3.1.5}$$

将上式左边积分中 $x_T(t)$ 换为 $x(t)$,并改变等式左边的积分上下限,有

$$\int_{-T}^{T}x^2(t)\,\mathrm{d}t=\frac{1}{2\pi}\int_{-\infty}^{\infty}|X_T(\Omega)|^2\mathrm{d}\Omega \tag{3.1.6}$$

将上式两边同时除以 $2T$,并令 $T\to\infty$,得到

$$\lim_{T\to\infty}\frac{1}{2T}\int_{-T}^{T}x^2(t)\,\mathrm{d}t=\frac{1}{2\pi}\int_{-\infty}^{\infty}\lim_{T\to\infty}\frac{|X_T(\Omega)|^2}{2T}\mathrm{d}\Omega \tag{3.1.7}$$

上式左边表示了样本函数 $x(t)$ 的平均功率(时间上的),而右边积分中的极限项则表示了平均功

率在频率 Ω 处的大小。因此,将 $\lim\limits_{T\to\infty}|X_T(\Omega)|^2/2T$ 称为样本函数 $x(t)$ 功率谱密度,它描述了样本函数 $x(t)$ 的平均功率随频率 Ω 的分布情况。需要指出,由于样本函数 $x(t)$ 为功率信号,所以上式是存在的、有意义的。由于式(3.1.7)是对样本函数这么一个确定的功率信号,建立起平均功率在时域和频域的联系,因此,也称为功率形式的帕塞瓦尔定理,以和式(3.1.3)相对应。

注意到 $x(t)$ 仅为随机过程 $X(t)$ 的某一个样本,即 $x(t)=X(t,s)$。随着样本变量 s 的不同,样本函数 $x(t)$ 也表现为不同的确定函数。我们从这种变化的角度来考虑 $x(t)$,此时可以采用均方意义下的运算来描述 $X(t,s)$,即将式(3.1.7)中的 $x(t)$ 换为 $X(t)$,得到

$$\underset{T\to\infty}{\mathrm{l.i.m}}\frac{1}{2T}\int_{-T}^{T}X^2(t)\,\mathrm{d}t=\frac{1}{2\pi}\int_{-\infty}^{\infty}\underset{T\to\infty}{\mathrm{l.i.m}}\frac{|X_T(\Omega)|^2}{2T}\mathrm{d}\Omega \tag{3.1.8}$$

需要指出,上式中我们依然采用符号 $X_T(\Omega)$ 来表示随机过程 $X(t)$ 的截断形式的频谱,其为一个随机过程。对于上式而言,随机过程 $X(t)$ 的每一个样本函数具有不同的时间上的平均功率,因而上式两边均为随机变量,是随着样本变量 s 的不同而变化的。此外,上式右边积分里面的功率谱 $\underset{T\to\infty}{\mathrm{l.i.m}}|X_T(\Omega)|^2/2T$ 由于 $X_T(\Omega)$ 为一个随机过程,因此它也是一个随机过程,即也是随着样本变量 s 的不同而变化。因而,在上式两边对样本变量 s 求平均(统计平均或集合平均),可得

$$\lim_{T\to\infty}\frac{1}{2T}\int_{-T}^{T}E[X^2(t)]\,\mathrm{d}t=\frac{1}{2\pi}\int_{-\infty}^{\infty}\lim_{T\to\infty}\frac{E[|X_T(\Omega)|^2]}{2T}\mathrm{d}\Omega \tag{3.1.9}$$

上式等号左边即为随机过程的平均功率,根据它的形式可以看出,这种平均包含了时间平均和统计平均这两种平均的结果。事实上,功率这个概念本身就是对能量进行时间平均的结果,所以,自然就含有时间平均的概念。同时,对于随机过程而言,每个样本信号的平均功率不同,是随机变化的,所以再进行一次统计平均,即得到了关于随机过程的平均功率。将随机过程 $X(t)$ 的平均功率记为 P,而等式右边的 $\lim\limits_{T\to\infty}E[|X_T(\Omega)|^2]/2T$ 则反映了平均功率 P 随频率 Ω 的分布情况,将其记为

$$S_X(\Omega)=\lim_{T\to\infty}\frac{E[|X_T(\Omega)|^2]}{2T} \tag{3.1.10}$$

则式(3.1.9)可以写为

$$P=\lim_{T\to\infty}\frac{1}{2T}\int_{-T}^{T}E[X^2(t)]\,\mathrm{d}t=\frac{1}{2\pi}\int_{-\infty}^{\infty}S_X(\Omega)\,\mathrm{d}\Omega \tag{3.1.11}$$

由于 $S_X(\Omega)$ 描述了随机过程 $X(t)$ 的平均功率 P 随频率 Ω 的分布情况,所以将其称为随机过程 $X(t)$ 的功率谱密度。类似于式(3.1.3)连接了时域和频域计算确定信号能量的桥梁,式(3.1.11)则连接了时域和频域计算随机信号功率的桥梁。

如果采用第二章中时间平均的符号表示:$\overline{(\cdot)}\triangleq\lim\limits_{T\to\infty}1/2T\int_{-T}^{T}(\cdot)\,\mathrm{d}t$,则式(3.1.11)的左边可以写为

$$P=\overline{E[X^2(t)]}=\overline{R_X(t,t)} \tag{3.1.12}$$

上式表明,随机过程 $X(t)$ 的平均功率可以先对 $X(t)$ 求得统计平均,得到均方值 $E[X^2(t)]$,也可以写作 $R_X(t,t)$,它表示随机过程 $X(t)$ 在 t 时刻统计意义上平均的信号能量。注意,由于随机过程 $X(t)$ 不一定是平稳的,所以不能将 $R_X(t,t)$ 写作 $R_X(0)$。此时得到的均方值为一个关于时间 t 的确定性函数,然后再对这个时间函数做时间平均,即把所有时刻上统计平均的信号能量加在一

起,并进行时间平均,才得到随机过程 $X(t)$ 的平均功率。当然,我们也可以先对 $X(t)$ 做时间平均,得到一个随机变量,此随机变量反映了随机过程 $X(t)$ 的每一个样本在时间上的平均功率,然后对此随机变量做统计平均,得到随机过程 $X(t)$ 的平均功率。总的来说,对于随机过程 $X(t)=X(t,s)$,我们需要对其两个变量做平均,也即做两次积分,才可以得到其平均功率的具体数值。

当随机过程 $X(t)$ 为平稳随机过程时,均方值 $E[X^2(t)]=R_X(0)$ 为常数,则有

$$P=\overline{E[X^2(t)]}=\overline{R_X(0)}=R_X(0) \tag{3.1.13}$$

3.1.2 随机过程功率谱密度的性质

随机过程 $X(t)$ 的功率谱密度 $S_X(\Omega)$ 是随机过程在频域的重要统计特征,它具有如下特征。

(1) 功率谱密度 $S_X(\Omega)$ 是实函数

(2) 功率谱密度 $S_X(\Omega)$ 是非负的,即 $S_X(\Omega)\geqslant 0$

(3) 功率谱密度 $S_X(\Omega)$ 是偶函数,即 $S_X(\Omega)=S_X(-\Omega)$

证明:对于随机过程 $X(t)$ 而言,其为实的。所以其任意一个样本 $x(t)$ 和截断后信号 $x_T(t)$ 也为实的,所以有

$$x_T(t)=x_T^*(t)$$

记 $x_T(t)$ 的傅里叶变换为 $X_T(\Omega)$,则根据傅里叶变换的性质,$x_T^*(t)$ 的傅里叶变换为 $X_T^*(-\Omega)$,则有 $X_T(\Omega)=X_T^*(-\Omega)$,进而有

$$|X_T(\Omega)|^2=X_T(\Omega)X_T^*(\Omega)=X_T(\Omega)X_T(-\Omega)$$

从上式可见 $|X_T(\Omega)|^2$ 为 Ω 的偶函数。

可见对于任意的样本函数 $x(t)$,其截断信号的频谱函数 $|X_T(\Omega)|^2$ 满足对称性,因而,对于随机过程 $X(t)$ 而言,其截断后随机过程的频谱函数 $|X_T(\Omega)|^2$ 依然满足对称性;进而功率谱密度函数为偶函数。

(4) 平稳过程的功率谱密度可积,即

$$\int_{-\infty}^{\infty} S_X(\Omega)\,\mathrm{d}\Omega<\infty \tag{3.1.14}$$

证明:对于平稳过程而言,其均方值有界,即 $E[X^2(t)]<\infty$。由于此时

$$E[X^2(t)]=\overline{E[X^2(t)]}=\frac{1}{2\pi}\int_{-\infty}^{\infty} S_X(\Omega)\,\mathrm{d}\Omega$$

因而,命题得证。

3.1.3 随机过程功率谱密度的分解及其相关计算

在许多实际应用中,平稳随机过程 $X(t)$ 的功率谱密度 $S_X(\Omega)$ 往往是一个实有理函数。这点类似于信号与系统课程中的系统函数或转移函数 $H(s)$ 都是实有理函数。因为,许多平稳随机过程可以认为是通过线性时不变系统产生的。即使这一条件不满足,也可以用实有理函数来逼近功率谱密度函数 $S_X(\Omega)$;有理函数作为多项式函数的广义形式,是可以逼近许多实函数的,这类似于任意实数可以用有理数以任意精度逼近一样。所以我们考察具有实有理函数形式的功率谱密度函数 $S_X(\Omega)$,其一般形式为

$$S_X(\Omega)=S_0\frac{\Omega^{2m}+a_{2m-2}\Omega^{2m-2}+\cdots+a_2\Omega^2+a_0}{\Omega^{2n}+b_{2n-2}\Omega^{2n-2}+\cdots+b_2\Omega^2+b_0} \tag{3.1.15}$$

式中,S_0 和分子、分母的各多项式系数 a_k、b_l 均为实数。由于 $S_X(\Omega)$ 为偶函数,所以分子、分母中以 Ω^2 的多项式形式出现,并且由于 $S_X(\Omega)$ 可积,所以分子的多项式阶次小于分母的多项式阶次,即 $m<n$。

对于实有理函数 $S_X(\Omega)$,由于 S_0 仅仅为一个常数,所以 $S_X(\Omega)$ 完全由其分子、分母多项式的零极点决定。我们采用复频率变量 $s=\mathrm{j}\Omega$ 来代替实频率变量 Ω,此时功率谱密度成了复变量 s 的函数,记为 $S_X(s)$。当采用了复频率表示功率谱密度函数时:一方面,根据代数基本定理,即一元 n 次方程在复数域必有 n 个根,可以把 $S_X(\Omega)$ 的分子、分母多项式在实数域中不是解的复数根在复数域中表示出来,以展示出 $S_X(s)$ 的所有零极点;另一方面,在利用 $S_X(\Omega)$ 的积分计算 $X(t)$ 的平均功率时,由于 $S_X(s)$ 为实有理函数的形式,其奇点,也就是非解析点,都是孤立奇点,而且还是孤立奇点中的极点。由于复变函数在极点处的留数容易求得,所以可以利用复变函数的留数定理,仅计算 $S_X(s)$ 极点处的留数就可以得到 $X(t)$ 的平均功率。

需要指出的是,根据 $s=\mathrm{j}\Omega$,将 $\Omega=-\mathrm{j}s$ 带入 $S_X(\Omega)$ 得到 $S_X(-\mathrm{j}s)$,我们把 $S_X(-\mathrm{j}s)$ 记为了 $S_X(s)$,而 $S_X(\Omega)$ 和 $S_X(s)$ 的函数表达式并不相同,也就是说,并不是由于它们都采用了同一函数符号 S_X 就认为它们的表达式相同。事实上,我们可以把确定信号 $x(t)$ 的傅里叶变换记为 $X(\mathrm{j}\Omega)$,而不是记为 $X(\Omega)$。这两种表示并没有本质的区别,函数 $X(\cdot)$ 的自变量只相差一个虚单位常数 j 而已。然而,这种表示是将傅里叶变换 $X(\mathrm{j}\Omega)$ 看作双边拉普拉斯变换 $X(s)$ 取值于 $s=\mathrm{j}\Omega$ 的特例。在这样的理解下,平稳随机过程 $X(t)$ 的功率谱密度也可以记为 $S_X(\mathrm{j}\Omega)=\lim\limits_{T\to\infty}E[\,|X_T(s)|^2\,]/2T$,此时,直接从 $S_X(\mathrm{j}\Omega)$ 写出其复变量形式 $S_X(s)$,它们的函数表达式也就一样了。

注意到 $S_X(\Omega)$ 的分子、分母多项式只含有 Ω 的偶次项,即可以看作是 Ω^2 的多项式,所以根据 $\Omega^2=-s^2$,可以得到 $S_X(s)$ 的表达式为

$$S_X(s)=S_0\frac{(-1)^m s^{2m}+a_{2m-2}(-1)^{m-1}s^{2m-2}+\cdots+a_2(-1)s^2+a_0}{(-1)^n s^{2n}+b_{2n-2}(-1)^{n-1}s^{2n-2}+\cdots+b_2(-1)s^2+b_0} \tag{3.1.16}$$

对比式(3.1.15)可以看出,类似于 $S_X(\Omega)$,$S_X(s)$ 的分子、分母是关于复变量 s 的偶次多项式,即只含有 s^2 的幂次,只是 $S_X(\Omega)$ 和 $S_X(s)$ 的分子、分母多项式的系数差一个正负号,所以 $S_X(s)$ 的分子、分母也是复变量 s 的实系数多项式。

除去常数项 S_0,我们记 $S_X(s)$ 的分子多项式为 $A(s)$,即

$$A(s)=(-1)^m s^{2m}+a_{2m-2}(-1)^{m-1}s^{2m-2}+\cdots+a_2(-1)s^2+a_0$$

若 s_1 为 $A(s)$ 的一个根,即 $A(s_1)=0$,也就是说

$$A(s_1)=(-1)^m(s_1)^{2m}+a_{2m-2}(-1)^{m-1}(s_1)^{2m-2}+\cdots+a_2(-1)(s_1)^2+a_0=0$$

则有

$$\begin{aligned}A(-s_1)&=(-1)^m(-s_1)^{2m}+a_{2m-2}(-1)^{m-1}(-s_1)^{2m-2}+\cdots+a_2(-1)(-s_1)^2+a_0\\&=(-1)^m(s_1)^{2m}+a_{2m-2}(-1)^{m-1}(s_1)^{2m-2}+\cdots+a_2(-1)(s_1)^2+a_0\\&=A(s_1)=0\end{aligned} \tag{3.1.17}$$

$$\begin{aligned}A(s_1^*)&=(-1)^m(s_1^*)^{2m}+a_{2m-2}(-1)^{m-1}(s_1^*)^{2m-2}+\cdots+a_2(-1)(s_1^*)^2+a_0\\&=(-1)^m[(s_1)^{2m}]^*+a_{2m-2}(-1)^{m-1}[(s_1)^{2m-2}]^*+\cdots+a_2(-1)[(s_1)^2]^*+a_0\end{aligned}$$

$$=[(-1)^m(s_1)^{2m}]^*+[a_{2m-2}(-1)^{m-1}(s_1)^{2m-2}]^*+\cdots+[a_2(-1)(s_1)^2]^*+(a_0)^*$$
$$=[A(s_1)]^*=0 \tag{3.1.18}$$

把上面两式结合在一起,容易得到

$$A(-s_1^*)=0 \tag{3.1.19}$$

对于 $S_X(s)$ 的分母多项式,也有同样的根的分布结果。可以看出,$S_X(s)$ 的零极点是以复共轭对称和原点对称形式同时出现在复平面上,也即 $S_X(s)$ 的零点和极点的分布是关于实轴和虚轴同时成镜像对称的,如图 3.1.2 所示,图中只示出了极点分布,零点分布是一样的规律。因而,当我们根据 $S_X(s)$ 的零极点对 $S_X(s)$ 的分子、分母分别在复数域上进行因式分解后,可以根据零极点的对称性将 $S_X(s)$ 分解成两个复变量 s 的有理式之积

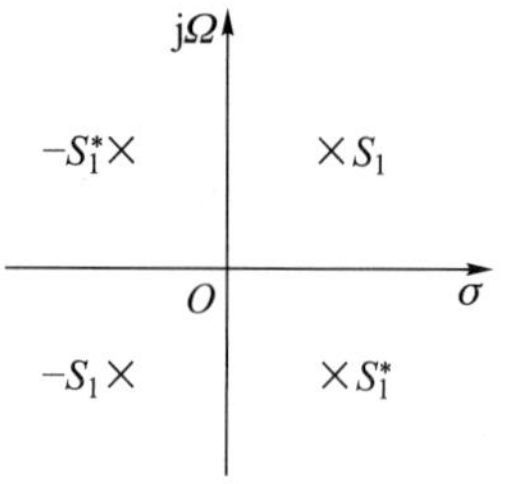

图 3.1.2 功率谱密度 $S_X(s)$ 在复平面上的极点分布示意图

$$S_X(s)=S_X^-(s)S_X^+(s) \tag{3.1.20}$$

我们当然可以按照零极点的位置分布,令 $S_X^-(s)$ 只包含 $S_X(s)$ 在复频率 s 平面的下半平面的零极点,$S_X^+(s)$ 只包含 $S_X(s)$ 在复频率 s 平面的上半平面的零极点;也可以令 $S_X^-(s)$ 只包含 $S_X(s)$ 在复频率 s 平面的左半平面的零极点,$S_X^+(s)$ 只包含 $S_X(s)$ 在复频率 s 平面的右半平面的零极点。一般地,我们选择第二种分解方式,这是由于考虑到对于稳定的系统而言,其系统函数的极点只能位于虚轴以左的左半平面上。至于零点在左半平面的考量,是因为:一方面,有时需要对滤波器取"逆",此时零点变成极点,比如第四章中的白氏滤波器;另一方面,所有零点位于左半平面时,系统会成为最小相位系统。此时,$S_X^-(s)$ 和 $S_X^+(s)$ 分别表示为

$$S_X^-(s)=\sqrt{S_1}\,\frac{(s+\alpha_1)\cdots(s+\alpha_m)}{(s+\beta_1)\cdots(s+\beta_n)} \tag{3.1.21}$$

$$S_X^+(s)=\sqrt{S_1}\,\frac{(s-\alpha_1)\cdots(s-\alpha_m)}{(s-\beta_1)\cdots(s-\beta_n)} \tag{3.1.22}$$

式中,$\alpha_k(k=1,\cdots,m)$,$\beta_l(l=1,\cdots,n)$ 表示 $S_X(s)$ 在复频率 s 平面右半平面上的零点和极点,即 $\mathrm{Re}[\alpha_k]>0$,$\mathrm{Re}[\beta_l]>0$。$S_1=\pm S_0$,正负号±的确定,是由 m,n 的奇偶性来确定的。我们常将式(3.1.20)称为功率谱密度的因式分解定理。需要指出的是,有时为了方便起见,$S_X(s)$ 分解成两个复变量 s 的有理式之积 $S_X^-(s)$ 和 $S_X^+(s)$ 也可以写作如下形式:

$$S_X^-(s)=\sqrt{S_2}\,\frac{(\alpha_1+s)\cdots(\alpha_m+s)}{(\beta_1+s)\cdots(\beta_n+s)} \tag{3.1.23}$$

$$S_X^+(s)=\sqrt{S_2}\,\frac{(\alpha_1-s)\cdots(\alpha_m-s)}{(\beta_1-s)\cdots(\beta_n-s)} \tag{3.1.24}$$

式中,$S_2=\pm S_0$,和前面 S_1 的正负号确定一样,S_2 正负号的确定也是由 m、n 的奇偶性确定。此时

$$S_X^+(-s)=\sqrt{S_2}\,\frac{(\alpha_1+s)\cdots(\alpha_m+s)}{(\beta_1+s)\cdots(\beta_n+s)}=S_X^-(s) \tag{3.1.25}$$

所以,$S_X(s)$ 分解式又可以写作

$$S_X(s)=S_X^-(s)S_X^-(-s) \tag{3.1.26}$$

对于平稳过程 $X(t)$ 功率的求解,采用复变量 s 表示的功率谱 $S_X(s)$ 来计算 $X(t)$ 的功率也是

方便的。前面已经得到,对于平稳过程而言,其均方值或平均功率可以表示为

$$E[X^2(t)]=\frac{1}{2\pi}\int_{-\infty}^{\infty}S_X(\Omega)\mathrm{d}\Omega$$

根据 $s=\mathrm{j}\Omega$,有

$$E[X^2(t)]=\frac{1}{2\pi\mathrm{j}}\int_{-\infty}^{\infty}S_X(\Omega)\mathrm{d}(\mathrm{j}\Omega)=\frac{1}{2\pi\mathrm{j}}\int_{-\mathrm{j}\infty}^{\mathrm{j}\infty}S_X(s)\mathrm{d}s \tag{3.1.27}$$

如果直接对具有实有理函数形式的功率谱密度函数 $S_X(\Omega)$ 进行定积分,过程将很烦琐。我们采用对复变量函数 $S_X(s)$ 进行积分。由于 $S_X(s)$ 具有式(3.1.16)的实系数有理形式,我们可以构造一个闭合围线,然后应用留数定理,仅计算 $S_X(s)$ 在闭合围线内极点处的留数。式(3.1.27)中的积分路径沿着复平面的虚轴,从 $-\infty$ 到 ∞。为此,我们构造一个在左半平面上的、以原点为圆心、半径 r 为 ∞ 的逆时针方向半圆积分路径,我们把此积分路径记为 Γ,如图 3.1.3 所示。下面我们证明

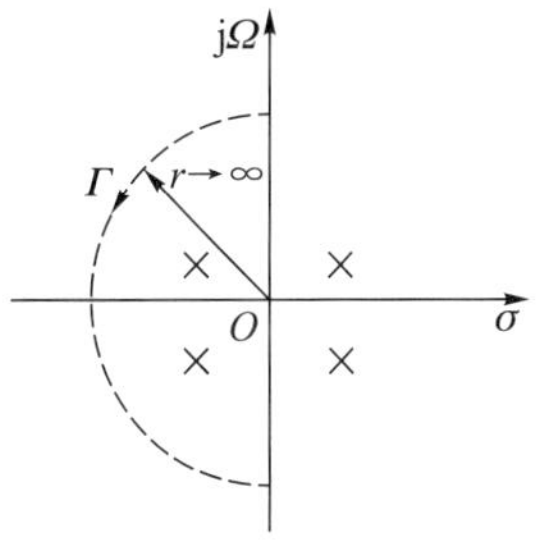

图 3.1.3 所构造的 $S_X(s)$ 积分路径示意图

$$\int_{\Gamma}S_X(s)\mathrm{d}s=0 \tag{3.1.28}$$

为了简单起见,我们把式(3.1.16)中分子、分母多项式系数里面的±1 放入常数项和各个 a_k,b_l 中,即

$$S_X(s)=\tilde{S}_0\frac{s^{2m}+\tilde{a}_{2m-2}s^{2m-2}+\cdots+\tilde{a}_2s^2+\tilde{a}_0}{s^{2n}+\tilde{b}_{2n-2}s^{2n-2}+\cdots+\tilde{b}_2s^2+\tilde{b}_0} \tag{3.1.29}$$

在积分路径 Γ 上,由于半径 $r\to\infty$,也即 $|s|\to\infty$,因而有下面的不等式

$$\begin{aligned}
|S_X(s)|&=|\tilde{S}_0|\left|\frac{s^{2m}+\tilde{a}_{2m-2}s^{2m-2}+\cdots+\tilde{a}_2s^2+\tilde{a}_0}{s^{2n}+\tilde{b}_{2n-2}s^{2n-2}+\cdots+\tilde{b}_2s^2+\tilde{b}_0}\right|\\
&=|\tilde{S}_0||s^{2(m-n)}|\frac{|s^{-2m}||s^{2m}+\tilde{a}_{2m-2}s^{2m-2}+\cdots+\tilde{a}_2s^2+\tilde{a}_0|}{|s^{-2n}||s^{2n}+\tilde{b}_{2n-2}s^{2n-2}+\cdots+\tilde{b}_2s^2+\tilde{b}_0|}\\
&=\frac{|\tilde{S}_0|}{|s^{2(n-m)}|}\frac{|1+\tilde{a}_{2m-2}s^{-2}+\cdots+\tilde{a}_2s^{-(2m-2)}+\tilde{a}_0s^{-2m}|}{|1+\tilde{b}_{2n-2}s^{-2}+\cdots+\tilde{b}_2s^{-(2n-2)}+\tilde{b}_0s^{-2n}|}\\
&\leqslant\frac{|\tilde{S}_0|}{|s|^{2(n-m)}}\frac{1+|\tilde{a}_{2m-2}s^{-2}+\cdots+\tilde{a}_2s^{-(2m-2)}+\tilde{a}_0s^{-2m}|}{1-|\tilde{b}_{2n-2}s^{-2}+\cdots+\tilde{b}_2s^{-(2n-2)}+\tilde{b}_0s^{-2n}|}\\
&\leqslant\frac{|\tilde{S}_0|}{|s|^{2(n-m)}}\frac{1+0.1}{1-0.1}\\
&\leqslant\frac{2|\tilde{S}_0|}{|s|^2}
\end{aligned}$$

进而有

$$\left|\int_{\Gamma}S_X(s)\,\mathrm{d}s\right|\leqslant\int_{\Gamma}|S_X(s)|\,\mathrm{d}s\leqslant\int_{\Gamma}\frac{2|\tilde{S}_0|}{|s|^2}\mathrm{d}s$$

$$=\int_{\Gamma}\frac{2|\tilde{S}_0|}{r^2}\mathrm{d}s=\frac{2|\tilde{S}_0|}{r^2}\int_{\Gamma}\mathrm{d}s=\frac{2|\tilde{S}_0|}{r^2}\pi r=\frac{2\pi|\tilde{S}_0|}{r}=0$$

所以式(3.1.28)成立。因而

$$\frac{1}{2\pi\mathrm{j}}\int_{-\mathrm{j}\infty}^{\mathrm{j}\infty}S_X(s)\,\mathrm{d}s=\frac{1}{2\pi\mathrm{j}}\int_{-\mathrm{j}\infty}^{\mathrm{j}\infty}S_X(s)\,\mathrm{d}s+\frac{1}{2\pi\mathrm{j}}\int_{\Gamma}S_X(s)\,\mathrm{d}s$$

$$=\frac{1}{2\pi\mathrm{j}}\oint_{\Gamma\cup(-\mathrm{j}\infty,\mathrm{j}\infty)}S_X(s)\,\mathrm{d}s \tag{3.1.30}$$

因而，平稳过程 $X(t)$ 平均功率等于 $S_X(s)$ 在左半平面内极点处的留数之和。当然，我们也可以在右半平面上构造以原点为圆心、半径 r 为 ∞ 的顺时针方向半圆积分路径，以和虚轴构成一个围线积分，然后计算 $S_X(s)$ 在右半平面内极点处的留数之和，其结果与 $S_X(s)$ 在左半平面内极点处的留数之和相等。

3.2 功率谱密度与自相关函数之间的关系

对于确定信号 $x(t)$，它与其频谱 $X(\Omega)$ 互为傅里叶变换对。对于随机信号 $X(t)$，其自相关函数 $R_X(t_1,t_2)$ 是时域中的二阶统计量，而且当 $t_1=t_2$ 时，又和随机信号 $X(t)$ 的平均功率相关；注意到随机信号 $X(t)$ 的功率谱 $S_X(\Omega)$ 是在频域的二阶函数，且也是用来描述随机信号 $X(t)$ 的平均功率。所以，我们自然会考虑随机信号 $X(t)$ 的自相关函数和功率谱是否存在某种关系。下面我们证明，它们之间确实存在关系，而且这种关系还是傅里叶变换的关系。

根据式(3.1.10)

$$S_X(\Omega)=\lim_{T\to\infty}\frac{E[\,|X_T(\Omega)|^2\,]}{2T}=\lim_{T\to\infty}\frac{E[X_T(\Omega)X_T^*(\Omega)]}{2T} \tag{3.2.1}$$

式中，符号 $X_T(\Omega)$ 表示随机过程 $X(t)$ 的截断形式的频谱，即

$$X_T(\Omega)=\int_{-T}^{T}X(t)\,\mathrm{e}^{-\mathrm{j}\Omega t}\mathrm{d}t \tag{3.2.2}$$

将上式代入式(3.2.1)中，可以得到

$$S_X(\Omega)=\lim_{T\to\infty}\frac{E[X_T^*(\Omega)X_T(\Omega)]}{2T}=\lim_{T\to\infty}\frac{1}{2T}E\left[\int_{-T}^{T}X(t_1)\,\mathrm{e}^{\mathrm{j}\Omega t_1}\mathrm{d}t_1\int_{-T}^{T}X(t_2)\,\mathrm{e}^{-\mathrm{j}\Omega t_2}\mathrm{d}t_2\right]$$

$$=\lim_{T\to\infty}\frac{1}{2T}\int_{-T}^{T}\int_{-T}^{T}E[X(t_1)X(t_2)]\,\mathrm{e}^{\mathrm{j}\Omega t_1}\mathrm{e}^{-\mathrm{j}\Omega t_2}\mathrm{d}t_1\mathrm{d}t_2$$

$$=\lim_{T\to\infty}\frac{1}{2T}\int_{-T}^{T}\int_{-T}^{T}R_X(t_1,t_2)\,\mathrm{e}^{-\mathrm{j}\Omega(t_2-t_1)}\mathrm{d}t_1\mathrm{d}t_2 \tag{3.2.3}$$

做变量代换，令 $t=t_1,\tau=t_2-t_1=t_2-t$，则有 $t_1=t,t_2=\tau+t$，因而可以将上式中关于 t_1,t_2 的积分变量转换为关于 t,τ 的积分变量，注意积分变量转换后，积分上下界的变化，可以参考图 3.2.1。

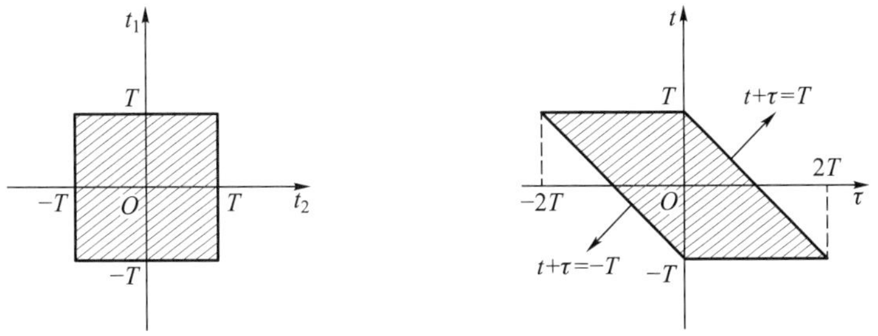

(a) 原坐标系及积分区域　(b) 积分变量转换后的坐标系及积分区域

图 3.2.1　功率谱密度计算过程中所进行的坐标系转换示意图

具体地

$$
\begin{aligned}
S_X(\Omega) &= \lim_{T\to\infty}\frac{1}{2T}\left\{\int_{-2T}^{0}\left[\int_{-T-\tau}^{T} R_X(t,t+\tau)\,\mathrm{d}t\right]\mathrm{e}^{-\mathrm{j}\Omega\tau}\mathrm{d}\tau+\int_{0}^{2T}\left[\int_{-T}^{T-\tau} R_X(t,t+\tau)\,\mathrm{d}t\right]\mathrm{e}^{-\mathrm{j}\Omega\tau}\mathrm{d}\tau\right\} \\
&= \int_{-\infty}^{0}\left[\lim_{T\to\infty}\frac{1}{2T}\int_{-T-\tau}^{T} R_X(t,t+\tau)\,\mathrm{d}t\right]\mathrm{e}^{-\mathrm{j}\Omega\tau}\mathrm{d}\tau+\int_{0}^{\infty}\left[\lim_{T\to\infty}\frac{1}{2T}\int_{-T}^{T-\tau} R_X(t,t+\tau)\,\mathrm{d}t\right]\mathrm{e}^{-\mathrm{j}\Omega\tau}\mathrm{d}\tau \\
&= \int_{-\infty}^{0}\overline{R_X(t,t+\tau)}\,\mathrm{e}^{-\mathrm{j}\Omega\tau}\mathrm{d}\tau+\int_{0}^{\infty}\overline{R_X(t,t+\tau)}\,\mathrm{e}^{-\mathrm{j}\Omega\tau}\mathrm{d}\tau \\
&= \int_{-\infty}^{\infty}\overline{R_X(t,t+\tau)}\,\mathrm{e}^{-\mathrm{j}\Omega\tau}\mathrm{d}\tau
\end{aligned}
\tag{3.2.4}
$$

由上式可以看出，随机过程 $X(t)$ 的自相关函数的时间平均与随机过程 $X(t)$ 的功率谱密度互为傅里叶变换对，即

$$\overline{R_X(t,t+\tau)}\overset{F}{\longleftrightarrow}S_X(\Omega) \tag{3.2.5}$$

因而，有

$$\overline{R_X(t,t+\tau)}=\frac{1}{2\pi}\int_{-\infty}^{\infty}S_X(\Omega)\,\mathrm{e}^{\mathrm{j}\Omega\tau}\mathrm{d}\Omega \tag{3.2.6}$$

令上式中 $\tau=0$，则有

$$\overline{R_X(t,t)}=\frac{1}{2\pi}\int_{-\infty}^{\infty}S_X(\Omega)\,\mathrm{d}\Omega \tag{3.2.7}$$

可以看出，式(3.2.7)就是式(3.1.11)求 $X(t)$ 平均功率的，所以上一节求随机过程平均功率的公式只是式(3.2.7)的特例。

对于宽平稳过程 $X(t)$ 而言，由于其自相关函数满足 $R_X(t,t+\tau)=R_X(\tau)$，所以 $\overline{R_X(t,t+\tau)}=R_X(\tau)$，此时，式(3.2.4)退化为

$$S_X(\Omega)=\int_{-\infty}^{\infty}R_X(\tau)\,\mathrm{e}^{-\mathrm{j}\Omega\tau}\mathrm{d}\tau \tag{3.2.8}$$

因而，有

$$R_X(\tau)=\frac{1}{2\pi}\int_{-\infty}^{\infty}S_X(\Omega)\,\mathrm{e}^{\mathrm{j}\Omega\tau}\mathrm{d}\Omega \tag{3.2.9}$$

所以平稳随机过程 $X(t)$ 的自相关函数与其功率谱密度互为傅里叶变换对，即

$$R_X(\tau)\overset{F}{\longleftrightarrow}S_X(\Omega) \tag{3.2.10}$$

这一关系即为著名的维纳-辛钦定理（Wiener-Khinchine Theorem），它建立了随机过程时域二阶

统计量和频域二阶统计量之间的关系，是随机信号分析中最重要的公式。

令式(3.2.9)中 $\tau=0$，我们也可以得到平稳随机过程的平均功率的计算公式。

需要指出的是，维纳-辛钦定理需要平稳随机过程 $X(t)$ 的自相关函数满足绝对可积条件，这样才可以对其做傅里叶变换。对于一些不满足这个条件的平稳随机过程，通过引入冲激函数 $\delta(t)$ 后，我们也可以得到其功率谱密度表达式。

此外，如果我们将平稳随机过程 $X(t)$ 的功率谱记为 $S_X(\mathrm{j}\Omega)=S_X(s)\big|_{s=\mathrm{j}\Omega}$，则可以将维纳-辛钦定理用拉普拉斯变换的形式给出，即

$$S_X(s)=\int_{-\infty}^{\infty}R_X(\tau)\mathrm{e}^{-s\tau}\mathrm{d}\tau \tag{3.2.11}$$

$$R_X(\tau)=\frac{1}{2\pi\mathrm{j}}\int_{-\mathrm{j}\infty}^{\mathrm{j}\infty}S_X(s)\mathrm{e}^{s\tau}\mathrm{d}s \tag{3.2.12}$$

【例 3.2.1】　已知平稳随机过程 $X(t)$ 的功率谱密度为

$$S_X(\Omega)=\frac{13\Omega^2+21}{\Omega^4+10\Omega^2+9}$$

求 $X(t)$ 的自相关函数和平均功率。

解：对于 $X(t)$ 的自相关函数，有如下几种方法。

方法一：利用维纳-辛钦定理，根据功率谱的表达式，做傅里叶反变换即得到自相关函数。具体如下。先对 $S_X(\Omega)$ 进行因式分解

$$S_X(\Omega)=\frac{13\Omega^2+21}{\Omega^4+10\Omega^2+9}=\frac{13\Omega^2+21}{(\Omega^2+1)(\Omega^2+9)}=\frac{1}{\Omega^2+1}+\frac{12}{\Omega^2+3^2}$$

根据如下傅里叶变换对

$$\mathrm{e}^{-a|t|}\overset{F}{\longleftrightarrow}\frac{2a}{a^2+\Omega^2}$$

再利用维纳-辛钦定理可得

$$R_X(\tau)=\frac{1}{2}\mathrm{e}^{-|\tau|}+2\mathrm{e}^{-3|\tau|}$$

方法二：将功率谱 $S_X(\Omega)$ 转换到复频率域，得到 $S_X(s)$，然后利用复频率域的维纳-辛钦定理，对 $S_X(s)$ 做拉普拉斯反变换即得。具体地，将 $\Omega^2=-s^2$ 代入 $S_X(\Omega)$，得到

$$S_X(s)=\frac{-13s^2+21}{s^4-10s^2+9}=\frac{-1}{s^2-1}+\frac{-12}{s^2-3^2}=\frac{-1}{2}\left(\frac{-1}{s+1}+\frac{1}{s-1}\right)-2\left(\frac{-1}{s+3}+\frac{1}{s-3}\right)$$

从上式可以看出 $S_X(s)$ 的极点是 ±1、±3。由于 $S_X(s)$ 的收敛区是包含复平面中的虚轴 $\mathrm{j}\Omega$ 轴的，所以，$S_X(s)$ 的收敛区为 $-1<\mathrm{Re}[s]<1$，如图 3.2.2 所示。

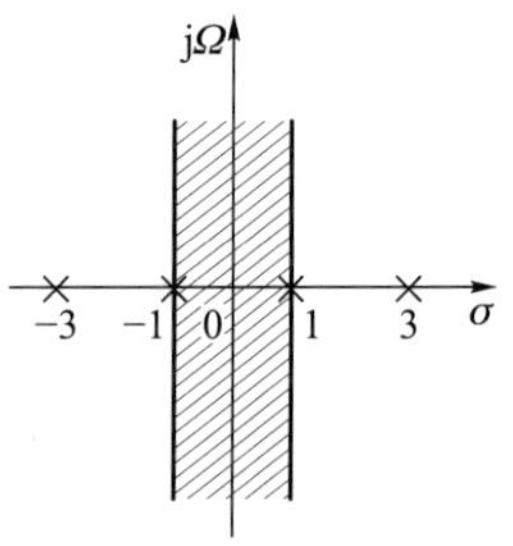

图 3.2.2　$S_X(s)$ 的收敛区及极点分布示意图

进而可知，$S_X(s)$ 的拉普拉斯反变换是双边函数，其中收敛区左边的极点 -1、-3 对应于 $t>0$ 的右边函数，收敛区右边的极点 1、3 对应于 $t<0$ 的左边函数。也就是说，有理分式

$$\frac{-1}{s+1},\quad\frac{-1}{s+3}$$

对应于右边函数。根据拉普拉斯变换对

$$\mathrm{e}^{at}\varepsilon(t)\overset{L}{\longleftrightarrow}\frac{1}{s-a}$$

可得

$$\mathscr{L}^{-1}\left\{\frac{-1}{s+1}\right\}=-\mathrm{e}^{-\tau}\varepsilon(\tau),\quad \mathscr{L}^{-1}\left\{\frac{-1}{s+3}\right\}=-\mathrm{e}^{-3\tau}\varepsilon(\tau)$$

有理分式

$$\frac{1}{s-1},\quad \frac{1}{s-3}$$

对应于左边函数。根据拉普拉斯变换对

$$\mathrm{e}^{at}U(-t)\overset{L}{\longleftrightarrow}\frac{-1}{s-a}$$

可得

$$\mathscr{L}^{-1}\left\{\frac{1}{s-1}\right\}=-\mathrm{e}^{\tau}\varepsilon(-\tau),\quad \mathscr{L}^{-1}\left\{\frac{1}{s-3}\right\}=-\mathrm{e}^{3\tau}\varepsilon(-\tau)$$

综上，$S_X(s)=(-13s^2+21)/(s^4-10s^2+9)$的拉普拉斯反变换为

$$\begin{aligned}\mathscr{L}^{-1}\{S_X(s)\}&=\frac{-1}{2}[-\mathrm{e}^{-\tau}\varepsilon(\tau)-\mathrm{e}^{\tau}\varepsilon(-\tau)]-2[-\mathrm{e}^{-3\tau}\varepsilon(\tau)-\mathrm{e}^{3\tau}\varepsilon(-\tau)]\\&=\frac{1}{2}[\mathrm{e}^{-\tau}\varepsilon(\tau)+\mathrm{e}^{\tau}\varepsilon(-\tau)]+2[\mathrm{e}^{-3\tau}\varepsilon(\tau)+\mathrm{e}^{3\tau}\varepsilon(-\tau)]\\&=\frac{1}{2}\mathrm{e}^{-|\tau|}+2\mathrm{e}^{-3|\tau|}\end{aligned}$$

此即为$X(t)$的自相关函数。

方法三：将功率谱$S_X(\Omega)$转换到复频率域，得到$S_X(s)$，然后利用留数法求得$S_X(s)$的拉普拉斯反变换。具体地，对于右边函数，在积分路径$\mathrm{j}\Omega$上增加一个在左半平面上的、以原点为圆心、半径r为∞的逆时针方向半圆积分路径，我们把此积分路径记为Γ。这样$\Gamma\cup(-\mathrm{j}\infty,\mathrm{j}\infty)$会构成一个闭合围线，如图3.2.3所示。

本章第一节已证明了围线积分$\int_\Gamma S_X(s)\,\mathrm{d}s=0$，由于$\mathrm{e}^{s\tau}\big|_{s=\mathrm{j}\Omega}$为有界函数，因而容易得到$\int_\Gamma S_X(s)\mathrm{e}^{s\tau}\mathrm{d}s=0$。所以，$X(t)$的自相关函数的右边部分为围线内极点$-1$、$-3$的留数之和，即，当$\tau>0$时

$$\begin{aligned}R_X(\tau)&=\frac{1}{2\pi\mathrm{j}}\int_{-\mathrm{j}\infty}^{\mathrm{j}\infty}S_X(s)\mathrm{e}^{s\tau}\mathrm{d}s=\frac{1}{2\pi\mathrm{j}}\int_{-\mathrm{j}\infty}^{\mathrm{j}\infty}S_X(s)\mathrm{e}^{s\tau}\mathrm{d}s+\frac{1}{2\pi\mathrm{j}}\int_\Gamma S_X(s)\mathrm{e}^{s\tau}\mathrm{d}s\\&=\frac{1}{2\pi\mathrm{j}}\oint_{\Gamma\cup(-\mathrm{j}\infty,\mathrm{j}\infty)}S_X(s)\mathrm{e}^{s\tau}\mathrm{d}s=\mathrm{Res}[S_X(s)\mathrm{e}^{s\tau}]\big|_{s=-1,-3}\\&=[(s+1)S_X(s)\mathrm{e}^{s\tau}]\big|_{s=-1}+[(s+3)S_X(s)\mathrm{e}^{s\tau}]\big|_{s=-3}\\&=\frac{1}{2}\mathrm{e}^{-\tau}+2\mathrm{e}^{-3\tau}\end{aligned}$$

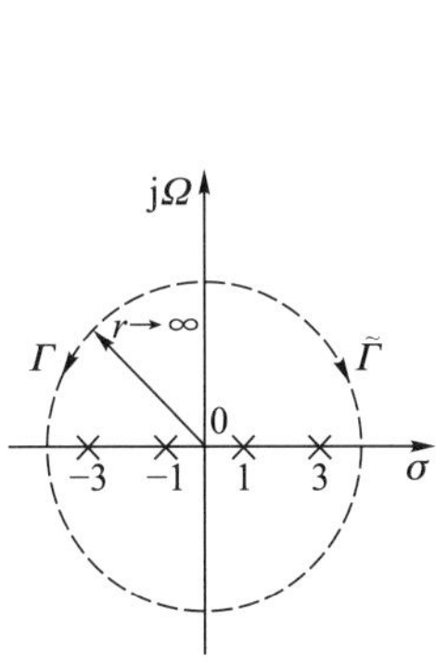

图3.2.3 所构造的$S_X(s)$积分路径示意图

同理，对于左边函数，在积分路径$\mathrm{j}\Omega$上增加一个在右半平面上的、以原点为圆心、半径r为∞的顺时针方向半圆积分路径，我们把此积分路径

记为 $\widetilde{\Gamma}$，如图 3.2.3 所示。可以证明，$\int_{\widetilde{\Gamma}} S_X(s)\mathrm{e}^{s\tau}\mathrm{d}s=0$。所以，$X(t)$ 的自相关函数的左边部分应为围线内极点 1、3 的留数之和的负值，即，当 $\tau<0$ 时，

$$\begin{aligned}R_X(\tau)&=\frac{1}{2\pi\mathrm{j}}\int_{-\mathrm{j}\infty}^{\mathrm{j}\infty}S_X(s)\mathrm{e}^{s\tau}\mathrm{d}s=\frac{1}{2\pi\mathrm{j}}\int_{-\mathrm{j}\infty}^{\mathrm{j}\infty}S_X(s)\mathrm{e}^{s\tau}\mathrm{d}s+\frac{1}{2\pi\mathrm{j}}\int_{\widetilde{\Gamma}}S_X(s)\mathrm{e}^{s\tau}\mathrm{d}s\\&=\frac{1}{2\pi\mathrm{j}}\oint_{\widetilde{\Gamma}\cup(-\mathrm{j}\infty,\mathrm{j}\infty)}S_X(s)\mathrm{e}^{s\tau}\mathrm{d}s=-\mathrm{Res}[S_X(s)\mathrm{e}^{s\tau}]\big|_{s=1,3}\\&=-[(s-1)S_X(s)\mathrm{e}^{s\tau}]\big|_{s=1}-[(s-3)S_X(s)\mathrm{e}^{s\tau}]\big|_{s=3}\\&=\frac{1}{2}\mathrm{e}^{\tau}+2\mathrm{e}^{3\tau}\end{aligned}$$

联合 $R_X(\tau)$ 在 $\tau>0$ 部分与 $\tau<0$ 部分，可得

$$\begin{aligned}R_X(\tau)&=\left(\frac{1}{2}\mathrm{e}^{-\tau}+2\mathrm{e}^{-3\tau}\right)\varepsilon(\tau)+\left(\frac{1}{2}\mathrm{e}^{\tau}+2\mathrm{e}^{3\tau}\right)\varepsilon(-\tau)\\&=\frac{1}{2}\mathrm{e}^{-|\tau|}+2\mathrm{e}^{-3|\tau|}\end{aligned}$$

对于 $X(t)$ 的平均功率的计算，也有几种方法。

方法一：根据相关函数的计算方法一，直接有

$$E[X^2(t)]=R_X(0)=\frac{5}{2}$$

方法二：根据本章第一节中平均功率的计算方法，直接计算 $S_X(s)$ 在左半平面内极点处的留数之和即可。这种方法实质上是本题中相关函数计算方法二的特例，即

$$E[X^2(t)]=\frac{1}{2\pi\mathrm{j}}\int_{-\mathrm{j}\infty}^{\mathrm{j}\infty}S_X(s)\mathrm{d}s=\frac{1}{2\pi\mathrm{j}}\oint_{\Gamma\cup(-\mathrm{j}\infty,\mathrm{j}\infty)}S_X(s)\mathrm{d}s=\mathrm{Res}[S_X(s)]\big|_{s=-1,-3}=\frac{5}{2}$$

方法三：根据

$$E[X^2(t)]=\frac{1}{2\pi}\int_{-\infty}^{\infty}S_X(\Omega)\mathrm{d}\Omega$$

直接对上式求定积分。具体地，利用不定积分公式

$$\int\frac{1}{a^2+x^2}\mathrm{d}x=\frac{1}{a}\arctan\left(\frac{x}{a}\right)$$

有

$$\begin{aligned}E[X^2(t)]&=\frac{1}{2\pi}\int_{-\infty}^{\infty}S_X(\Omega)\mathrm{d}\Omega=\frac{1}{2\pi}\int_{-\infty}^{\infty}\left(\frac{1}{\Omega^2+1}+\frac{12}{\Omega^2+3^2}\right)\mathrm{d}\Omega\\&=\frac{1}{2\pi}\left[\arctan(\Omega)+4\arctan\left(\frac{\Omega}{3}\right)\right]\Bigg|_{\Omega=-\infty}^{\infty}=\frac{5}{2}\end{aligned}$$

3.3 联合平稳随机过程的谱密度、离散时间随机过程的谱密度

3.3.1 联合平稳随机过程的谱密度

我们已经得到了对于一个随机过程而言，它的功率谱密度的概念，并得到了它的功率谱和相

关函数的关系。对于两个随机过程,我们采用类似的分析方法,也可以得到类似的结果。我们还是从帕塞瓦尔定理出发进行推演。对于两个确定的信号 $x(t)$ 和 $y(t)$,设它们的能量有限,且它们的傅里叶变换分别为 $X(\Omega)$ 和 $Y(\Omega)$,则有如下一般形式的帕塞瓦尔公式,即

$$\int_{-\infty}^{\infty} x(t)y(t)\,\mathrm{d}t=\frac{1}{2\pi}\int_{-\infty}^{\infty} X^*(\Omega)Y(\Omega)\,\mathrm{d}\Omega \tag{3.3.1}$$

对于随机过程 $X(t)$ 和 $Y(t)$ 而言,为了应用上式,我们也采取对它们的样本函数 $x(t)$ 和 $y(t)$ 进行截断,以使得它们截断后的信号均为能量信号。具体地,我们在范围 $(-T,T)$ 上对信号 $x(t)$ 和 $y(t)$ 进行截断,得到截断后信号 $x_T(t)$ 和 $y_T(t)$,即

$$x_T(t)=\begin{cases}x(t), & |t|\leqslant T\\ 0, & |t|>T\end{cases},\quad y_T(t)=\begin{cases}y(t), & |t|\leqslant T\\ 0, & |t|>T\end{cases} \tag{3.3.2}$$

对于截断信号 $x_T(t)$ 和 $y_T(t)$,它们的傅里叶变换存在,记为 $X_T(\Omega)$ 和 $Y_T(\Omega)$,则根据帕塞瓦尔公式(3.3.1),有

$$\int_{-\infty}^{\infty} x_T(t)y_T(t)\,\mathrm{d}t=\frac{1}{2\pi}\int_{-\infty}^{\infty} X_T^*(\Omega)Y_T(\Omega)\,\mathrm{d}\Omega \tag{3.3.3}$$

将上式中 $x_T(t)$ 和 $y_T(t)$ 换为 $x(t)$ 和 $y(t)$,并改变等式左边的积分上下限,有

$$\int_{-T}^{T} x(t)y(t)\,\mathrm{d}t=\frac{1}{2\pi}\int_{-\infty}^{\infty} X_T^*(\Omega)Y_T(\Omega)\,\mathrm{d}\Omega \tag{3.3.4}$$

将上式两边同时除以 $2T$,并令 $T\to\infty$,得到

$$\lim_{T\to\infty}\frac{1}{2T}\int_{-T}^{T} x(t)y(t)\,\mathrm{d}t=\frac{1}{2\pi}\int_{-\infty}^{\infty}\lim_{T\to\infty}\frac{X_T^*(\Omega)Y_T(\Omega)}{2T}\mathrm{d}\Omega=p_{xy} \tag{3.3.5}$$

作为信号 $x(t)$ 功率的推广,上式左边表示了信号 $x(t)$ 和 $y(t)$ 在时间 $t\in(-\infty,\infty)$ 范围内的互平均功率,所以记为了 p_{xy}。

将上式中的随机过程 $X(t)$ 和 $Y(t)$ 的样本函数 $x(t)$ 和 $y(t)$ 换为随机过程本身,并两边取统计平均,得到

$$\lim_{T\to\infty}\frac{1}{2T}\int_{-T}^{T} E[X(t)Y(t)]\,\mathrm{d}t=\frac{1}{2\pi}\int_{-\infty}^{\infty}\lim_{T\to\infty}\frac{E[X_T^*(\Omega)Y_T(\Omega)]}{2T}\mathrm{d}\Omega=P_{XY} \tag{3.3.6}$$

上式等号左边即为随机过程 $X(t)$ 和 $Y(t)$ 的互平均功率,记为 P_{XY}。而等式右边的 $\lim\limits_{T\to\infty}E[X_T^*(\Omega)Y_T(\Omega)]/2T$ 则反映了互平均功率 P_{XY} 随频率 Ω 的分布情况,将其记为

$$S_{XY}(\Omega)=\lim_{T\to\infty}\frac{E[X_T^*(\Omega)Y_T(\Omega)]}{2T} \tag{3.3.7}$$

则式(3.3.6)可以写为

$$P_{XY}=\lim_{T\to\infty}\frac{1}{2T}\int_{-T}^{T} E[X(t)Y(t)]\,\mathrm{d}t=\frac{1}{2\pi}\int_{-\infty}^{\infty} S_{XY}(\Omega)\,\mathrm{d}\Omega \tag{3.3.8}$$

称 $S_{XY}(\Omega)$ 为随机过程 $X(t)$ 和 $Y(t)$ 的互功率谱密度。上式的左边也可以写为

$$P_{XY}=\overline{E[X(t)Y(t)]}=\overline{R_{XY}(t,t)} \tag{3.3.9}$$

类似地,我们也可以定义随机过程 $Y(t)$ 和 $X(t)$ 的互功率谱密度为

$$S_{YX}(\Omega)=\lim_{T\to\infty}\frac{E[Y_T^*(\Omega)X_T(\Omega)]}{2T} \tag{3.3.10}$$

并且，类似地也有

$$P_{YX}=\lim_{T\to\infty}\frac{1}{2T}\int_{-T}^{T}E[Y(t)X(t)]\mathrm{d}t=\frac{1}{2\pi}\int_{-\infty}^{\infty}S_{YX}(\Omega)\mathrm{d}\Omega \tag{3.3.11}$$

显然，从时域上看

$$P_{XY}=P_{YX} \tag{3.3.12}$$

且从频域上看

$$S_{XY}(\Omega)=S_{YX}^{*}(\Omega) \tag{3.3.13}$$

采用与一个随机过程自相关函数和其功率谱密度关系的类似推导过程，我们也可以得到两个随机过程互相关函数和互功率谱密度之间的关系，这里直接列出

$$S_{XY}(\Omega)=\int_{-\infty}^{\infty}\overline{R_{XY}(t,t+\tau)}\mathrm{e}^{-\mathrm{j}\Omega\tau}\mathrm{d}\tau \tag{3.3.14}$$

即

$$\overline{R_{XY}(t,t+\tau)}\overset{F}{\longleftrightarrow}S_{XY}(\Omega) \tag{3.3.15}$$

当随机过程 $X(t)$ 和 $Y(t)$ 联合平稳时，有

$$S_{XY}(\Omega)=\int_{-\infty}^{\infty}R_{XY}(\tau)\mathrm{e}^{-\mathrm{j}\Omega\tau}\mathrm{d}\tau \tag{3.3.16}$$

即

$$R_{XY}(\tau)\overset{F}{\longleftrightarrow}S_{XY}(\Omega) \tag{3.3.17}$$

可以看出，随机过程 $X(t)$ 和 $Y(t)$ 的互功率谱密度 $S_{XY}(\Omega)$ 是从频域描述了两个随机过程的相关性，它反映了两个随机过程的相关性随频率的分布情况。

对于两个联合平稳的实随机过程 $X(t)$ 和 $Y(t)$，互功率谱密度函数 $S_{XY}(\Omega)$ 具有如下的性质。

(1) $S_{XY}(\Omega)=S_{YX}(-\Omega)=S_{YX}^{*}(\Omega)$

证明：$S_{XY}(\Omega)=S_{YX}^{*}(\Omega)$ 可以由 $S_{XY}(\Omega)$ 和 $S_{YX}(\Omega)$ 的定义式(3.3.7)和式(3.3.10)直接得到，而 $S_{YX}(-\Omega)=S_{YX}^{*}(\Omega)$ 在 $S_{XY}(\Omega)$ 和 $S_{YX}(\Omega)$ 的定义式基础上，应用 $X(t)$ 和 $Y(t)$ 为实的，其频谱满足共轭对称性得到。

(2) $\mathrm{Re}[S_{XY}(\Omega)]=\mathrm{Re}[S_{XY}(-\Omega)]$，$\mathrm{Im}[S_{XY}(\Omega)]=-\mathrm{Im}[S_{XY}(-\Omega)]$

证明：将式(3.3.16)写作

$$S_{XY}(\Omega)=\int_{-\infty}^{\infty}R_{XY}(\tau)\mathrm{e}^{-\mathrm{j}\Omega\tau}\mathrm{d}\tau=\int_{-\infty}^{\infty}R_{XY}(\tau)\cos(\Omega\tau)\mathrm{d}\tau-\mathrm{j}\int_{-\infty}^{\infty}R_{XY}(\tau)\sin(\Omega\tau)\mathrm{d}\tau$$

利用 $\cos(\Omega\tau)$ 和 $\sin(\Omega\tau)$ 是关于 Ω 的偶函数和奇函数，即得到结论。

由于 $S_{XY}(\Omega)$ 是关于两个实随机过程的互功率谱，下标只是标识出这两个随机过程 $X(t)$ 和 $Y(t)$ 而已，所以对于其他符号标识的两个随机过程，也有同样结论，所以将 $S_{XY}(\Omega)$ 换成 $S_{YX}(\Omega)$ 也有同样的结论。

(3) 若 $X(t)$ 和 $Y(t)$ 正交，则有

$$S_{XY}(\Omega)=S_{YX}(\Omega)=0$$

证明：由两个随机过程正交性的定义，$R_{XY}(\tau)=R_{YX}(\tau)=0$，再由式(3.3.17)，所以有上述结论。

(4) 若 $X(t)$ 和 $Y(t)$ 不相关，且它们的均值分别为 m_X 和 m_Y，则有

$$S_{XY}(\Omega)=S_{YX}(\Omega)=2\pi m_X m_Y\delta(\Omega)$$

证明：由 $X(t)$ 和 $Y(t)$ 不相关，则

$$\begin{aligned}R_{XY}(\tau)&=E[X(t)Y(t+\tau)]=E[X(t)]E[Y(t+\tau)]=m_X m_Y\\&=E[X(t+\tau)]E[Y(t)]=E[Y(t)X(t+\tau)]=R_{YX}(\tau)\end{aligned}$$

进而再由式(3.3.17)，命题得证。

3.3.2 离散时间随机过程的谱密度

前面关于连续时间随机过程统计量的频域结论可以类比的推广到离散时间随机过程上去，我们在这一小节完成这个工作。

对于连续时间随机过程而言，我们从连续时间的帕塞瓦尔公式出发，定义了连续时间随机过程的功率谱，并在此定义的基础上通过积分运算的一些操作，得到功率谱和相关函数的关系——维纳-辛钦定理。我们当然也可以完全类比这个步骤，得到对于离散时间随机过程而言的维纳-辛钦定理。只是需要注意，对于离散时间的确定信号而言，离散形式的帕塞瓦尔公式略有不同。对于离散时间能量信号 $x(n)$，其能量有如下公式

$$E=\sum_{n=-\infty}^{\infty}x^2(n)=\frac{1}{2\pi}\int_{-\pi}^{\pi}|X(\mathrm{e}^{\mathrm{j}\omega})|^2\mathrm{d}\omega \tag{3.3.18}$$

式中，$\omega=\Omega T$ 为数字频率，$X(\mathrm{e}^{\mathrm{j}\omega})$ 为 $x(n)$ 的离散时间傅里叶变换。上式即为离散形式的帕塞瓦尔公式。

然而，这里我们不这样做，因为我们已经通过这种方法深入了解了功率谱密度的概念和其推导方法，这里已经不需要再重复这一过程，而是直接在定义离散时间随机过程功率谱的时候，利用维纳-辛钦定理。具体地，设 $X(n)$ 为平稳的离散时间随机过程，也就是平稳随机序列，它已经在时间上离散化了，它可以看作是对连续时间随机过程 $X(t)$ 进行采样得到，即 $X(n)=X(t)\big|_{t=nT}$，其中 T 为采样间隔。注意，这里又是出现了同一个符号 X 表示两个不同的函数，并且还和前面 $x(n)$ 的离散时间傅里叶变换 $X(\mathrm{e}^{\mathrm{j}\omega})$ 也重复了，我们只能根据自变量来确定 X 的具体含义了。对于 $X(n)$ 而言，其自相关函数为

$$R_X(m)=E[X(n)X(n+m)]=E[X(nT)X(nT+mT)]=R_X(\tau)\big|_{\tau=mT} \tag{3.3.19}$$

若自相关函数 $R_X(m)$ 满足绝对可和的条件，即 $\sum\limits_{m=-\infty}^{\infty}|R_X(m)|<\infty$，其离散时间傅里叶变换存在，那么我们就把其离散时间傅里叶变换定义为 $X(n)$ 的功率谱密度，即

$$S_X(\mathrm{e}^{\mathrm{j}\omega})=\sum_{m=-\infty}^{\infty}R_X(m)\mathrm{e}^{-\mathrm{j}\omega m} \tag{3.3.20}$$

自然地，其反变换为

$$R_X(m)=\frac{1}{2\pi}\int_{-\pi}^{\pi}S_X(\mathrm{e}^{\mathrm{j}\omega})\mathrm{e}^{-\mathrm{j}\omega m}\mathrm{d}\omega \tag{3.3.21}$$

单从 $S_X(\mathrm{e}^{\mathrm{j}\omega})$ 的表达式就可以看出，它是关于自变量 ω 的周期为 2π 的函数，或是关于自变量 Ω 的周期为 $2\pi/T$ 的函数，如图 3.3.1 所示，即

$$S_X(\mathrm{e}^{\mathrm{j}\omega})=S_X[\mathrm{e}^{\mathrm{j}(\omega+2\pi)}]$$

事实上，根据式(3.3.19)和式(3.3.20)，结合奈奎斯特采样理论，有

$$S_X(\mathrm{e}^{\mathrm{j}\Omega T})=\frac{1}{T}\sum_{k=-\infty}^{\infty}S_X\left(\Omega+k\frac{2\pi}{T}\right)$$

式中，$S_X(\Omega)$为连续时间随机过程 $X(t)$的功率谱密度。

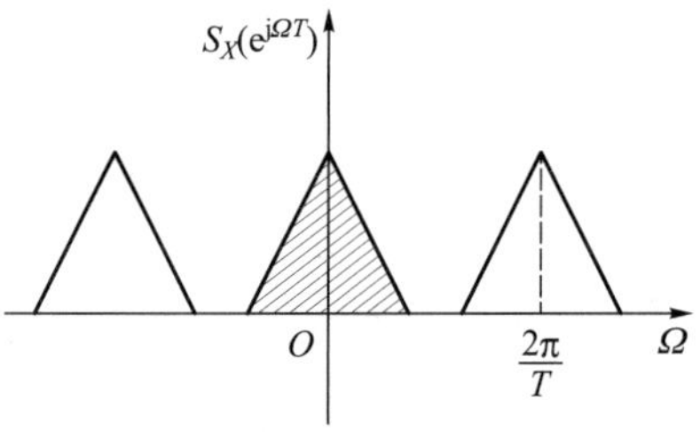

图 3.3.1 离散时间随机过程 $X(n)$的功率谱 $S_X(\mathrm{e}^{\mathrm{j}\omega})$周期性示意图

与平稳随机过程的平均功率可以用其均方值表示一样，平稳随机序列 $X(n)$的平均功率也可以表示为

$$P=E[X^2(t)]=R_X(0)=\frac{1}{2\pi}\int_{-\pi}^{\pi}S_X(\mathrm{e}^{\mathrm{j}\omega})\mathrm{d}\omega \tag{3.3.22}$$

在随机过程 $X(t)$那里，我们将有关的功率谱密度 $S_X(\Omega)$转换到复频域进行分析。对于随机序列，我们同样可以这样做，只是这里采用 Z 变换而已。令 $z=\mathrm{e}^{\mathrm{j}\omega}$，并记 $R_X(m)$的 Z 变换为 $S_X(z)$，即

$$S_X(z)=\sum_{m=-\infty}^{\infty}R_X(m)z^{-m} \tag{3.3.23}$$

则有

$$S_X(\mathrm{e}^{\mathrm{j}\omega})=S_X(z)\big|_{z=\mathrm{e}^{\mathrm{j}\omega}} \tag{3.3.24}$$

【例 3.3.1】 已知平稳随机序列 $X(n)$的自相关函数为 $R_X(m)=0.2^{|m|}$，求 $X(n)$的功率谱密度。

解：根据随机序列功率谱的定义，$X(n)$的功率谱密度在复频域表示为

$$\begin{aligned}S_X(z)&=\sum_{m=-\infty}^{\infty}R_X(m)z^{-m}=\sum_{m=-\infty}^{\infty}0.2^{|m|}z^{-m}=\sum_{m=-\infty}^{-1}0.2^{-m}z^{-m}+\sum_{m=0}^{\infty}0.2^{m}z^{-m}\\&=\frac{0.2z}{1-0.2z}+\frac{z}{z-0.2}=\frac{0.96z}{(1-0.2z)(z-0.2)}=\frac{0.96}{(z^{-1}-0.2)(z-0.2)}\\&=\frac{0.96}{1.04-0.2z-0.2z^{-1}}=\frac{4.8}{5.2-z-z^{-1}}\end{aligned}$$

进而，$X(n)$的功率谱密度在频域表示

$$S_X(\mathrm{e}^{\mathrm{j}\omega})=S_X(z)\big|_{z=\mathrm{e}^{\mathrm{j}\omega}}=\frac{4.8}{5.2-2\cos\omega}$$

类似于连续随机过程的情况，对于在复 Z 平面上的功率谱 $S_X(z)$，我们同样假设它可以表示为实有理形式，也就是说

$$S_X(z)=\frac{A(z)}{B(z)}=\frac{\sum_{k=0}^{m-1}a_kz^k}{\sum_{l=0}^{n-1}b_lz^l} \tag{3.3.25}$$

式中，$a_k(k=1,\cdots,m)$，$b_l(l=1,\cdots,n)$均为实系数。

由于 $S_X(z)$的分子、分母多项式的系数为实数，所以分子、分母的根关于 Z 平面共轭对称，即若 $A(z_0)=0$ 或 $B(z_0)=0$，则必有 $A(z_0^*)=0$ 或 $B(z_0^*)=0$；另一方面，根据自相关函数 $R_X(m)$的对称性，即 $R_X(m)=R_X(-m)$，则根据 Z 变换的性质有 $S_X(z)=S_X(z^{-1})$，进而我们又可以得到：若 $A(z_0)=0$ 或$B(z_0)=0$，则必有 $A(z_0^{-1})=0$ 或 $B(z_0^{-1})=0$。可以看出，$S_X(z)$的零极点是以复共轭对

称和单位圆镜像对称形式同时出现在复 Z 平面上，如图 3.3.2 所示，图中只是示出了极点分布，零点分布的规律是一样的。因此，当我们根据 $S_X(z)$ 的零极点对 $S_X(z)$ 的分子、分母分别在复数域上进行因式分解后，可以根据零极点的对称性将 $S_X(z)$ 分解成两个复变量 z 的有理式之积

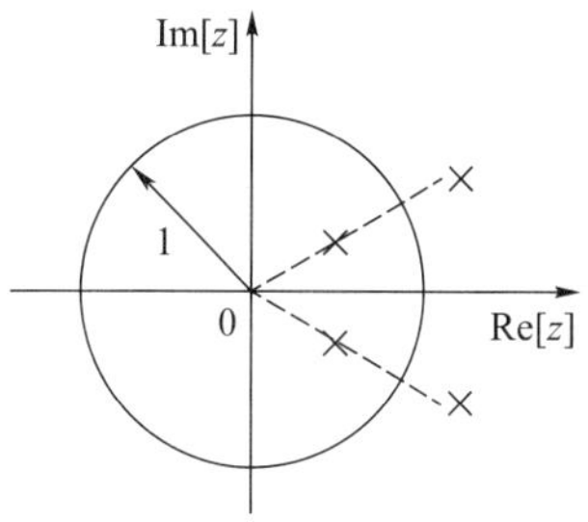

图 3.3.2 离散时间随机过程 $X(n)$ 的功率谱密度 $S_X(z)$ 在 Z 平面的极点分布示意图

$$S_X(z)=S_X^-(z)S_X^+(z) \tag{3.3.26}$$

考虑到对于稳定的离散时间系统而言，其系统函数的极点只能位于单位圆以内，所以我们按照单位圆对 $S_X(z)$ 的零极点进行划分，也就是说，$S_X^-(z)$ 表示由 $S_X(z)$ 的所有在 Z 平面单位圆内的零极点所形成的多项式，$S_X^+(z)$ 表示由 $S_X(z)$ 的所有在 Z 平面单位圆外的零极点所形成的多项式。此时 $S_X^+(z)=S_X^-(z^{-1})$，因而

$$S_X(z)=S_X^-(z)S_X^-(z^{-1}) \tag{3.3.27}$$

上式表示了离散情形下的功率谱分解定理。

3.4 白噪声

噪声在我们的生活中无处不见，那些无用的、不需要的信号被人们统称为噪声。在无线电系统中，关于噪声的处理也伴随着整个无线电系统中。显然，噪声是随机过程。在时域看，它属于不确定的随机过程，我们可以从概率密度函数或相关函数出发，根据其特点，对其做进一步的划分，比如，如果其概率密度函数是高斯的，那么这个噪声就称为高斯噪声。当然，我们也可以从频域的特征——功率谱密度的特点出发对其进行分类。本节，我们特别对功率谱密度函数为常数的这类噪声进行讨论。

设 $N(t)$ 表示一个零均值的平稳随机过程，若其功率谱密度函数在 $(-\infty,\infty)$ 的频率范围内为常数，即

$$S_N(\Omega)=\frac{1}{2}N_0 \tag{3.4.1}$$

式中，N_0 为正的实常数，则称 $N(t)$ 为白噪声过程或简称为白噪声。系数 1/2 是考虑到物理频率只能取 $[0,\infty)$ 范围，由对称性可以得到等效在 $[0,\infty)$ 范围的单边功率谱密度为 N_0。

白噪声的“白”的含义是借用于光学中“白光”的概念，因为白光的光谱包含了所有可见光的频率，且具有均匀的频谱。类似地，白噪声的功率谱密度也是均匀分布在整个频率范围的。任意的非白噪声称为有色噪声或简称为色噪声。

根据维纳-辛钦定理，借助于冲激函数 $\delta(\tau)$，白噪声的自相关函数为

$$R_N(\tau)=\frac{1}{2}N_0\cdot\delta(\tau) \tag{3.4.2}$$

白噪声的功率谱密度函数和自相关函数示于图 3.4.1。

白噪声是一个理想的数学模型，实际中并不存在这样的噪声。从定义中的频域角度看，其功率谱密度由于在整个频率范围为常数，所以通过对整个频率范围内对功率谱密度积分得到的平均功率是无穷大，然而物理世界中存在的任何随机过程的平均功率总是有限的。从时域

角度看,白噪声的自相关函数由于为 $\delta(\tau)$ 的形式,那就说明白噪声在任意两个不同时刻所形成的随机变量是不相关的,即使是任意近的两个时刻。然而,对于任何实际的随机过程而言,当两个时刻足够接近时,总会有一定的相关性。可见,白噪声在客观物理世界并不存在。然而,它在理论上是重要的,就好比 $\delta(t)$ 冲激信号一样,引入冲激信号 $\delta(t)$ 这么一个客观物理世界不存在的信号,可以方便我们对某些不满足傅里叶变换条件的信号,依然可以得到其傅里叶变换表达式。

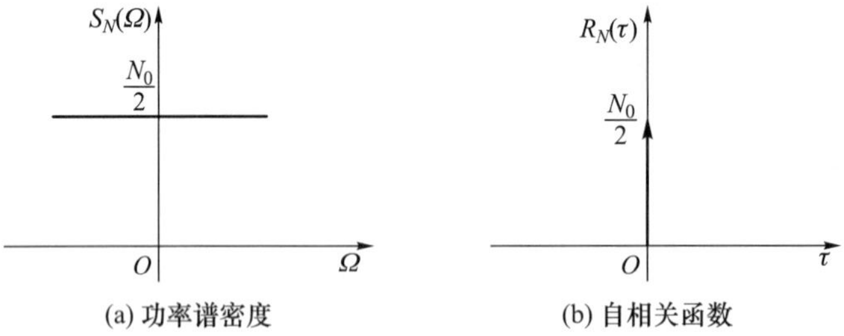

图 3.4.1 白噪声的功率谱密度和自相关函数示意图

在实际的无线电系统中,其系统带宽总是有限的。当随机过程的功率谱密度在一个比系统带宽大很多的范围内近似均匀分布,我们都可以把这个随机过程建模为白噪声来处理,而不会带来较大的误差。并且,客观世界中的许多重要的噪声都可以用白噪声来近似,比如电阻热噪声、电子管散粒噪声等背景噪声,在相当宽的频率范围内都具有均匀的平坦功率谱密度,因而都可以用白噪声来近似。需要指出的是,在第二章 2.7 节正态随机过程那里,我们也曾指出这些无线电系统中的背景噪声往往建模为高斯过程,所以就形成了高斯白噪声的概念。高斯白噪声是同时从时域概率密度函数和频域功率谱密度函数对随机过程进行描述。对于高斯白噪声过程,显然,任意不同时刻所形成的随机变量是独立的。

当白噪声通过具有理想频率特性的滤波器后,便会产生在一定频率范围内均匀分布的功率谱密度,而在此频率范围之外,功率谱密度为零。严格地讲,这种噪声应该称为色噪声,然而,我们更习惯称它为限带白噪声,即有限频带的白噪声。当白噪声通过一个理想低通滤波器后,所输出的噪声称为低通型限带白噪声,此时其功率谱密度为

$$S_N(\Omega)=\begin{cases}K_0 & |\Omega|\leqslant\Omega_0\\ 0 & |\Omega|>\Omega_0\end{cases} \tag{3.4.3}$$

式中,K_0 为常数,Ω_0 为低通滤波器的截止频率。低通型限带白噪声的自相关函数为

$$R_N(\tau)=\frac{K_0\Omega_0}{\pi}\cdot\frac{\sin\Omega_0\tau}{\Omega_0\tau} \tag{3.4.4}$$

低通型限带白噪声的功率谱密度函数和自相关函数示于图 3.4.2。可以看出,当时间间隔 $\tau=k\cdot\pi/\Omega_0, k\in\mathbf{Z}$ 时,随机变量 $N(t)$ 和 $N(t+\tau)$ 是互不相关的。

当白噪声通过一个理想带通滤波器后,所输出的噪声称为带通型限带白噪声,此时其功率谱密度为

$$S_N(\Omega)=\begin{cases}K_0 & \Omega\in[\Omega_c-\Omega_0/2,\Omega_c+\Omega_0/2]\cup[-\Omega_c-\Omega_0/2,-\Omega_c+\Omega_0/2]\\ 0 & \Omega\notin[\Omega_c-\Omega_0/2,\Omega_c+\Omega_0/2]\cup[-\Omega_c-\Omega_0/2,-\Omega_c+\Omega_0/2]\end{cases} \tag{3.4.5}$$

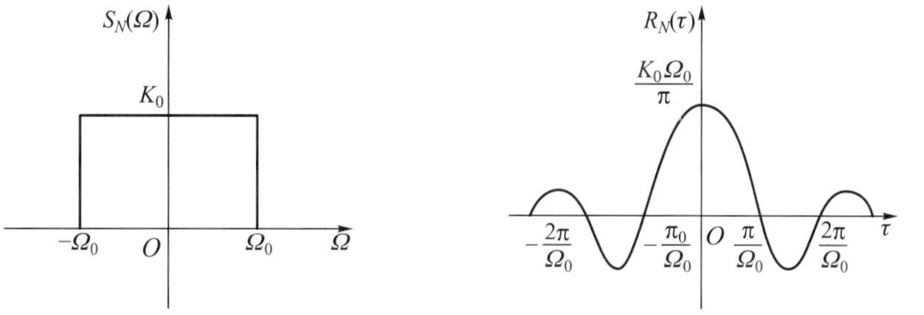

(a) 功率谱密度 (b) 自相关函数

图 3.4.2 低通型限带白噪声的功率谱及自相关函数示意图

式中,Ω_c 为带通滤波器的中心频率。带通型限带白噪声的自相关函数为

$$R_N(\tau)=\frac{K_0\Omega_0}{\pi}\cdot\frac{\sin(\Omega_0\tau/2)}{\Omega_0\tau/2}\cos\Omega_c\tau \tag{3.4.6}$$

带通型限带白噪声的功率谱密度函数和自相关函数示于图 3.4.3。由于 $\Omega_c\gg\Omega_0$,所以,自相关函数表达式中 $\sin(\Omega_0\tau/2)/(\Omega_0\tau/2)$ 可以看作是 $R_N(\tau)$ 的包络,而 $\cos\Omega_c\tau$ 可以看作是 $R_N(\tau)$ 的载波。

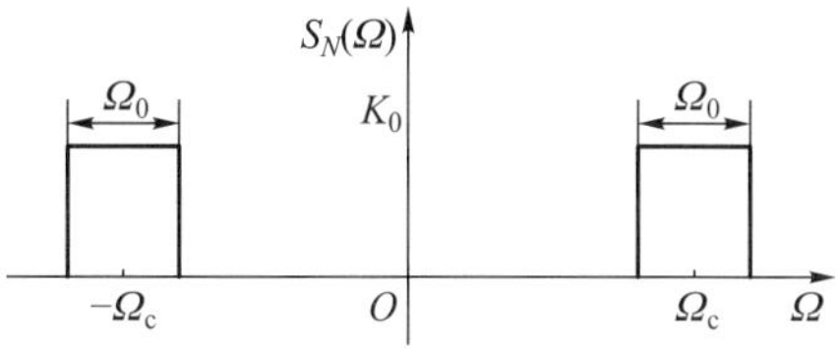

(a) 功率谱密度

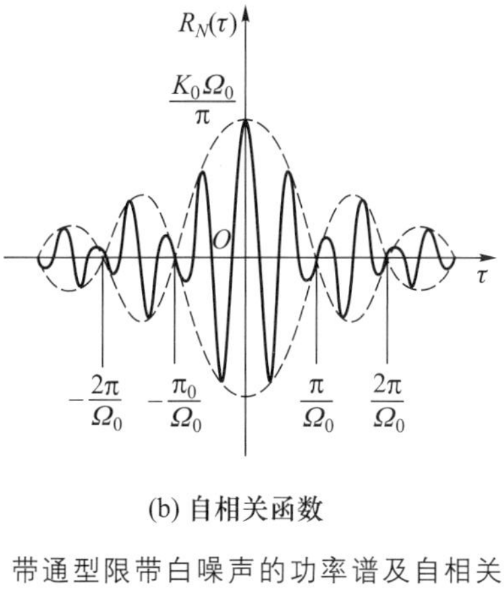

(b) 自相关函数

图 3.4.3 带通型限带白噪声的功率谱及自相关函数示意图

▲ 第四章 随机信号通过线性时不变系统

前面我们从时域和频域两个角度分析了随机信号的统计特性,这一章我们对随机信号通过线性时不变系统进行分析。为了提取信号中的有用信息,需要对信号进行特定的处理,这可以由信号通过一定的系统来完成。系统可以分为线性系统和非线性系统两大类,我们在信号与系统、数字信号处理课程中所接触的主要是线性时不变连续系统、线性移不变离散系统。这里,我们所考虑的系统也是这两种系统,无非此时输入系统的信号不再是确定信号,而是随机信号而已。一般地,随机信号作为系统的输入,则系统的输出当然还是随机信号,所以我们所关心的自然是输出随机信号的统计特性如何由输入随机信号的统计特性和系统函数来决定。由于随机信号的统计特性可以从时域和频域来描述,所以随机信号通过系统后的输出也可以从时域和频域两方面进行描述。

4.1 连续时间随机信号通过线性时不变系统

对于连续时间随机信号 $X(t)$,我们是从相关理论范围对其进行分析,也就是分析随机信号 $X(t)$ 的一、二阶矩,包括均值、相关函数以及相关函数的频域对应——功率谱。同样,当考虑 $X(t)$ 通过一个线性时不变系统时的输出统计特性时,我们也仅分析输出随机信号的一、二阶矩。

4.1.1 线性时不变系统基本理论

设 $x(t)$ 为一个确定信号,其输入到一个线性时不变系统,若该线性时不变系统的单位冲激响应为 $h(t)$,则系统的零状态响应可以通过卷积积分得到

$$y(t)=x(t)*h(t)=\int_{-\infty}^{\infty}x(\tau)h(t-\tau)\,\mathrm{d}\tau=\int_{-\infty}^{\infty}h(\tau)x(t-\tau)\,\mathrm{d}\tau \tag{4.1.1}$$

可见,系统的零状态响应仅由系统的外加激励信号 $x(t)$ 和系统特性 $h(t)$ 决定,与系统的初始储能无关。

如果线性时不变系统是稳定的,则系统的单位冲激响应满足如下条件:

$$\int_{-\infty}^{\infty}|h(t)|\,\mathrm{d}t<\infty \tag{4.1.2}$$

如果线性时不变系统是因果的,即物理可实现的,则系统的单位冲激响应满足如下条件:

$$h(t)=0,\quad t<0 \tag{4.1.3}$$

对于物理可实现的线性时不变系统而言,式(4.1.1)中积分限会发生变化,成为

$$y(t)=x(t)*h(t)=\int_{-\infty}^{t}x(\tau)h(t-\tau)\,\mathrm{d}\tau=\int_{0}^{\infty}h(\tau)x(t-\tau)\,\mathrm{d}\tau \tag{4.1.4}$$

4.1.2 随机信号通过线性时不变系统的时域分析

随机信号通过线性时不变系统后,即使已知输入随机信号的全部统计特性,也难以得到输出随机信号的全部统计特性。然而,输出随机信号的均值、相关函数、功率谱密度却是容易得到的,

并且这些统计特性在实际应用中也基本上满足应用的需求。所以，我们主要分析输出和输入随机过程的均值、相关函数、功率谱密度这些统计量之间的关系。

对于输入的随机过程 $X(t)$，设其某一个样本函数为 $x(t)=X(t,s)$，则该样本函数经过线性时不变系统 $h(t)$后，输出信号为

$$y(t)=x(t)*h(t)$$

也即

$$Y(t,s)=X(t,s)*h(t)=\int_{-\infty}^{\infty}h(\tau)X(t-\tau,s)\mathrm{d}\tau$$

由于上式对于随机过程 $X(t)$的任何一个样本函数 $x(t)=X(t,s)$均成立，所以输出信号随着样本函数的变化或变量 s 的变化也会发生变化，也即输出信号是一个随机过程，记为 $Y(t)$。因而，可以将上式写成以随机过程形式表示的卷积

$$Y(t)=X(t)*h(t)=\int_{-\infty}^{\infty}h(\tau)X(t-\tau)\mathrm{d}\tau \tag{4.1.5}$$

考虑一个因果的、稳定的、线性时不变系统，当输入随机信号 $X(t)$时，输出随机信号 $Y(t)$的均值、自相关函数、输入输出的互相关函数分别为

$$\begin{aligned}m_Y(t)&=E[Y(t)]=E[X(t)*h(t)]\\&=E\left[\int_0^{\infty}h(\tau)X(t-\tau)\mathrm{d}\tau\right]=\int_0^{\infty}h(\tau)E[X(t-\tau)]\mathrm{d}\tau\\&=\int_0^{\infty}h(\tau)m_X(t-\tau)\mathrm{d}\tau\\&=m_X(t)*h(t)\end{aligned} \tag{4.1.6}$$

$$\begin{aligned}R_Y(t_1,t_2)&=E[Y(t_1)Y(t_2)]\\&=E\left[\int_0^{\infty}h(u)X(t_1-u)\mathrm{d}u\int_0^{\infty}h(v)X(t_2-v)\mathrm{d}v\right]\\&=\int_0^{\infty}\int_0^{\infty}h(u)h(v)E[X(t_1-u)X(t_2-v)]\mathrm{d}u\mathrm{d}v\\&=\int_0^{\infty}\int_0^{\infty}h(u)h(v)R_X(t_1-u,t_2-v)\mathrm{d}u\mathrm{d}v\\&=R_X(t_1,t_2)*h(t_1)*h(t_2)\end{aligned} \tag{4.1.7}$$

$$\begin{aligned}R_{XY}(t_1,t_2)&=E[X(t_1)Y(t_2)]\\&=E\left[X(t_1)\int_0^{\infty}h(v)X(t_2-v)\mathrm{d}v\right]\\&=\int_0^{\infty}h(v)E[X(t_1)X(t_2-v)]\mathrm{d}v\\&=\int_0^{\infty}h(v)R_X(t_1,t_2-v)\mathrm{d}v\\&=R_X(t_1,t_2)*h(t_2)\end{aligned} \tag{4.1.8}$$

同理，可以得到

$$R_{YX}(t_1,t_2)=R_X(t_1,t_2)*h(t_1) \tag{4.1.9}$$

从公式(4.1.6)~式(4.1.9)我们可以看出，对于输出的一阶矩，也就是输出的均值，等于输入均值与系统冲激响应做一次卷积。也就是说，随机信号的均值作为随机信号的统计平均，它描述了

随机信号在统计意义上的一种总体趋势，是确定的函数。当把一个随机信号 $X(t)$ 作用在线性时不变系统的输入端时，在统计意义的总体趋势上，相当于输入随机信号的统计平均 $m_X(t)$ 这么一个确定量作用在系统的输入端，它和系统的冲激响应进行卷积，得到的也是输出随机信号的统计平均，描述了输出随机信号在统计意义上的一种总体趋势，这就是式(4.1.6)所表达的含义。对于输出的二阶矩，也就是输出的自相关函数，其涉及做相关运算的随机过程是输出 $Y(t)$ 和自身，它等于输入的自相关函数同系统冲激响应做两次卷积，一次是关于变量 t_1 的，一次是关于变量 t_2 的。而输入输出的互相关函数等于输入的自相关函数同系统冲激响应做一次关于变量 t_2 的卷积，这样因为输入输出的互相关函数 $R_{XY}(t_1,t_2)$ 中，做相关运算的两个随机过程 $X(t)$ 和 $Y(t)$，只有一个输出 $Y(t)$，且输入的随机过程 $X(t)$ 在相关运算的前面，输出的随机过程 $Y(t)$ 在相关运算的后面，而输出的随机过程又可以由输入随机过程与系统冲激响应的卷积表示，自然地，会有式(4.1.8)的结果；作为对比，输出输入的互相关函数等于输入的自相关函数同系统冲激响应做一次关于变量 t_1 的卷积，这样因为输出输入的互相关函数 $R_{YX}(t_1,t_2)$ 中，也是只有一个输出 $Y(t)$，只是输出的随机过程 $Y(t)$ 在相关运算的前面，输入的随机过程 $X(t)$ 在相关运算的后面，自然地，会有式(4.1.9)的结果。此外，从式(4.1.7)~式(4.1.9)中，我们还可以得到

$$R_Y(t_1,t_2)=R_{XY}(t_1,t_2) * h(t_1) \tag{4.1.10}$$

$$R_Y(t_1,t_2)=R_{YX}(t_1,t_2) * h(t_2) \tag{4.1.11}$$

可以看出，由于输出的自相关函数 $R_Y(t_1,t_2)$ 等于输入的自相关函数 $R_X(t_1,t_2)$ 同系统冲激响应做两次卷积，而卷积又满足交换律，所以可以先同其中一个做卷积，得到一个互相关函数，然后再做另一个卷积得到输出的自相关函数。上述线性时不变系统输入输出相关函数之间的关系如图 4.1.1 所示。需要指出的是，线性时不变系统的输入是随机信号 $X(t)$，图 4.1.1 表示的只是各个相关函数之间的关系图，并非是说线性时不变系统输入的就是确定函数 $R_X(t_1,t_2)$。

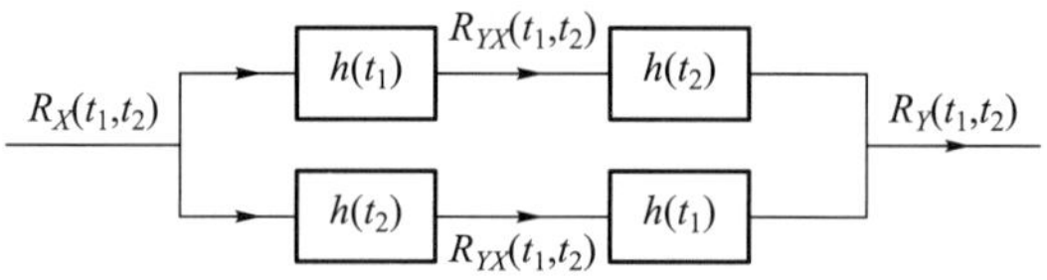

图 4.1.1 线性时不变系统输入输出相关函数之间关系示意图

根据输出随机信号的一阶矩等于输入随机信号的一阶矩和系统冲激响应卷积一次，输出随机信号的二阶矩等于输入随机信号的二阶矩和系统冲激响应卷积两次，我们可以猜测，输出随机信号的 n 阶矩等于输入随机信号的 n 阶矩和系统冲激响应卷积 n 次，即

$$E[Y(t_1)Y(t_2)\cdots Y(t_n)]=E[X(t_1)X(t_2)\cdots X(t_n)] * h(t_1) * h(t_2) * \cdots * h(t_n) \tag{4.1.12}$$

事实上，这个公式是成立的，我们这里不加以证明。

上面我们所得到的结论并没有对随机信号的平稳性进行约束，也就是说，输入随机信号可以是平稳的，也可以是非平稳的。当然，我们考虑情况最多的依然是输入随机信号是平稳的情况。下面我们分析对于这种情况下，输出随机信号的平稳性。

对于输入平稳随机信号通过因果的、稳定的、线性时不变系统，当准备对输出随机信号的平稳性进行分析时，需要明确两个时间点之间的相对时间：一个时间点是平稳随机信号输入到该系统的时刻 t_0，一个时间点是所分析的时刻 t。之所以需要明确这两个时刻，是因为实际的线性时不变系统中往往含有储能元件，比如电容、电感等元器件，这些储能元件的存在，使得系统会有“惰性”，这种惰性反映在单位冲激响应 $h(t)$ 中，就是 $h(t)$ 有一定的持续时间，而不会和输入 $\delta(t)$ 一样，持续时间无限小。当然，如果是由纯电阻组成的线性系统，就不会存在这种惰性，系统

的单位冲激响应为 $h(t)=\delta(t)$。基于这种情况，就使得当输入信号接入系统时，输出的信号中会包含一个瞬态分量，这个瞬态分量会随着时间的增长而逐渐趋于零，也就是说系统在输入信号接入后，需要经过一段时间才可以达到稳态，当系统达到稳定状态后，系统的输出就只含有稳态分量了。而由于这里输入的信号是平稳随机过程 $X(t)$，即输入信号本身不含有随时间衰减的分量，因此，系统的瞬态分量完全由系统本身的惰性导致。严格地讲，瞬态分量只有在无穷长的时间后才会等于零，比如瞬态分量经常具有 $e^{-t}\varepsilon(t)$ 的这种指数衰减形式，当 $t\to\infty$ 时，瞬态分量等于零，此时系统的输出信号中就仅含有稳态分量了。我们当然希望在系统达到稳态后，再去分析系统的输出信号，因为只有此时系统的输出才可能是平稳的。事实上，随机信号的平稳性本身就是要求随机信号的统计特性不随时间起点而变化，也就不能含有随时间变化的瞬态分量。所以，我们在分析输入是平稳随机信号时系统的输出，分为在所考虑的分析时刻系统已达到稳态和还没有达到稳态两种情况，也就是说，一种情况是平稳随机信号接入系统的时刻 $t_0=-\infty$，此时分析的时刻 t 距离输入信号接入时刻无穷远，因而，系统已达到稳态；另一种情况是平稳随机信号接入系统的时刻是 $t_0=0$，此时分析的时刻 t 距离输入信号接入系统的 0 时刻并不是无穷远，所以系统还没有严格地达到稳态。

1. 平稳随机信号接入系统的时刻 $t_0=-\infty$

此时，系统在 t 时刻已达到稳态，当输入随机信号是平稳信号时，公式(4.1.6)～式(4.1.9)依次简化成为

$$\begin{aligned} m_Y(t) &= E[Y(t)] \\ &= \int_0^{\infty} h(\tau)m_X(t-\tau)\,\mathrm{d}\tau \\ &= m_X\int_0^{\infty} h(\tau)\,\mathrm{d}\tau \\ &= m_Y \end{aligned} \tag{4.1.13}$$

$$\begin{aligned} R_Y(t_1,t_2) &= E[Y(t_1)Y(t_2)] \\ &= \int_0^{\infty}\int_0^{\infty} h(u)h(v)R_X(t_1-u,t_2-v)\,\mathrm{d}u\mathrm{d}v \\ &= \int_0^{\infty}\int_0^{\infty} h(u)h(v)R_X(\tau-v+u)\,\mathrm{d}u\mathrm{d}v \\ &= \int_0^{\infty}\int_0^{\infty} h(-u)h(v)R_X[\tau-v-(-u)]\,\mathrm{d}u\mathrm{d}v \\ &= R_X(\tau) * h(\tau) * h(-\tau) \\ &= R_Y(\tau) \end{aligned} \tag{4.1.14}$$

$$\begin{aligned} R_{XY}(t_1,t_2) &= E[X(t_1)Y(t_2)] \\ &= \int_0^{\infty} h(v)R_X(t_1,t_2-v)\,\mathrm{d}v \\ &= \int_0^{\infty} h(v)R_X(\tau-v)\,\mathrm{d}v \\ &= R_X(\tau) * h(\tau) \\ &= R_{XY}(\tau) \end{aligned} \tag{4.1.15}$$

$$R_{YX}(t_1,t_2) = R_X(\tau) * h(-\tau) = R_{YX}(\tau) \tag{4.1.16}$$

此外,从上面的式子中,我们还可以得到

$$R_Y(\tau)=R_{XY}(\tau)*h(-\tau) \tag{4.1.17}$$

$$R_Y(\tau)=R_{YX}(\tau)*h(\tau) \tag{4.1.18}$$

此外,系统输出的均方值为

$$\begin{aligned}R_Y(0)=|R_Y(0)|&=\left|\int_0^\infty\int_0^\infty h(u)h(v)R_X(0-v+u)\mathrm{d}u\mathrm{d}v\right|\\&\leqslant\int_0^\infty\int_0^\infty|h(u)||h(v)||R_X(u-v)|\mathrm{d}u\mathrm{d}v\\&\leqslant R_X(0)\int_0^\infty\int_0^\infty|h(u)||h(v)|\mathrm{d}u\mathrm{d}v\\&=R_X(0)\cdot\int_0^\infty|h(u)|\mathrm{d}u\cdot\int_0^\infty|h(v)|\mathrm{d}v<\infty\end{aligned} \tag{4.1.19}$$

可以看出,对于因果的、稳定的、线性时不变系统而言,当输入随机信号是平稳的时候,输出也是平稳的随机信号,而且输入随机信号和输出随机信号是联合平稳的。当输出为平稳随机信号时,线性时不变系统的输入输出相关函数之间的关系如图 4.1.2 所示。

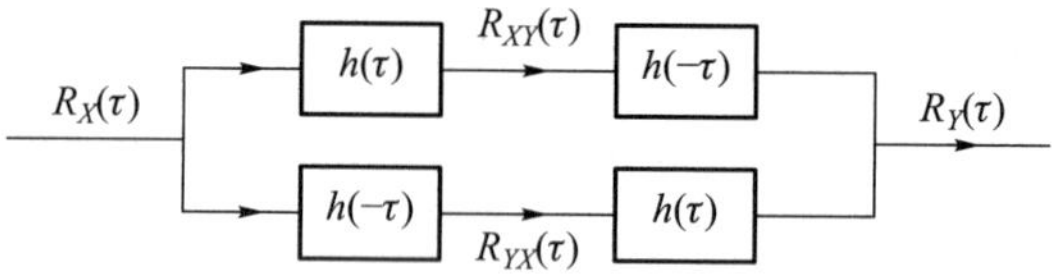

图 4.1.2 输出为平稳随机信号时,线性时不变系统的输入输出相关函数之间的关系示意图

当输入随机信号是严平稳的时候,也就是说输入随机信号的任意 n 维概率密度函数不随时间起点而变化,换句话说,当 n 个时刻 $t_1,t_2,\cdots,t_n$ 固定时,随机信号 $X(t)$ 在 $t_1,t_2,\cdots,t_n$ 所形成的 n 维概率密度函数,等于随机信号 $X(t)$ 在时间上任意平移 ε 时间后,在 $t_1,t_2,\cdots,t_n$ 所形成的 n 维概率密度函数。由于目前所考虑的线性系统是时不变的,因而对于输入随机信号 $X(t)$ 在时间上的平移保持输出信号也具有相同的时间平移,因而输出的随机信号 $Y(t)$ 也具有和输入信号 $X(t)$ 一样的严平稳性,即任意 n 维概率密度函数不随时间平移而变化。

若输入随机信号 $X(t)$ 不仅是宽平稳的,而且还是宽遍历的,也即

$$\overline{X(t)}=m_X,\overline{X(t)X(t+\tau)}=R_X(\tau)$$

则输出信号 $Y(t)$ 的时间平均为

$$\begin{aligned}\overline{Y(t)}&=\lim_{T\to\infty}\frac{1}{2T}\int_{-T}^{T}Y(t)\mathrm{d}t=\lim_{T\to\infty}\frac{1}{2T}\int_{-T}^{T}\left[\int_0^\infty h(\tau)X(t-\tau)\mathrm{d}\tau\right]\mathrm{d}t\\&=\int_0^\infty h(\tau)\left[\lim_{T\to\infty}\frac{1}{2T}\int_{-T}^{T}X(t-\tau)\mathrm{d}t\right]\mathrm{d}\tau\\&=\int_0^\infty h(\tau)\overline{X(t)}\mathrm{d}\tau=m_X\int_0^\infty h(\tau)\mathrm{d}\tau=m_Y\end{aligned} \tag{4.1.20}$$

$$\begin{aligned}\overline{Y(t)Y(t+\tau)}&=\lim_{T\to\infty}\frac{1}{2T}\int_{-T}^{T}Y(t)Y(t+\tau)\mathrm{d}t\\&=\int_0^\infty\int_0^\infty h(u)h(v)\left[\lim_{T\to\infty}\frac{1}{2T}\int_{-T}^{T}X(t-u)X(t+\tau-v)\mathrm{d}t\right]\mathrm{d}u\mathrm{d}v\\&=\int_0^\infty\int_0^\infty h(u)h(v)R_X(\tau+u-v)\mathrm{d}u\mathrm{d}v\\&=R_Y(\tau)\end{aligned} \tag{4.1.21}$$

可见,在输入是宽遍历信号的条件下,输出信号也是宽遍历的。

2. 平稳随机信号接入系统的时刻 $t_0=0$

此时,相当于上一种情况下,在输入信号 $X(t)$ 与系统之间加了一个开关,该开关在 $t_0=0$ 时刻闭合,可以等效地认为输入到系统的信号为 $\tilde{X}(t)=X(t)\varepsilon(t)$,其中 $\varepsilon(t)$ 表示单位阶跃函数,如图 4.1.3 所示。

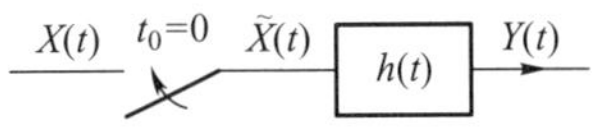

图 4.1.3 平稳随机信号 $t_0=0$ 时刻接入系统的等效示意图

此时,系统的输出为

$$Y(t)=\int_0^{\infty}h(u)\tilde{X}(t-u)\mathrm{d}u=\int_0^{\infty}h(u)X(t-u)\varepsilon(t-u)\mathrm{d}u$$
$$=\int_0^{t}h(u)X(t-u)\mathrm{d}u \tag{4.1.22}$$

因而,可以求得输出信号的均值和自相关函数为

$$m_Y(t)=E[Y(t)]$$
$$=\int_0^{t}h(u)m_X(t-u)\mathrm{d}u$$
$$=m_X\int_0^{t}h(u)\mathrm{d}u \tag{4.1.23}$$

$$R_Y(t_1,t_2)=E[Y(t_1)Y(t_2)]$$
$$=\int_0^{t_1}\int_0^{t_2}h(u)h(v)R_X(\tau-v+u)\mathrm{d}u\mathrm{d}v \tag{4.1.24}$$

从上面公式的积分上限可以看出,输出信号的均值和自相关函数已和时间 t 有关,因而不再是宽平稳的了。正如前面所分析的那样,当平稳信号在 $t_0=0$ 接入系统时,由于系统惰性的影响,系统输出会包含瞬态分量和稳态分量。从严格意义上讲,任意的有限 t 时刻都会存在瞬态分量,由于系统还没有达到严格意义下的稳态,因而,系统的输出也将不可能是宽平稳的了。当然,在 $t\to\infty$ 时,此时分析时刻 t 距离接入时刻 $t_0=0$ 又相距无穷远,因而系统又达到稳态,所以又成为宽平稳的了,这可以从式(4.1.23)和式(4.1.24)中所分析的时刻 t、t_1、t_2 都趋于 ∞ 时可以看出。事实上,只要所分析时刻 t 和平稳信号接入系统的时刻 t_0 相距无穷远,瞬态分量都会衰减为 0,因而系统都将处于稳态。实际应用中,只要所分析的时刻 t 距离接入信号的时刻 t_0 足够远,就可以认为瞬态分量几乎为 0,可以忽略,则系统几乎处于稳态,输出近似认为是平稳的。在本书中,除非特别声明外,我们都认为平稳随机信号接入系统的时刻 $t_0=-\infty$。

特别需要指出的是,对于线性时不变系统,如果它没有惰性,即 $h(t)=\delta(t)$,那么输出就等于输入,这也可以从式(4.1.23)、式(4.1.24)中令 $h(t)=\delta(t)$ 看出。此时,当然输出又是平稳的了。然而,对于线性时不变系统,我们都考虑它是有惰性的,也就是说,不考虑纯电阻式线性时不变系统。对于无惰性的系统,我们将在非线性系统中予以考虑。

【例 4.1.1】 已知某线性时不变系统的单位冲激响应为 $h(t)$,输入到该系统的随机信号 $X(t)$ 是零均值高斯平稳信号,且其自相关函数为 $R_X(\tau)=\delta(\tau)$,输出信号记为 $Y(t)$。试问对于任意 t_1 时刻而言,系统 $h(t)$ 要具备什么条件,才能使随机变量 $X(t_1)$ 和 $Y(t_1)$ 相互独立。

解:高斯信号 $X(t)$ 经过线性时不变系统,相当于对高斯信号进行线性变换,根据第二章中高斯随机变量的性质,可知输出信号 $Y(t)$ 仍然是高斯信号。同时,由输入信号的平稳性可知,输出

信号 $Y(t)$ 也是平稳的。由于输入信号的均值为 0,所以 $Y(t)$ 的均值为

$$m_Y=E[Y(t)]=m_X\int_0^{\infty}h(\tau)\mathrm{d}\tau=0$$

对于随机变量 $X_1=X(t_1)$ 和 $Y_1=Y(t_1)$ 而言,由于它们均为高斯随机变量,所以要使得它们相互独立,只需它们满足不相关的条件即可,也就是说 $C_{X_1Y_1}=0$ 即可。而

$$C_{X_1Y_1}=R_{X_1Y_1}-m_{X_1}m_{Y_1}=E[X(t_1)Y(t_1)]-E[X(t_1)]E[Y(t_1)]=R_{XY}(0)$$

而

$$R_{XY}(\tau)=R_X(\tau)*h(\tau)=\delta(\tau)*h(\tau)=h(\tau)$$

所以随机变量 $X(t_1)$ 和 $Y(t_1)$ 若要相互独立,$h(t)$ 要满足 $h(0)=0$ 才可以。

4.1.3　随机信号通过线性时不变系统的频域分析

根据前面随机信号通过线性时不变系统的时域分析可以看出,当输入是宽平稳信号时,输出也是宽平稳的,并且输入输出之间还是联合平稳的,因此,我们可以采用维纳-辛钦定理来得到系统输入输出功率谱密度之间的关系。

对于系统输出的均值,可以写作

$$m_Y=m_X\int_0^{\infty}h(\tau)\mathrm{d}\tau=m_X\cdot H(0) \tag{4.1.25}$$

对于系统输出的自相关函数的表达式 $R_Y(\tau)=R_X(\tau)*h(\tau)*h(-\tau)$,两边做傅里叶变换,以应用维纳-辛钦定理,得到

$$S_Y(\Omega)=S_X(\Omega)\cdot H(\Omega)\cdot H(-\Omega)=S_X(\Omega)\cdot|H(\Omega)|^2 \tag{4.1.26}$$

其中后一个等式应用了 $h(t)$ 是实函数的事实。上式中 $|H(\Omega)|^2$ 称为系统的"功率传输函数",可以看出,系统输出的功率谱密度等于系统输入的功率谱密度与功率传输函数的乘积,系统输出的功率谱密度只与系统的幅频特性 $|H(\Omega)|$ 有关,与系统的相频特性 $\varphi_{\mathrm{H}}(\Omega)$ 无关。当然,反之,系统的幅频特性也可以由输入和输出的功率谱密度得到

$$|H(\Omega)|=\sqrt{\frac{S_Y(\Omega)}{S_X(\Omega)}} \tag{4.1.27}$$

对于系统输入输出的互相关函数的表达式 $R_{XY}(\tau)=R_X(\tau)*h(\tau)$ 和 $R_{YX}(\tau)=R_X(\tau)*h(-\tau)$,两边做傅里叶变换,并应用维纳-辛钦定理,得到

$$S_{XY}(\Omega)=S_X(\Omega)\cdot H(\Omega) \tag{4.1.28}$$

$$S_{YX}(\Omega)=S_X(\Omega)\cdot H(-\Omega) \tag{4.1.29}$$

可以看出,输入输出的互功率谱密度等于输入的功率谱密度与系统转移函数的乘积,因而,输入输出的互功率谱密度既与系统的幅频特性有关,也与系统的相频特性有关,因而,可以由输入的功率谱密度和输入输出的互功率谱密度得到系统的转移函数

$$H(\Omega)=\frac{S_{XY}(\Omega)}{S_X(\Omega)}=\frac{S_{YX}(-\Omega)}{S_X(\Omega)} \tag{4.1.30}$$

上述线性时不变系统输入输出功率谱之间的关系如图 4.1.4 所示。

系统输出的平均功率通过频域计算为

$$P_Y=\frac{1}{2\pi}\int_{-\infty}^{\infty}S_Y(\Omega)\mathrm{d}\Omega=\frac{1}{2\pi}\int_{-\infty}^{\infty}S_X(\Omega)\cdot|H(\Omega)|^2\mathrm{d}\Omega \tag{4.1.31}$$

当然,上述定积分很多时候并不容易直接计算得到,可以采用复频域表示,这样就可能可以通过复变函数中的留数法得到。将式(4.1.26)在复频域表示,有

$$S_Y(s)=S_X(s)\cdot H(s)\cdot H(-s) \tag{4.1.32}$$

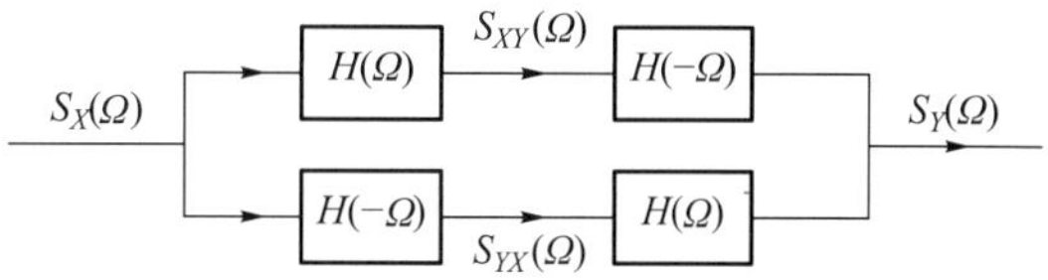

图 4.1.4　线性时不变系统输入输出功率谱之间的关系示意图

需要指出的是,上式本质上是从 $R_Y(\tau)=R_X(\tau)*h(\tau)*h(-\tau)$ 得到,由于系统的因果性,$h(-\tau)$ 只在 $\tau<0$ 时非零,所以这里的复频域表示所采用的是双边拉普拉斯变换。事实上,对于平稳随机过程而言,其接入系统的时刻为 $t_0=-\infty$,所以对其在复频域分析就应该采用双边拉普拉斯变换。此外,在拉普拉斯变换下,对于实函数 $h(\tau)$,并没有 $H(s)=H^*(-s)$ 这样的性质,所以 $H(s)\cdot H(-s)$ 并不能进一步写为 $|H(s)|^2$。

利用式(4.1.32)、式(4.1.31)的复频域表示为

$$P_Y=\frac{1}{2\pi \mathrm{j}}\int_{-\mathrm{j}\infty}^{\mathrm{j}\infty}S_Y(s)\,\mathrm{d}s=\frac{1}{2\pi \mathrm{j}}\int_{-\mathrm{j}\infty}^{\mathrm{j}\infty}S_X(s)\cdot H(s)\cdot H(-s)\,\mathrm{d}s \tag{4.1.33}$$

当然,如果输出的自相关函数的表达式可以通过公式 $R_Y(\tau)=R_X(\tau)*h(\tau)*h(-\tau)$ 或者通过维纳-辛钦定理很容易得到,那么在得到 $R_Y(\tau)$ 后,直接令 $\tau=0$,即为输出的平均功率 $P_Y=R_Y(0)$。

【例 4.1.2】　设一个积分电路的输入信号 $X(t)$ 与输出信号 $Y(t)$ 之间满足关系式

$$Y(t)=\int_{t-T}^{t}X(u)\,\mathrm{d}u$$

式中,$T>0$ 为积分时间常数。现在假设输入 $X(t)$ 为平稳随机过程,且其功率谱密度为 $S_X(\Omega)$,求输出 $Y(t)$ 的功率谱。

解:为了应用线性时不变系统输入输出功率谱之间的关系式,首先需确定系统的单位冲激响应 $h(t)$ 或系统转移函数 $H(\Omega)$。由于单位冲激响应 $h(t)$ 就是系统输入单位冲激信号 $\delta(t)$ 时系统的输出。所以

$$h(t)=\int_{t-T}^{t}\delta(u)\,\mathrm{d}u=\begin{cases}1 & 0\in(t-T,t)\\0 & 0\notin(t-T,t)\end{cases}=\begin{cases}1 & t\in(0,T)\\0 & t\notin(0,T)\end{cases}$$

也即

$$h(t)=\varepsilon(t)-\varepsilon(t-T)$$

可见,单位冲激响应 $h(t)$ 是一个中心在 $T/2$ 处的门函数。根据傅里叶变换的性质,有

$$\begin{aligned}H(\Omega)&=\int_{-\infty}^{\infty}h(t)\,\mathrm{e}^{-\mathrm{j}\Omega t}\mathrm{d}t=T\cdot \mathrm{Sa}\left(\frac{\Omega T}{2}\right)\mathrm{e}^{-\mathrm{j}\Omega\frac{T}{2}}\\&=T\cdot\frac{\sin\left(\frac{\Omega T}{2}\right)}{\frac{\Omega T}{2}}\mathrm{e}^{-\mathrm{j}\Omega\frac{T}{2}}=\frac{2\sin\left(\frac{\Omega T}{2}\right)}{\Omega}\mathrm{e}^{-\mathrm{j}\Omega\frac{T}{2}}\end{aligned}$$

因而

$$|H(\Omega)|^2=\frac{4\sin^2\left(\frac{\Omega T}{2}\right)}{\Omega^2}$$

所以,输出 $Y(t)$ 的功率谱为

$$S_Y(\Omega)=S_X(\Omega)\,|H(\Omega)|^2=\frac{4S_X(\Omega)}{\Omega^2}\sin^2\left(\frac{\Omega T}{2}\right)$$

【例 4.1.3】　如图 4.1.5 所示的一个 RC 电路，其中，电阻 $R=1\times10^6\Omega$，电容 $C=1\times10^{-6}$F，已知输入电源电压为平稳随机信号 $X(t)$，其不含有任何的周期分量，且其功率谱密度为 $S_X(\Omega)=4/(4+\Omega^2)$，求电容上输出电压 $Y(t)$ 的均值和平均功率。

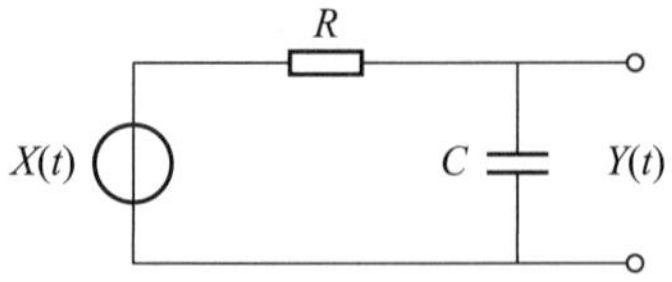

图 4.1.5　RC 电路

解：根据 $X(t)$ 的功率谱密度 $S_X(\Omega)$ 的表达式，利用维纳-辛钦定理，可得 $X(t)$ 的自相关函数为

$$R_X(\tau)=e^{-2|\tau|}$$

再根据平稳随机过程自相关函数的性质，可得 $X(t)$ 的均值满足

$$m_X^2=R_X(\infty)=0$$

所以

$$m_X=0$$

该电路的频率响应为

$$H(\Omega)=1/(\mathrm{j}\Omega+1)$$

进而，输出 $Y(t)$ 的均值为

$$m_Y=m_X\cdot H(0)=0$$

输出 $Y(t)$ 的功率谱为

$$S_Y(\Omega)=S_X(\Omega)\cdot|H(\Omega)|^2=\frac{4}{4+\Omega^2}\cdot\frac{1}{1+\Omega^2}=-\frac{1}{3}\times\frac{4}{4+\Omega^2}+\frac{2}{3}\times\frac{2}{1+\Omega^2}$$

进而可得输出的自相关函数为

$$R_Y(\tau)=-\frac{1}{3}e^{-2|\tau|}+\frac{2}{3}e^{-|\tau|}$$

所以，输出 $Y(t)$ 的平均功率为

$$P_Y=R_Y(0)=\frac{1}{3}$$

上一道例题中，求输出 $Y(t)$ 的自相关函数和平均功率时，当然也可以按照上一章例题中的方法，根据式(4.1.31)或式(4.1.33)，采用留数法等方法去求解。这里不再赘述。

【例 4.1.4】　设平稳随机过程 $X(t)$ 的相关函数是 $R_X(\tau)$，试用随机过程通过线性时不变系统的分析方法求得 $X(t)$ 的导函数 $Y(t)=X'(t)$ 的自相关函数。

解：方法一：采用随机过程通过线性时不变系统的时域分析方法。导函数 $Y(t)$ 可以看作是平稳随机过程 $X(t)$ 输入到一个求导的线性时不变系统中的输出。该求导系统的单位冲激响应 $h(t)$ 就是系统输入单位强度冲激信号 $\delta(t)$ 时系统的输出，即 $h(t)=\delta'(t)$。可见，该求导系统的单位冲激响应是单位冲激信号的导数——单位冲激偶 $\delta'(t)$。单位冲激偶 $\delta'(t)$ 是这样一个函数：当 t 从负值趋于 0 时，它为一个强度无限大的正的冲激函数；当 t 从正值趋于 0 时，它为一个强度无限大的负的冲激函数。可见单位冲激偶函数 $\delta'(t)$ 为奇函数，即

$$\delta'(t)=-\delta'(-t)$$

根据随机信号通过线性时不变系统的时域分析方法，有

$$R_Y(\tau)=R_X(\tau)*h(\tau)*h(-\tau)=R_X(\tau)*\delta'(\tau)*\delta'(-\tau)$$
$$=R_X(\tau)*\delta'(\tau)*[-\delta'(\tau)]=-R_X(\tau)*\delta'(\tau)*\delta'(\tau)$$

注意到

$$\begin{aligned}R_X(\tau)*\delta'(\tau)&=\int_{-\infty}^{\infty}\delta'(u)R_X(\tau-u)\,\mathrm{d}u=\int_{-\infty}^{\infty}R_X(\tau-u)\,\mathrm{d}\delta(u)\\&=R_X(\tau-u)\delta(u)\Big|_{u=-\infty}^{\infty}-\int_{-\infty}^{\infty}\delta(u)\,\mathrm{d}R_X(\tau-u)\\&=0-\int_{-\infty}^{\infty}\delta(u)R_X'(\tau-u)(-1)\,\mathrm{d}u\\&=\int_{-\infty}^{\infty}\delta(u)R_X'(\tau-u)\,\mathrm{d}u\\&=R_X'(\tau)\end{aligned}$$

所以有

$$\begin{aligned}R_Y(\tau)&=-R_X(\tau)*\delta'(\tau)*\delta'(\tau)\\&=-1\cdot R_X''(\tau)=-\frac{\mathrm{d}^2R_X(\tau)}{\mathrm{d}^2\tau}\end{aligned}$$

方法二:采用随机过程通过线性时不变系统的频域分析方法。在方法一中已得到该求导系统的单位冲激响应是单位冲激偶 $\delta'(t)$,即 $h(t)=\delta'(t)$。根据傅里叶变换的求导性质,有

$$H(\Omega)=\mathrm{j}\Omega$$

利用随机信号通过线性时不变系统的频域分析方法,有

$$\begin{aligned}S_Y(\Omega)&=S_X(\Omega)\cdot H(\Omega)\cdot H(-\Omega)\\&=S_X(\Omega)\cdot\mathrm{j}\Omega\cdot(-\mathrm{j}\Omega)=-S_X(\Omega)\cdot\mathrm{j}\Omega\cdot\mathrm{j}\Omega\end{aligned}$$

根据维纳-辛钦定理,并再次利用傅里叶变换的求导性质,有

$$\begin{aligned}R_Y(\tau)&=F^{-1}[S_Y(\Omega)]=F^{-1}[-S_X(\Omega)\cdot\mathrm{j}\Omega\cdot\mathrm{j}\Omega]\\&=-F^{-1}[S_X(\Omega)\cdot\mathrm{j}\Omega\cdot\mathrm{j}\Omega]=-1\cdot\frac{\mathrm{d}F^{-1}[S_X(\Omega)\cdot\mathrm{j}\Omega]}{\mathrm{d}\tau}\\&=-1\cdot\frac{\mathrm{d}}{\mathrm{d}\tau}\left\{\frac{\mathrm{d}F^{-1}[S_X(\Omega)]}{\mathrm{d}\tau}\right\}=-\frac{\mathrm{d}^2R_X(\tau)}{\mathrm{d}^2\tau}\end{aligned}$$

4.2 离散时间随机信号通过线性移不变系统

对于离散时间随机信号,也即随机序列,通过线性移不变系统的分析方法和连续时间的情况完全一样。当然,它也分为时域分析和频域分析两种。

4.2.1 线性移不变系统基本理论

对于线性移不变系统而言,设其单位冲激响应为 $h(n)$,输入为确定信号 $x(n)$,则系统的零状态响应可以通过卷积和得到

$$y(n)=x(n)*h(n)=\sum_{k=-\infty}^{\infty}x(k)h(n-k)=\sum_{k=-\infty}^{\infty}h(k)x(n-k)\tag{4.2.1}$$

如果线性移不变系统是稳定的，则系统的单位冲激响应满足如下条件

$$\sum_{n=-\infty}^{\infty}|h(n)|<\infty \tag{4.2.2}$$

如果线性移不变系统是因果的，即物理可实现的，则系统的单位冲激响应满足如下条件

$$h(n)=0,\quad n<0 \tag{4.2.3}$$

对于物理可实现的线性时不变系统而言，式(4.2.1)成为

$$y(n)=x(n)*h(n)=\sum_{k=-\infty}^{n}x(k)h(n-k)=\sum_{k=0}^{\infty}h(k)x(n-k) \tag{4.2.4}$$

4.2.2 离散时间随机信号通过线性移不变系统的时域分析

当线性移不变系统输入离散时间随机信号 $X(n)$ 时，输出 $Y(n)$ 也为离散时间随机信号，它们之间通过卷积和联系

$$Y(n)=X(n)*h(n)=\sum_{k=0}^{\infty}h(k)X(n-k) \tag{4.2.5}$$

系统输出的均值为

$$m_Y(n)=E[Y(n)]=\sum_{k=0}^{\infty}h(k)E[X(n-k)]=h(n)*m_X(n) \tag{4.2.6}$$

当输入 $X(n)$ 为平稳信号时，上式成为

$$m_Y(n)=m_X\sum_{k=0}^{\infty}h(k)=m_Y \tag{4.2.7}$$

对于输出的自相关函数，有

$$\begin{aligned}R_Y(n_1,n_2)&=E[Y(n_1)Y(n_2)]\\&=E\left[\sum_{k=0}^{\infty}h(k)X(n_1-k)\sum_{l=0}^{\infty}h(l)X(n_2-l)\right]\\&=\sum_{k=0}^{\infty}\sum_{l=0}^{\infty}h(k)h(l)E[X(n_1-k)X(n_2-l)]\\&=\sum_{k=0}^{\infty}\sum_{l=0}^{\infty}h(k)h(l)R_X(n_1-k,n_2-l)\end{aligned} \tag{4.2.8}$$

当输入 $X(n)$ 为平稳信号时，令 $m=n_2-n_1$，则上式成为

$$\begin{aligned}R_Y(n_1,n_2)&=\sum_{k=0}^{\infty}\sum_{l=0}^{\infty}h(k)h(l)R_X(m-l+k)\\&=R_X(m)*h(m)*h(-m)=R_Y(m)\end{aligned} \tag{4.2.9}$$

输入输出的互相关函数

$$\begin{aligned}R_{XY}(n_1,n_2)&=E[X(n_1)Y(n_2)]\\&=E\left[X(n_1)\sum_{l=0}^{\infty}h(l)X(n_2-l)\right]\\&=\sum_{l=0}^{\infty}h(l)E[X(n_1)X(n_2-l)]\\&=\sum_{l=0}^{\infty}h(l)R_X(n_1,n_2-l)\end{aligned} \tag{4.2.10}$$

当输入 $X(n)$ 为平稳信号时，上式成为

$$R_{XY}(n_1,n_2)=\sum_{l=0}^{\infty}h(l)R_X(m-l)=R_X(m)*h(m)=R_{XY}(m) \tag{4.2.11}$$

同理，当输入 $X(n)$ 为平稳信号时，输出输入的互相关函数为

$$R_{YX}(n_1,n_2)=R_X(m)*h(-m)=R_{YX}(m) \tag{4.2.12}$$

更进一步，还可以得到

$$R_Y(m)=R_{XY}(m)*h(-m)=R_{YX}(m)*h(m) \tag{4.2.13}$$

从上面的推导可以看出，当输入到线性移不变系统的离散时间随机信号是宽平稳随机信号时，输出也是宽平稳的，并且输入随机信号和输出随机信号是联合平稳的。

4.2.3 离散时间随机信号通过线性移不变系统的频域分析

当输入离散时间随机信号 $X(n)$ 是平稳时，根据上面的时域分析结果，利用维纳–辛钦定理的离散形式，对时域的分析结果式(4.2.7)、式(4.2.9)、式(4.2.11)、式(4.2.12)应用 Z 变换，我们可以得到

$$m_Y=m_X\cdot H(1) \tag{4.2.14}$$

$$S_Y(z)=S_X(z)\cdot H(z)\cdot H(z^{-1}) \tag{4.2.15}$$

$$S_{XY}(z)=S_X(z)\cdot H(z) \tag{4.2.16}$$

$$S_{YX}(z)=S_X(z)\cdot H(z^{-1}) \tag{4.2.17}$$

进而有

$$S_Y(z)=S_{XY}(z)\cdot H(z^{-1})=S_{YX}(z)\cdot H(z) \tag{4.2.18}$$

如果想在频域进行分析，则令 $z=\mathrm{e}^{\mathrm{j}\omega}$ 带入上面几个式子，可以得到相应的频域结果

$$S_Y(\mathrm{e}^{\mathrm{j}\omega})=S_X(\mathrm{e}^{\mathrm{j}\omega})\cdot H(\mathrm{e}^{\mathrm{j}\omega})\cdot H(\mathrm{e}^{-\mathrm{j}\omega}) \tag{4.2.19}$$

$$S_{XY}(\mathrm{e}^{\mathrm{j}\omega})=S_X(\mathrm{e}^{\mathrm{j}\omega})\cdot H(\mathrm{e}^{\mathrm{j}\omega}) \tag{4.2.20}$$

$$S_{YX}(\mathrm{e}^{\mathrm{j}\omega})=S_X(\mathrm{e}^{\mathrm{j}\omega})\cdot H(\mathrm{e}^{-\mathrm{j}\omega}) \tag{4.2.21}$$

$$S_Y(\mathrm{e}^{\mathrm{j}\omega})=S_{XY}(\mathrm{e}^{\mathrm{j}\omega})\cdot H(\mathrm{e}^{-\mathrm{j}\omega})=S_{YX}(\mathrm{e}^{\mathrm{j}\omega})\cdot H(\mathrm{e}^{\mathrm{j}\omega}) \tag{4.2.22}$$

和连续时间随机信号的情况一样，由于假设 $h(n)$ 为实函数，所以有 $H(\mathrm{e}^{\mathrm{j}\omega})=H^*(\mathrm{e}^{-\mathrm{j}\omega})$，进而式(4.2.19)可以进一步写为

$$S_Y(\mathrm{e}^{\mathrm{j}\omega})=S_X(\mathrm{e}^{\mathrm{j}\omega})\cdot|H(\mathrm{e}^{\mathrm{j}\omega})|^2 \tag{4.2.23}$$

输出离散随机信号的平均功率 P_Y 也可以通过频域和复频域分别得到。系统输出的平均功率通过频域计算为

$$P_Y=\frac{1}{2\pi}\int_{-\pi}^{\pi}S_Y(\mathrm{e}^{\mathrm{j}\omega})\mathrm{d}\omega=\frac{1}{2\pi}\int_{-\pi}^{\pi}S_X(\mathrm{e}^{\mathrm{j}\omega})\cdot|H(\mathrm{e}^{\mathrm{j}\omega})|^2\mathrm{d}\omega \tag{4.2.24}$$

系统输出的平均功率通过复频域计算为

$$P_Y=\frac{1}{2\pi\mathrm{j}}\oint_{|z|=1}S_Y(z)z^{-1}\mathrm{d}z=\frac{1}{2\pi\mathrm{j}}\oint_{|z|=1}S_X(z)\cdot H(z)\cdot H(z^{-1})z^{-1}\mathrm{d}z \tag{4.2.25}$$

【例 4.2.1】 设有一自相关函数为 $R_X(m)=\sigma_X^2\delta(m)$ 白噪声，其通过一个单位冲激响应为 $h(n)=(0.5)^n\varepsilon(n)$ 的线性移不变系统，求输出信号的功率谱密度。

解:系统函数在复频域的表达式为

$$H(z)=\sum_{n=0}^{\infty}h(n)z^{-n}=\sum_{n=0}^{\infty}(0.5)^{n}z^{-n}=\frac{1}{1-0.5z^{-1}},\quad |z|>0.5$$

输入白噪声的功率谱在复频域为

$$S_X(z)=\sigma_X^2$$

进而,输出信号的功率谱在复频域为

$$S_Y(z)=S_X(z)\cdot H(z)\cdot H(z^{-1})=S_X(z)\cdot\frac{1}{1-0.5z^{-1}}\cdot\frac{1}{1-0.5z}$$

令 $z=\mathrm{e}^{\mathrm{j}\omega}$,可以得到输出信号功率谱在频域的表达式,即

$$\begin{aligned}S_Y(\mathrm{e}^{\mathrm{j}\omega})&=S_X(\mathrm{e}^{\mathrm{j}\omega})\cdot H(\mathrm{e}^{\mathrm{j}\omega})\cdot H(\mathrm{e}^{-\mathrm{j}\omega})=\sigma_X^2\cdot\frac{1}{1-0.5\mathrm{e}^{-\mathrm{j}\omega}}\cdot\frac{1}{1-0.5\mathrm{e}^{\mathrm{j}\omega}}\\&=\sigma_X^2\cdot\frac{1}{1+0.25-0.5\mathrm{e}^{-\mathrm{j}\omega}-0.5\mathrm{e}^{\mathrm{j}\omega}}=\frac{\sigma_X^2}{1.25-\cos\omega}\end{aligned}$$

4.3 色噪声的产生和白化滤波器

对于具有单位功率谱密度的白噪声 $X(t)$ 而言,当其通过线性时不变系统后,输出随机过程 $Y(t)$ 的功率谱密度为

$$S_Y(\Omega)=H(\Omega)\cdot H(-\Omega)=|H(\Omega)|^2 \tag{4.3.1}$$

可以看出,当白噪声通过线性时不变系统后,输出的功率谱等于系统的功率传递函数 $|H(\Omega)|^2$,输出为色噪声。

上式在复频域可以表示为

$$S_Y(s)=H(s)\cdot H(-s) \tag{4.3.2}$$

如果我们想产生一个指定功率谱密度的色噪声,当然,该功率谱具有实有理函数形式,那么,可以认为该色噪声是由白噪声通过一个线性时不变系统得到。由于该色噪声的功率谱密度完全和系统时不变系统的转移函数有关,因此,通过设计合适的线性时不变系统,就可以得到具有特定功率谱的输出随机信号。至于如何设计合适的线性时不变系统,可以根据上一章中平稳随机信号谱分解的方法,将该功率谱密度表达式中的一些零极点分配给 $H(s)$,以使得所设计的线性时不变系统满足物理可实现的因果性要求。

具体地,根据第三章 3.1 节里的随机过程功率谱密度的分解,有

$$S_Y(s)=S_Y^-(s)\cdot S_Y^+(s)=S_Y^-(s)S_Y^-(-s) \tag{4.3.3}$$

式中,$S_Y^-(s)$ 只包含 $S_Y(s)$ 在复频率 s 平面的左半平面的零极点。结合系统传递函数 $H(s)$ 的因果性对极点的要求,我们可以令

$$H(s)=S_Y^-(s) \tag{4.3.4}$$

则再根据式(4.3.3),可以得到

$$H(-s)=S_Y^-(-s)=S_Y^+(s) \tag{4.3.5}$$

再对比式(4.3.2)、式(4.3.3)可以看出,此时,受到单位功率谱密度白噪声激励后,系统输出的功率谱恰好就是所期望的 $S_Y(s)$。

同理,对于离散时间平稳随机信号而言,设其功率谱为 $S_Y(e^{j\omega})$,将其在复频域表示为 $S_Y(z)$,其也可以认为是离散时间单位功率谱密度白噪声激励线性移不变系统得到,即

$$S_Y(z)=H(z)\cdot H(z^{-1}) \tag{4.3.6}$$

同样,假设 $S_Y(z)$ 具有实有理形式,因而根据离散情形下的功率谱分解定理,有

$$S_Y(z)=S_Y^-(z)S_Y^-(z^{-1}) \tag{4.3.7}$$

我们可以令

$$H(z)=S_Y^-(z) \tag{4.3.8}$$

则

$$H(z^{-1})=S_Y^-(z^{-1}) \tag{4.3.9}$$

式中,$S_Y^-(z)$ 的零极点都在单位圆内。

可以看出,通过这种方法,我们可以把所有具有实有理谱密度的平稳随机信号,看作是白噪声激励线性时不变系统或线性移不变系统得到。这种观点将平稳随机信号谱密度函数与系统传递函数之间建立了一一对应关系。这就使得问题得以大大简化,比如功率谱密度的估计可以等价于系统传递函数的估计,而系统传递函数由于具有实有理函数形式,因而进一步等价于系统传递函数中分子、分母多项式的阶次、系数估计问题。

【例 4.3.1】 设计一个物理可实现的线性时不变系统,使其在具有单位谱的白噪声激励下,输出功率谱为

$$S_Y(\Omega)=\frac{13\Omega^2+21}{\Omega^4+10\Omega^2+9}$$

解: 将 $S_Y(\Omega)$ 表示在复频域,有

$$S_Y(s)=\frac{-13s^2+21}{s^4-10s^2+9}$$

对 $S_Y(s)$ 的分子、分母多项式进行因式分解,有

$$S_Y(s)=\frac{-13s^2+21}{s^4-10s^2+9}=\frac{(\sqrt{21}+\sqrt{13}s)(\sqrt{21}-\sqrt{13}s)}{(1-s^2)(9-s^2)}=\frac{(\sqrt{21}+\sqrt{13}s)(\sqrt{21}-\sqrt{13}s)}{(1+s)(3+s)(1-s)(3-s)}$$

由于 $S_Y(s)$ 的位于 s 平面左半平面的零、极点有 $s_1=-\sqrt{21}/\sqrt{13}$,$s_2=-1$,$s_3=-3$,则令

$$H(s)=S_Y^-(s)=\frac{\sqrt{21}+\sqrt{13}s}{(1+s)(3+s)}$$

上式即为所需要的稳定线性时不变系统。

与上面所讨论的问题正好相反的问题是,如果已知一个色噪声随机信号 $X(t)$,其功率谱密度为实有理的,为 $S_X(\Omega)$ 或 $S_X(e^{j\omega})$,如何对其进行“白化”处理,即设计一个线性时不变系统或线性移不变系统,使得色噪声经过该系统后,输出为白噪声。完成该任务的线性系统称为白化滤波器。

对于此问题的处理,第一步和上面的方法一样,先对色噪声根据式(4.3.3)和式(4.3.7)进行谱分解;第二步,令线性时不变系统传递函数和线性移不变系统传递函数分别为

$$H(s)=\frac{1}{S_X^-(s)} \tag{4.3.10}$$

$$H(z)=\frac{1}{S_X^-(z)} \tag{4.3.11}$$

此时,可以得到输出随机过程的功率谱密度为

$$S_Y(s)=H(s)\cdot H(-s)\cdot S_X(s)=\frac{1}{S_X^-(s)}\cdot\frac{1}{S_X^-(-s)}\cdot S_X(s)=1 \tag{4.3.12}$$

$$S_Y(z)=H(z)\cdot H(z^{-1})\cdot S_X(z)=\frac{1}{S_X^-(z)}\cdot\frac{1}{S_X^-(z^{-1})}\cdot S_X(z)=1 \tag{4.3.13}$$

可见,系统输出的是具有单位功率谱密度的白噪声。

4.4 系统和信号的等效噪声带宽

从上一节的分析可以看出,实际中很多的平稳随机信号都可以看作是白噪声通过一个线性时不变系统的输出,因此,对白噪声通过线性时不变系统的研究就等价于对这些平稳随机信号的研究。事实上,由于线性时不变系统具有:输出的功率谱密度等于输入的功率谱密度与功率传递函数的乘积这种简单的代数运算关系,而白噪声的功率谱密度又是常数,所以白噪声在随机信号分析中所起到的作用就好比数学中变量里面的特殊变量——常量一样,具有基本的重要性。

和上一节一样,不失一般性,假设输入到线性时不变系统的白噪声 $X(t)$ 的功率谱密度为单位大小,即 $S_X(\Omega)=N_0/2=1$,则系统输出随机过程 $Y(t)$ 的功率谱密度为

$$S_Y(\Omega)=H(\Omega)\cdot H(-\Omega)=|H(\Omega)|^2$$

显然,系统输出随机信号的功率谱形状完全由 $|H(\Omega)|^2$ 决定,一般而言,不再为常数。从上式也可以清楚地看出,在白噪声的激励下,可以认为每一个功率谱为 $S_Y(\Omega)$ 的随机过程 $Y(t)$,对应一个功率传输函数为 $|H(\Omega)|^2$ 的线性时不变系统。

由上一章中白噪声的知识,当白噪声通过具有理想幅频特性的滤波器后,会产生在一定频率范围内均匀分布的功率谱密度,即限带白噪声。因此,我们就想到,能否将实际的线性时不变系统 $H(\Omega)$,用理想的、也就是说具有矩形幅频响应的线性时不变系统 $H_{eq}(\Omega)$ 来等效,如图 4.4.1 所示。这样会在实际的应用中给计算带来很多方便。当然,为了定量地进行等效,需要给出等效的原则。具体的等效原则是这样的:(1) 在相同的白噪声激励下,原系统输出随机信号的平均功率与等效系统输出随机信号的平均功率相等;(2) 等效系统的增益等于原系统增益的最大值。

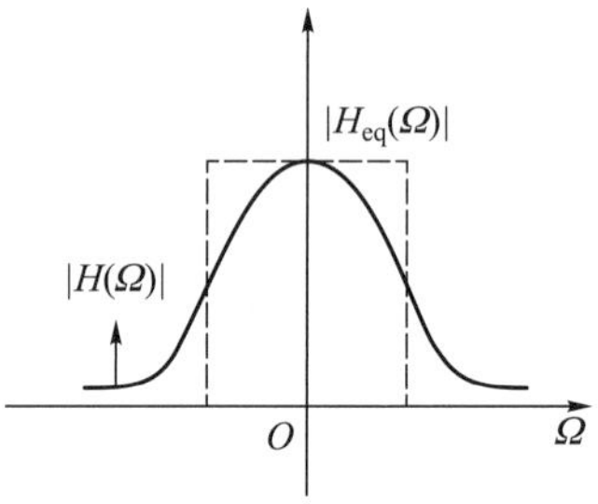

图 4.4.1 线性时不变系统 $H(\Omega)$ 的理想等效示意图

事实上,这种等效处理在实际应用中也是可以理解的。单纯从平稳随机信号 $Y(t)$ 的功率谱密度为出发点去理解的话,由于平稳随机信号 $Y(t)$ 可以看作是白噪声 $X(t)$ 激励一个幅频特性为 $|H(\Omega)|$ 的线性时不变系统的输出,并且输出 $Y(t)$ 的功率谱为 $S_Y(\Omega)=|H(\Omega)|^2$。当采用具有矩形幅频特性 $|H_{eq}(\Omega)|$ 的线性时不变系统 $H_{eq}(\Omega)$,去近似等效一个实际幅频特性为 $|H(\Omega)|$ 的线性时不变系统 $H(\Omega)$ 时,输出信号 $Y(t)$ 的功率谱也将由 $|H(\Omega)|^2$ 变成所等效的 $|H_{eq}(\Omega)|^2$。这也就是说,具有非均匀分布功率谱密度 $|H(\Omega)|^2$ 的原输出随机信号 $Y(t)$,将由在一定频率范围内具有均匀分布功率谱密度 $|H_{eq}(\Omega)|^2$ 的限带白噪声 $Y_{eq}(t)$ 去近似等效。在实际应用中,经常会遇到实际输入信号功率谱的宽带远大于系统带宽,且在系统带宽内,输入信号的功率谱具有近似平坦均匀分布的形状,如图 4.4.2 所示。因而,完全可以用在系统带宽内完全均匀分布的白噪

声来近似原始信号,而不会在功率谱方面损失什么。从上面的分析也可以看出,从线性时不变系统的角度用 $H_{eq}(\Omega)$ 去等效 $H(\Omega)$,和从随机信号的角度用 $Y_{eq}(t)$ 去等效 $Y(t)$,它们实质上是一样的。

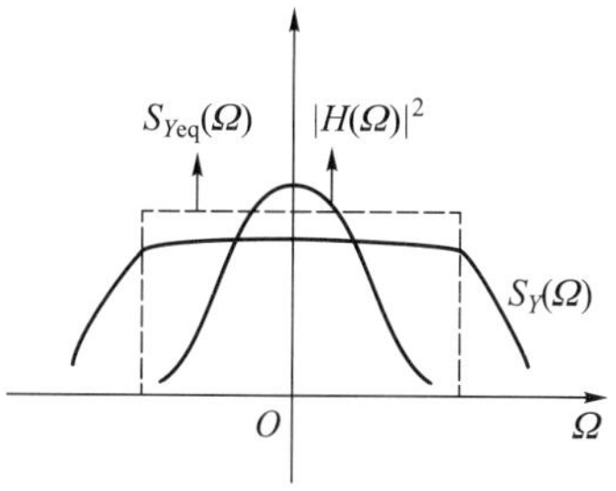

图 4.4.2 在系统 $H(\Omega)$ 带宽内具有近似平坦功率谱的色噪声 $Y(t)$ 可由限带白噪声 $Y_{eq}(t)$ 等效示意图

具体地,原线性系统 $H(\Omega)$ 的输出平均功率为

$$P=E[Y^2(t)]=R_Y(0)=\frac{1}{2\pi}\int_{-\infty}^{\infty}|H(\Omega)|^2\mathrm{d}\Omega \quad (4.4.1)$$

利用 $|H(\Omega)|^2=H(\Omega)H(-\Omega)$ 的对称性,上式也可以写为单边功率谱的积分形式

$$P=\frac{1}{\pi}\int_0^{\infty}|H(\Omega)|^2\mathrm{d}\Omega \quad (4.4.2)$$

对于同样的具有单位大小功率谱密度的白噪声,令其通过等效的理想线性时不变系统 $H_{eq}(\Omega)$ 后,输出带限白噪声的平均功率为

$$P_{eq}=\frac{1}{\pi}\int_0^{\infty}|H_{eq}(\Omega)|^2\mathrm{d}\Omega=\frac{1}{\pi}\int_0^{\Delta\Omega_{eq}}|H(\Omega)|_{max}^2\mathrm{d}\Omega=\frac{1}{\pi}|H(\Omega)|_{max}^2\cdot\Delta\Omega_{eq} \quad (4.4.3)$$

根据等效原则 $P_{eq}=P$,可以得到

$$\Delta\Omega_{eq}=\frac{\int_0^{\infty}|H(\Omega)|^2\mathrm{d}\Omega}{|H(\Omega)|_{max}^2} \quad (4.4.4)$$

式中,$\Delta\Omega_{eq}$ 称为原实际线性时不变系统的等效噪声带宽。

当实际的线性时不变系统为低通滤波器时,通常 $|H(\Omega)|$ 的最大值出现在 $\Omega=0$ 处,因而,有 $|H(\Omega)|_{max}^2=|H(0)|^2$;当实际的线性时不变系统为带通滤波器时,通常 $|H(\Omega)|$ 的最大值出现在 $\Omega=\Omega_0$ 中心频率处,因而,有 $|H(\Omega)|_{max}^2=|H(\Omega_0)|^2$。

根据系统的等效噪声带宽,可以根据式(4.4.3),很容易地求得线性时不变系统输出端的平均功率,即

$$P=\frac{1}{\pi}|H(\Omega)|_{max}^2\cdot\Delta\Omega_{eq} \quad (4.4.5)$$

从信号等效的角度看,对于平稳随机信号 $Y(t)$,它可以由一个限带白噪声 $Y_{eq}(t)$ 去近似。此时,利用 $Y(t)$ 的功率谱 $S_Y(\Omega)$ 可以由单位功率谱密度的白噪声激励线性系统 $H(\Omega)$ 得到,也即 $S_Y(\Omega)=|H(\Omega)|^2$,将其带入式(4.4.4),得到

$$\Delta\Omega_{eq}=\frac{\int_0^{\infty}S_Y(\Omega)\mathrm{d}\Omega}{S_Y(\Omega)_{max}} \quad (4.4.6)$$

对于零均值的低通型平稳随机信号而言

$$S_Y(\Omega)_{max}=S_Y(0)$$

且注意到

$$R_Y(0)=\frac{1}{2\pi}\int_{-\infty}^{\infty}S_Y(\Omega)\mathrm{d}\Omega=\frac{1}{\pi}\int_0^{\infty}S_Y(\Omega)\mathrm{d}\Omega$$

则式(4.4.6)可以写作

$$\Delta\Omega_{eq}=\frac{\pi R_Y(0)}{S_Y(0)} \tag{4.4.7}$$

根据第二章中平稳随机信号相关时间的定义，并注意到输出信号 $Y(t)$ 均值为 0，则 $Y(t)$ 的相关时间为

$$\tau_0=\int_0^{\infty}\rho_Y(\tau)\mathrm{d}\tau=\frac{\int_0^{\infty}C_Y(\tau)\mathrm{d}\tau}{C_Y(0)}=\frac{\int_0^{\infty}[R_Y(\tau)-m_Y^2]\mathrm{d}\tau}{R_Y(0)-m_Y^2}=\frac{\int_0^{\infty}R_Y(\tau)\mathrm{d}\tau}{R_Y(0)} \tag{4.4.8}$$

而

$$S_Y(0)=\int_{-\infty}^{\infty}R_Y(\tau)\mathrm{d}\tau=2\int_0^{\infty}R_Y(\tau)\mathrm{d}\tau$$

则式(4.4.8)可以写作

$$\tau_0=\frac{1}{2}\frac{S_Y(0)}{R_Y(0)} \tag{4.4.9}$$

联立式(4.4.7)和式(4.4.9)，可以得到

$$\Delta\Omega_{eq}\cdot\tau_0=\frac{\pi}{2} \tag{4.4.10}$$

从上式可以看出，平稳随机信号的等效噪声带宽和相关时间的乘积为一个常数。也就是说，平稳随机信号不可能同时具有小的相关时间和小的等效带宽。

【例 4.4.1】　已知一自相关函数为 $R_X(\tau)=5\delta(\tau)$ 的平稳白噪声 $X(t)$ 作用于冲激响应为 $h(t)=\mathrm{e}^{-t}\varepsilon(t)$ 的线性时不变系统，得到输出信号 $Y(t)$。试求 $X(t)$ 和 $Y(t)$ 的互功率谱 $S_{XY}(\omega)$ 和 $S_{YX}(\omega)$ 以及输出随机信号 $Y(t)$ 的等效噪声带宽。

解：根据维纳–辛钦定理和傅里叶变换的性质，有

$$H(\Omega)=\frac{1}{1+\mathrm{j}\Omega}$$

$$S_X(\Omega)=5$$

进而，根据平稳随机信号通过线性时不变系统的输入输出功率谱关系，得到

$$S_{XY}(\Omega)=S_X(\Omega)H(\Omega)=\frac{5}{1+\mathrm{j}\Omega}$$

$$S_{YX}(\Omega)=S_X(\Omega)H(-\Omega)=\frac{5}{1-\mathrm{j}\Omega}$$

$$S_Y(\Omega)=S_X(\Omega)|H(\Omega)|^2=\frac{5}{1+\Omega^2}$$

可以看出，输出的平稳随机信号是低通型随机信号，其功率谱密度在 $\Omega=0$ 处取得最大，即

$$S_Y(\Omega)_{\max}=S_Y(0)=5$$

所以，输出随机信号 $Y(t)$ 的等效噪声带宽为

$$\Delta\Omega_{eq}=\frac{\int_0^{\infty}S_Y(\Omega)\mathrm{d}\Omega}{S_Y(\Omega)_{\max}}=\frac{\int_0^{\infty}S_Y(\Omega)\mathrm{d}\Omega}{S_Y(0)}=\frac{\int_0^{\infty}\frac{5}{1+\Omega^2}\mathrm{d}\Omega}{5}$$

$$=\int_0^{\infty}\frac{1}{1+\Omega^2}\mathrm{d}\Omega=\frac{1}{2}\int_{-\infty}^{\infty}\frac{1}{1+\Omega^2}\mathrm{d}\Omega=\frac{1}{4}\int_{-\infty}^{\infty}\frac{2}{1+\Omega^2}\mathrm{d}\Omega$$

$$=\frac{1}{4}\cdot 2\pi\cdot\left(\frac{1}{2\pi}\int_{-\infty}^{\infty}\frac{2}{1+\Omega^2}\mathrm{d}\Omega\right)=\frac{1}{4}\cdot 2\pi\cdot \mathrm{e}^{-|\tau|}\Big|_{\tau=0}=\frac{\pi}{2}$$

4.5 线性时不变系统输出随机信号的概率分布

多数实际场合下,仅需知道随机过程通过线性时不变或线性移不变系统后的一、二阶矩的性质就足够了,前面我们也是这么做的。然而,还是存在一些场合,需要知道随机信号通过线性时不变或移不变系统后的概率分布。一般说来,确定系统输出随机信号的概率分布是非常困难的,没有一般的方法可以使用。然而,存在两种特殊情况,可以较容易地得到输出随机信号的概率分布。这两种情况都和高斯分布有关,以随机信号通过线性时不变系统为例,我们对这两种情况分别加以讨论。

1. 高斯随机信号通过线性时不变系统

设随机信号 $X(t)$ 为高斯随机信号,其通过线性时不变系统后的输出为

$$Y(t)=\int_{-\infty}^{t}h(t-\tau)X(\tau)\mathrm{d}\tau$$

将上式中的积分按照积分的定义,以和式的形式给出,即

$$Y(t)=\underset{\substack{\Delta\tau\to 0\\ n\to\infty}}{\mathrm{l.i.m}}\sum_{k=1}^{n}h(t-\tau_k)X(\tau_k)\Delta\tau \tag{4.5.1}$$

式中,$\Delta\tau$ 为采样间隔。从上式可以看出,对于任意时刻 t,输出为 n 个($n\to\infty$)高斯随机变量 $X(\tau_k)(k=1,\cdots,n)$ 的线性加权,其中加权系数为 $h(t-\tau_k)$。也就是说,任意时刻系统的输出可以看作是多维高斯随机变量的线性变换。根据前面高斯随机过程那一节中的性质,多维高斯变量的线性变换依然是高斯的。因此,系统输出随机过程 $Y(t)$ 还是为高斯信号。

【例 4.5.1】 如图 4.5.1 所示的 RL 电路,其中,电阻 $R=2\Omega$,电感 $L=1\mathrm{H}$。已知输入电源电压为均值等于零的平稳高斯信号 $X(t)$,求电阻上输出电压 $Y(t)$ 在任意 t 时刻大于等于零的概率。

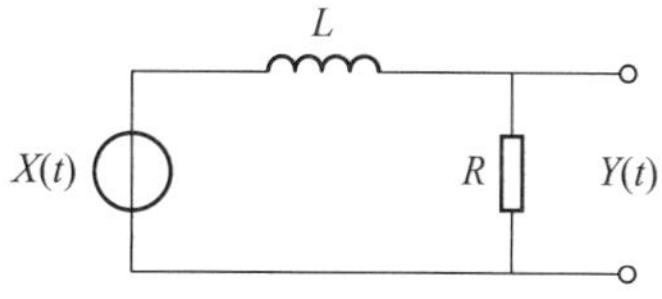

图 4.5.1 *RL* 电路

解:根据电路图,可得电路的频率响应函数为

$$H(\Omega)=\frac{2}{\mathrm{j}\Omega+2}$$

则输出信号 $Y(t)$ 的均值为

$$m_Y=m_X\cdot H(0)=0$$

由于平稳高斯信号经过线性时不变系统后,输出仍然是平稳的高斯信号,且高斯信号的宽平稳与严平稳等价,所以,输出信号 $Y(t)$ 的一维概率密度函数为

$$f_Y(y,t)=\frac{1}{\sqrt{2\pi}\sigma_Y}\mathrm{e}^{-\frac{y^2}{2\sigma_Y^2}}$$

所以有

$$P[Y(t)\geqslant 0]=\int_{0}^{\infty}f_Y(y,t)\mathrm{d}y=\frac{1}{2}\int_{-\infty}^{\infty}f_Y(y,t)\mathrm{d}y=\frac{1}{2}$$

2. 宽带随机信号通过窄带线性时不变系统

若随机信号 $X(t)$ 为非高斯的随机信号，那么式(4.5.1)的线性求和式依然成立，无非是现在的情况是 $X(\tau_k)$ 不再是高斯随机变量。对于若干个随机变量的求和，联想中心极限定理：大量统计独立的随机变量之和的分布趋近于高斯分布。因而，只要式(4.5.1)中的随机变量满足：(1) 随机变量之间相互独立；(2) 随机变量数目足够多，则系统输出随机过程 $Y(t)$ 仍然可以是高斯信号。下面我们来具体分析这两个条件。

(1) 随机变量之间相互独立

对于平稳随机信号 $X(t)$，第二章中我们根据 $R_X(\tau)$ 已经定义了 $X(t)$ 的相关时间 τ_0，当 $\tau>\tau_0$ 时，认为 $X(t)$ 和 $X(t+\tau)$ 之间不再相关。因此，当 $\Delta\tau>\tau_0$ 时，可以认为各个 $X(\tau_k)$ 之间不相关。当然，独立性要求比不相关性要求要高，因此，为了满足各个 $X(\tau_k)$ 之间独立，则要求采样间隔 $\Delta\tau \gg \tau_0$。

(2) 随机变量数目足够多

线性时不变系统往往具有惰性，比如包含电容、电感等储能元件的线性电路都含有惰性，反映在单位冲激响应 $h(t)$ 上，就是 $h(t)$ 有一个持续时间 T_y，如图 4.5.2 所示。再结合 $h(t)$ 的因果性要求，也就是说 $h(t)$ 只在 $(0,T_y)$ 区间才不等于 0。因此，线性时不变系统的输出此时成为

$$Y(t)=\int_{t-T_y}^{t} h(t-\tau)X(\tau)\,\mathrm{d}\tau$$

因而，上式所对应的求和式也变为

$$Y(t)=\underset{\Delta\tau\to 0}{\mathrm{l.i.m}}\sum_{k=1}^{N} h(t-\tau_k)X(\tau_k)\Delta\tau \qquad (4.5.2)$$

式中，$N=T_y/\Delta\tau$。

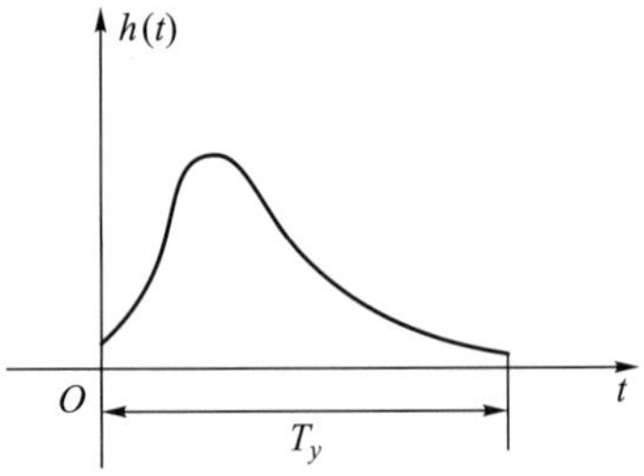

图 4.5.2 线性时不变系统的冲激响应具有持续时间 T_y 的示意图

因而，当 $T_y \gg \Delta\tau$ 时，随机变量 $X(\tau_k)$ 的数目会足够多。也就是说，这要求线性时不变系统的惰性要足够大。事实上，线性时不变系统有惰性很小的情况，比如纯电阻组成的电路，其单位冲激响应 $h(t)=\delta(t)$，其输出就等于输入，所以当输入非高斯分布的随机过程时，输出当然不会是高斯分布的随机过程。

综合以上分析，当 $T_y \gg \Delta\tau \gg \tau_0$ 时，输出随机信号 $Y(t)$ 在任意时刻等价为大量独立随机变量之和，因而，线性时不变系统的输出会趋于高斯分布。注意到式(4.5.1)和式(4.5.2)只是卷积积分的近似式，$\Delta\tau$ 只是该近似式里面用到，所以只要满足 $T_y \gg \tau_0$，就可以认为满足中心极限定理中的条件。下面我们再把 T_y 和 τ_0 和信号与系统的频带宽度建立起联系。对于信号的相关时间 τ_0，上一节中我们已经得到其与噪声等效带宽成反比，即 $\tau_0\propto 1/\Delta\Omega_{\mathrm{eq}}$；对于持续时间 T_y，我们在信号与系统课程中知道，信号 $x(t)$ 或系统 $h(t)$ 在时域有效宽度与它们在频域的有效宽度成反比，因此，$T_y\propto 1/\Delta\Omega_{\mathrm{h}}$。所以，条件 $T_y \gg \tau_0$ 等价于 $\Delta\Omega_{\mathrm{eq}} \gg \Delta\Omega_{\mathrm{h}}$，也即输入随机信号的噪声等效带宽远大于系统有效带宽时，输入随机信号的概率分布趋于高斯分布。

上述分析作为定性的说明，虽然不严密，但是在实际应用中却很有效。当然，具体 $\Delta\Omega_{\mathrm{eq}}/\Delta\Omega_{\mathrm{h}}$ 多大时输出 $Y(t)$ 的概率分布才趋于高斯分布，则取决于输入随机信号 $X(t)$ 的概率分布。

▲ 第五章 窄带随机信号

任何实际电子系统的带宽都是有限的，所以随机过程通过实际电子系统后，输出随机过程的带宽也都是有限的。对于带宽有限的随机过程，有一类特别重要，那就是窄带随机过程：它的中心频率，也称为载波频率 Ω_0，远远大于其频谱宽度 $\Delta\Omega$，即 $\Omega_0 \gg \Delta\Omega$，也就是说带宽相对于载波频率是“窄”的。窄带随机过程在无线电电子系统中，比如雷达、通信、导航系统中经常遇到，因为只有将基带信号调制到很高的载波频率上，才可以通过天线以电磁波的形式发射到自由空间中进行传播。因此，研究窄带随机过程和窄带系统具有重要的意义。由于在窄带随机过程的分析中，需要用到实随机信号的复表示，因此，我们首先建立实随机信号的复表示。

5.1 实随机信号的复表示

在给出实随机信号的复表示之前，我们先给出实确定信号的复表示，以期望从中获得一些启示。

5.1.1 实确定信号的复解析表示

对于一个给定的实信号 $f(t)$，根据傅里叶变换的知识可知，其频谱 $F(\Omega)$ 是关于频率共轭对称的 $F(\Omega)=F^*(-\Omega)$，也就是说，正频谱部分一旦确定则相应的负频谱部分也随之确定。现在想要找到一个和实信号 $f(t)$ 有密切关系的复信号 $\tilde{f}(t)$。此复信号应该从所对应实信号 $f(t)$ 的两个特点出发，满足

(1)
$$\mathrm{Re}[\tilde{f}(t)]=f(t) \tag{5.1.1}$$

(2)
$$\tilde{F}(\Omega)=\begin{cases}2F(\Omega) & \Omega\geqslant 0\\ 0 & \Omega<0\end{cases} \tag{5.1.2}$$

式中，$\tilde{F}(\Omega)$ 为复信号 $\tilde{f}(t)$ 的傅里叶变换。我们把满足上述两个条件的复信号 $\tilde{f}(t)$ 称为原实信号 $f(t)$ 的复解析信号或者复解析形式。

条件(1)和(2)分别从时域和频域两个方面，对所要寻找的复信号 $\tilde{f}(t)$ 进行了约束。对于(1)的要求，复信号的实部为原有实信号是显然的；对于(2)的要求，正是利用了实信号频谱的对称性，使得复信号只保留实信号正频率部分的单边频谱，而不会损失原有实信号的信息。

如果只满足条件(1)的要求，显然，形如

$$\tilde{f}(t)=f(t)+\mathrm{j}\cdot g(t) \tag{5.1.3}$$

对于任何实函数 $g(t)$ 都可以满足，所以需要利用条件(2)对 $g(t)$ 的任意性进行约束。下面我们来推导满足条件(2)的 $g(t)$ 的具体表达形式。

对 $\tilde{f}(t)=f(t)+\mathrm{j}\cdot g(t)$ 做傅里叶变换，得到

$$\tilde{F}(\Omega)=F(\Omega)+\mathrm{j}\cdot G(\Omega) \tag{5.1.4}$$

显然，当

$$\mathrm{j}\cdot G(\Omega)=F(\Omega)\operatorname{sgn}(\Omega) \tag{5.1.5}$$

时，式(5.1.4)等价于式(5.1.2)。根据符号(sign)函数的傅里叶变换为

$$\operatorname{sgn}(t)\overset{F}{\longleftrightarrow}\frac{2}{\mathrm{j}\Omega} \tag{5.1.6}$$

以及傅里叶变换的对称特性，有

$$\frac{1}{\pi t}\overset{F}{\longleftrightarrow}-\mathrm{j}\operatorname{sgn}(\Omega) \tag{5.1.7}$$

因而，对式(5.1.5)两边做傅里叶反变换得到

$$g(t)=f(t)*\frac{1}{\pi t} \tag{5.1.8}$$

上式即给出了复信号 $\tilde{f}(t)$ 的虚部 $g(t)$ 当满足条件(2)时，其在时域的表达式。称式(5.1.8)中 $f(t)$ 与 $1/\pi t$ 的卷积为信号 $f(t)$ 的希尔伯特变换(Hilbert transform)，并记为

$$\mathcal{H}[f(t)]=f(t)*\frac{1}{\pi t}=\hat{f}(t) \tag{5.1.9}$$

从上面的推导可以看出，解析信号 $\tilde{f}(t)$ 的虚部 $g(t)$ 并不是随便选择的，而应该是其实部或者原始实信号 $f(t)$ 的希尔伯特变换 $\hat{f}(t)$。

5.1.2 希尔伯特变换

鉴于希尔伯特变换在窄带随机信号分析中的重要性，本小节对希尔伯特变换进行专门的阐述。

根据式(5.1.9)，希尔伯特变换的积分形式如下：

$$\mathcal{H}[f(t)]=\hat{f}(t)=f(t)*\frac{1}{\pi t}=\frac{1}{\pi}\int_{-\infty}^{\infty}\frac{f(u)}{t-u}\mathrm{d}u \tag{5.1.10}$$

根据式(5.1.5)，信号 $f(t)$ 的希尔伯特变换 $\hat{f}(t)$ 的频谱为

$$\hat{F}(\Omega)=F(\Omega)(-\mathrm{j}\cdot\operatorname{sgn}\Omega) \tag{5.1.11}$$

如果将信号 $f(t)$ 的希尔伯特变换 $\hat{f}(t)$ 看作是将 $f(t)$ 通过一个冲激响应 $h(t)=1/\pi t$ 的滤波器的输出，如图 5.1.1 所示。该滤波器也称为希尔伯特滤波器，其系统传递函数为

$$H(\Omega)=-\mathrm{j}\cdot\operatorname{sgn}\Omega \tag{5.1.12}$$

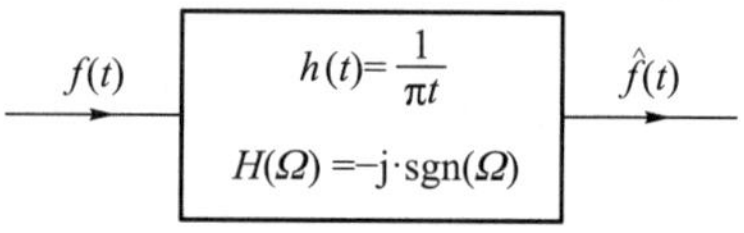

图 5.1.1　希尔伯特变换等效为线性时不变系统示意图

可见，希尔伯特滤波器的幅频响应和相频响应分别为

$$|H(\Omega)|=1 \tag{5.1.13}$$

$$\varphi_{\mathrm{H}}(\Omega)=\begin{cases}-\pi/2 & \Omega\geqslant 0\\ +\pi/2 & \Omega<0\end{cases} \tag{5.1.14}$$

如图 5.1.2 所示。

由此可知，信号 $f(t)$ 的希尔伯特变换实现，可以让信号 $f(t)$ 通过一个全通的相移系统来完成。该相移系统对信号的所有正频率分量移相 $-90°$，对所有的负频率分量移相 $90°$，因而，从相

移的角度来看，希尔伯特变换相当于一个正交滤波器。

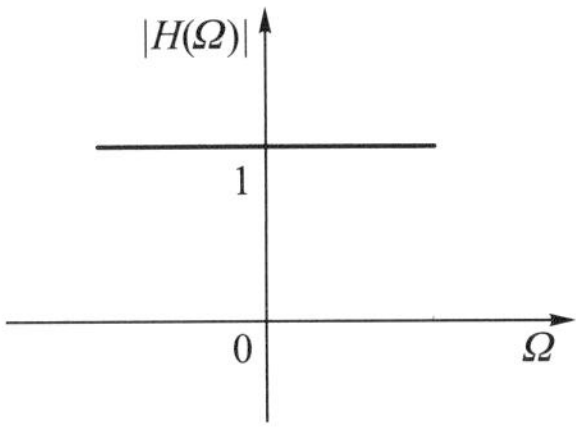

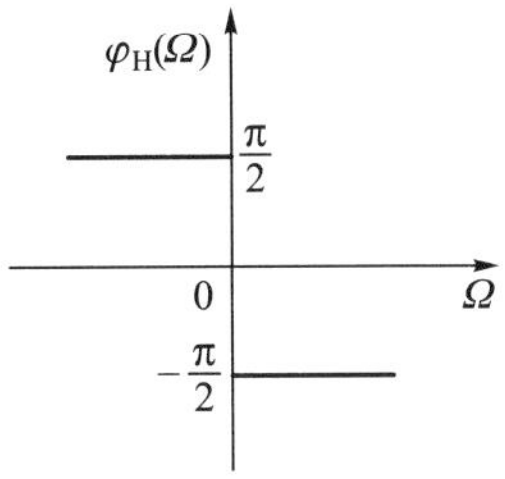

图 5.1.2 希尔伯特滤波器的幅频响应和相频响应特性示意图

对信号 $f(t)$ 做两次希尔伯特变换，有

$$\mathcal{H}[\mathcal{H}[f(t)]] \triangleq \mathcal{H}^2[f(t)] = \mathcal{H}[\hat{f}(t)] = f(t) * \frac{1}{\pi t} * \frac{1}{\pi t} \tag{5.1.15}$$

上式的结果在时域看并不明显，然而在频域看却很明显。上式在频域看，相当于 $f(t)$ 连续两次经过传输函数为 $H(\Omega) = -\mathrm{j}\,\mathrm{sgn}\,\Omega$ 的滤波器，因此，上式的结果对应在频域为

$$F(\Omega)\cdot(-\mathrm{j}\cdot\mathrm{sgn}\,\Omega)\cdot(-\mathrm{j}\cdot\mathrm{sgn}\,\Omega) = -F(\Omega) \tag{5.1.16}$$

因而，式(5.1.15)可以进一步写为

$$\mathcal{H}[\mathcal{H}[f(t)]] = \mathcal{H}^2[f(t)] = -f(t) \tag{5.1.17}$$

从上式也可以直接看出希尔伯特反变换为

$$\mathcal{H}^{-1}[f(t)] = -\mathcal{H}[f(t)] = f(t) * \left(-\frac{1}{\pi t}\right) \tag{5.1.18}$$

可见，希尔伯特正、反变换两者仅差一个负号，所以它们也统称为希尔伯特变换。

5.1.3 高频窄带实确定信号的复指数表示

从 5.1.1 小节我们已经得到了，对于任意一个给定的实信号 $f(t)$，通过对其做希尔伯特变换得到 $\hat{f}(t) = \mathcal{H}[f(t)]$，并将 $f(t)$ 作为实部、$\hat{f}(t)$ 作为虚部，得到原信号 $f(t)$ 的复解析信号形式 $\tilde{f}(t) = f(t) + \mathrm{j}\cdot\hat{f}(t)$，并且该解析信号满足式(5.1.1)和式(5.1.2)的条件。

现在考虑具有高频窄带特性的实确定信号 $f(t)$。如前所述，这种实确定信号的频带宽度 $\Delta\Omega$ 远远小于载波频率 Ω_0，如图 5.1.3 所示。实际的无线电系统中所遇到的高频信号大多数可以采用这种高频窄带实信号模型去近似，将这种高频窄带实信号简称为窄带实信号。

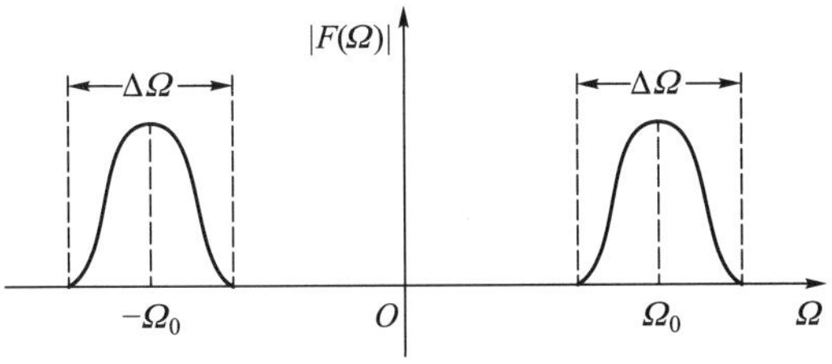

图 5.1.3 高频窄带实确定信号幅度谱示意图

对于窄带实信号$f(t)$而言，此时，它已不是任意的实信号了，而是具有以下的形式：

$$f(t)=a(t)\cos[\Omega_0 t+\varphi(t)] \tag{5.1.19}$$

式中，$a(t)$和$\varphi(t)$分别是表示信号$f(t)$的幅度调制成分和相位调制成分。相对于载波频率Ω_0，它们属于低频信号。也就是说，相对于函数$\cos\Omega_0 t$而言，函数$a(t)$和$\varphi(t)$随时间的变化要缓慢得多。鉴于$f(t)$表达式中的$a(t)$和$\varphi(t)$是窄带实信号的调制部分，它们是含有信息的部分，并且它们相对于载波频率来说是低频信号，因而考虑将作为调制部分的它们从载波中分离开。通过应用三角恒等式，式(5.1.19)可以写作

$$f(t)=f_{\mathrm{I}}(t)\cos\Omega_0 t-f_{\mathrm{Q}}(t)\sin\Omega_0 t \tag{5.1.20}$$

式中，$f_{\mathrm{I}}(t)=a(t)\cos[\varphi(t)]$表示同相(In-phase)分量，$f_{\mathrm{Q}}(t)=a(t)\sin[\varphi(t)]$表示正交(quadrature)分量。

不同于任意确定的实信号，具有高频窄带特性的实确定信号$f(t)$由于具有了式(5.1.19)的余弦形式，因而可以根据欧拉公式，直接写出$f(t)$的一种复表示形式，即

$$\tilde{f}_{\mathrm{e}}(t)=a(t)\mathrm{e}^{\mathrm{j}\Omega_0 t+\mathrm{j}\varphi(t)}=a(t)\mathrm{e}^{\mathrm{j}\varphi(t)}\cdot\mathrm{e}^{\mathrm{j}\Omega_0 t}=\tilde{a}(t)\mathrm{e}^{\mathrm{j}\Omega_0 t} \tag{5.1.21}$$

式中

$$\tilde{a}(t)=a(t)\mathrm{e}^{\mathrm{j}\varphi(t)}=a(t)\cos[\varphi(t)]+\mathrm{j}\cdot a(t)\sin[\varphi(t)]=f_{\mathrm{I}}(t)+\mathrm{j}\cdot f_{\mathrm{Q}}(t) \tag{5.1.22}$$

称为信号$f(t)$的复包络；可见，其是复低频信号。

对于具有式(5.1.19)形式的高频窄带实确定信号$f(t)$，根据其表达式直接写出的这种复表示$\tilde{f}_{\mathrm{e}}(t)$，由于是根据复指数的欧拉公式得到的，所以称为高频窄带实确定信号的复指数信号表示。显然，它也满足式(5.1.1)。如果，它同时也满足式(5.1.2)的话，那就是说，对于具有高频窄带性质的这种特殊的实确定信号$f(t)$而言，根据它的余弦表示形式直接写出的复指数信号表示$\tilde{f}_{\mathrm{e}}(t)$，和把它看作一般的实确定信号，然后利用希尔伯特变换所得到的复解析信号表示$\tilde{f}(t)$是一样的。然而，$\tilde{f}_{\mathrm{e}}(t)\neq\tilde{f}(t)$。事实上，可以证明，对于一般的高频窄带信号而言，$\tilde{f}_{\mathrm{e}}(t)\approx\tilde{f}(t)$，也即高频窄带信号的复指数表示和复解析表示近似相等。只有当$f(t)$为某些特殊的高频窄带信号，才会有$\tilde{f}_{\mathrm{e}}(t)=\tilde{f}(t)$。比如，当$f(t)=a\cos(\Omega_0 t+\varphi)$时，其中，幅度$a$和相位$\varphi$为常数，有

$$\tilde{f}_{\mathrm{e}}(t)=\tilde{f}(t)=a\cos(\Omega_0 t+\varphi)+\mathrm{j}\cdot a\sin(\Omega_0 t+\varphi)=a\mathrm{e}^{\mathrm{j}\varphi}\cdot\mathrm{e}^{\mathrm{j}\Omega_0 t} \tag{5.1.23}$$

式(5.1.23)也说明

$$\mathcal{H}[a\cos(\Omega_0 t+\varphi)]=a\sin(\Omega_0 t+\varphi) \tag{5.1.24}$$

上式可以从频域很容易地得到。

高频窄带实确定信号$f(t)$，具体需要满足什么条件才能保证$\tilde{f}_{\mathrm{e}}(t)=\tilde{f}(t)$？下面我们对此问题进行分析。鉴于$\tilde{f}_{\mathrm{e}}(t)$已满足式(5.1.1)，所以我们只需考察$\tilde{f}_{\mathrm{e}}(t)$的频谱$\tilde{F}_{\mathrm{e}}(\Omega)$，以方便与式(5.1.2)进行对比。

记复包络$\tilde{a}(t)$的频谱为$\tilde{A}(\Omega)$，则根据式(5.1.21)，利用傅里叶变换的性质有

$$\tilde{F}_{\mathrm{e}}(\Omega)=\tilde{A}(\Omega-\Omega_0) \tag{5.1.25}$$

此外，还是根据式(5.1.21)，有

$$f(t)=a(t)\cos[\Omega_0 t+\varphi(t)]=\frac{1}{2}[a(t)e^{j\Omega_0 t+j\varphi(t)}+a(t)e^{-j\Omega_0 t-j\varphi(t)}]=\frac{1}{2}[\tilde{f}_e(t)+\tilde{f}_e^*(t)]$$

对上式两边做傅里叶变换,可以得到

$$F(\Omega)=\frac{1}{2}[\tilde{F}_e(\Omega)+\tilde{F}_e^*(-\Omega)]=\frac{1}{2}[\tilde{A}(\Omega-\Omega_0)+\tilde{A}^*(-\Omega-\Omega_0)] \tag{5.1.26}$$

将上式代入式(5.1.2),得到

$$\tilde{F}(\Omega)=\begin{cases}2F(\Omega) & \Omega\geqslant 0\\ 0 & \Omega<0\end{cases}=\begin{cases}\tilde{A}(\Omega-\Omega_0)+\tilde{A}^*(-\Omega-\Omega_0) & \Omega\geqslant 0\\ 0 & \Omega<0\end{cases} \tag{5.1.27}$$

对比式(5.1.25)和式(5.1.27)可以看出:对于高频窄带实确定信号$f(t)$来说,其复指数形式的频谱 $\tilde{F}_e(\Omega)$,等于复包络 $\tilde{a}(t)$的频谱 $\tilde{A}(\Omega)$沿着频率轴向右搬移 Ω_0 所形成的频谱 $\tilde{A}(\Omega-\Omega_0)$;而其复解析形式的频谱 $\tilde{F}(\Omega)$,等于先对复包络 $\tilde{a}(t)$的频谱 $\tilde{A}(\Omega)$沿着频率轴向右搬移 Ω_0 形成频谱$\tilde{A}(\Omega-\Omega_0)$,然后将频谱 $\tilde{A}(\Omega-\Omega_0)$进行相对于幅度轴的翻转得到频谱 $\tilde{A}^*(-\Omega-\Omega_0)$,然后将频谱 $\tilde{A}(\Omega-\Omega_0)$和 $\tilde{A}^*(-\Omega-\Omega_0)$相加后只取正频率的部分。因而,如果频谱 $\tilde{A}^*(-\Omega-\Omega_0)$在$\Omega\geqslant 0$ 的部分为 0,这相当于频谱 $\tilde{A}(\Omega-\Omega_0)$在 $\Omega<0$ 的部分为 0,而这又相当于频谱 $\tilde{A}(\Omega)$在$\Omega<-\Omega_0$ 的部分为 0,则就有 $\tilde{F}_e(\Omega)=\tilde{F}(\Omega)$。可见,$\tilde{F}_e(\Omega)$与 $\tilde{F}(\Omega)$的误差仅来源于复包络信号的频谱 $\tilde{A}(\Omega)$在 $\Omega<-\Omega_0$ 的部分。为了更加清楚地表示上述结果,图 5.1.4 和图 5.1.5 分别给出了$\tilde{A}(\Omega)$满足条件和不满足条件下,各个频谱之间的关系。

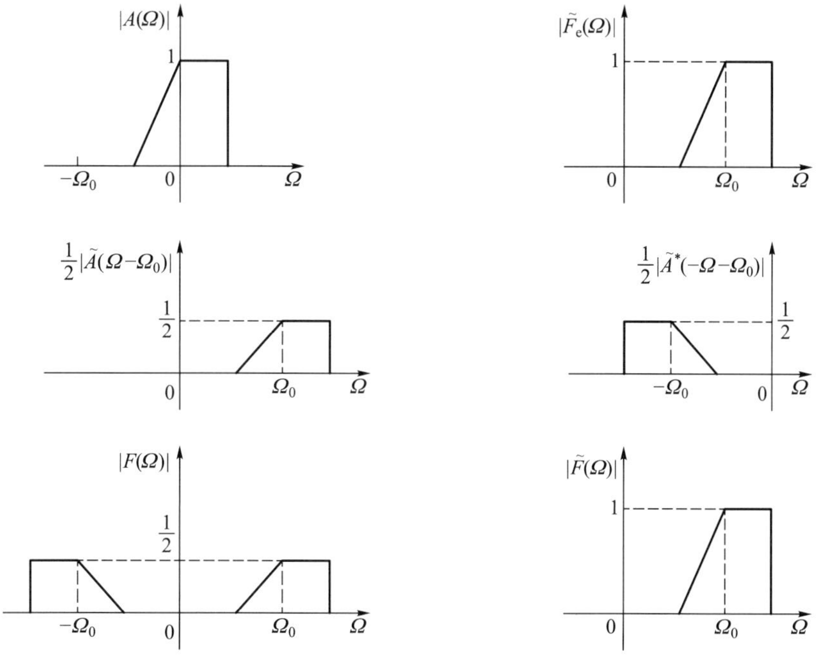

图 5.1.4 高频窄带实确定信号的复包络频谱 $\tilde{A}(\Omega)$满足条件下,复指数信号和复解析信号的频谱示意图

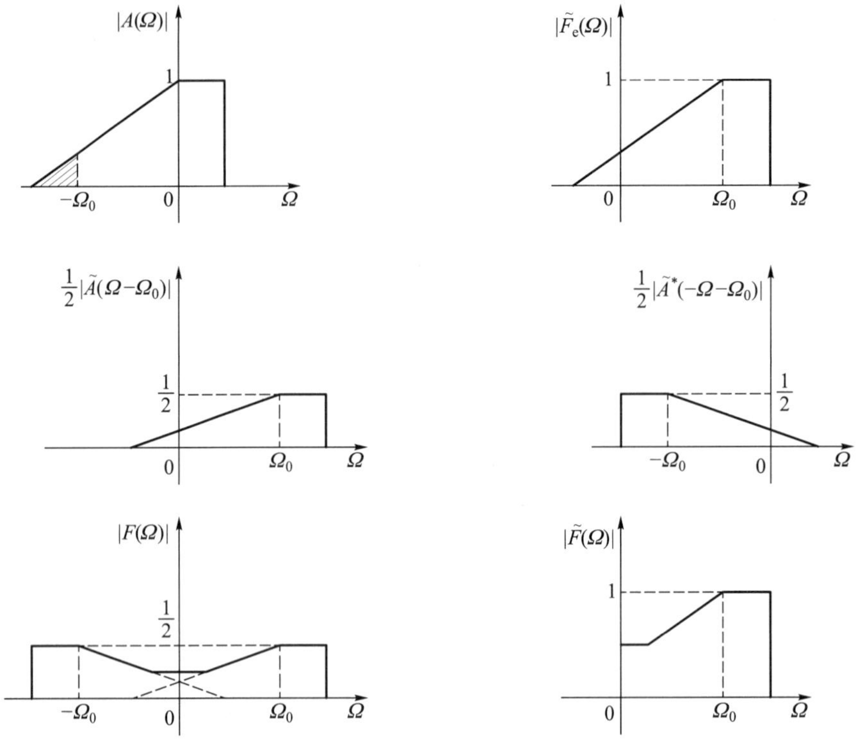

图 5.1.5 高频窄带实确定信号的复包络频谱 $\tilde{A}(\Omega)$ 不满足条件下，复指数信号和复解析信号的频谱示意图

需要指出的是，在上述对 $\tilde{F}_e(\Omega)$ 与 $\tilde{F}(\Omega)$ 的频谱分析中，仅考虑了频谱的幅度，没有考虑对频谱 $\tilde{A}(-\Omega-\Omega_0)$ 的取共轭运算，这是因为式(5.1.26)中对频谱 $\tilde{A}(-\Omega-\Omega_0)$ 取共轭只是为了使得 $F(\Omega)$ 满足对称性，即 $F(\Omega)=F^*(-\Omega)$，以使得 $F(\Omega)$ 为实信号的频谱。当频谱的幅度满足对称性时，频谱的相位会自动满足相应的对称性。

当然，实际工程应用中很少会出现这种在一定的频率范围内频谱绝对为 0 的信号。然而，实际工程应用中的窄带信号由于满足带宽远小于载频 Ω_0，因而其在载频 Ω_0 附近的频谱 $\tilde{A}(\Omega-\Omega_0)$ 在 $\Omega<0$ 的部分近似为 0，也就是说频谱 $\tilde{A}(\Omega)$ 在 $\Omega<-\Omega_0$ 的部分近似为 0，如图 5.1.6 所示。因此对于高频窄带信号 $f(t)$ 而言，可以用其复指数形式 $\tilde{f}_e(t)$ 来近似其复解析形式 $\tilde{f}(t)$。

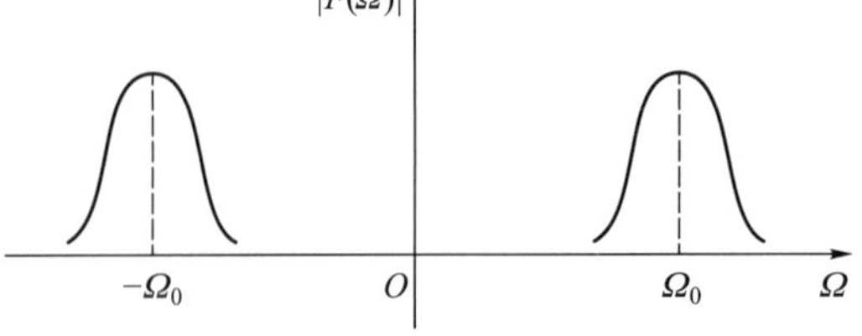

图 5.1.6 实际工程应用中窄带信号的频谱示意图

综上所述，对于高频窄带实确定信号 $f(t)$ 而言，由于其复指数信号 $\tilde{f}_e(t)$ 可以直接根据实形

式 $f(t)$ 写出，而不需要实施希尔伯特变换，从而避免了复杂的积分运算，因而实际工程应用中常常选用复指数表示形式 $\tilde{f}_e(t)$ 来近似复解析形式 $\tilde{f}(t)$。

5.1.4 实随机信号的复解析表示

有了上面对于实确定信号复表示的知识，现在可以给出实随机信号的复表示了。类似于实确定信号，对于任意的实随机信号，可以给出其复解析形式表示，然后，再对高频窄带实随机信号这种特殊的实随机信号，给出其复指数形式表示。本小节仅给出任意实随机信号的复解析表示，下一节再给出高频窄带实随机信号的复指数表示，并对其做详细分析。

类比实确定信号的复解析形式定义，对于实随机信号 $X(t)$，其复解析形式定义为

$$\tilde{X}(t)=X(t)+\mathrm{j}\cdot\hat{X}(t) \tag{5.1.28}$$

式中，$\hat{X}(t)$ 是 $X(t)$ 的希尔伯特变换，即

$$\hat{X}(t)=\mathcal{H}[X(t)]=\frac{1}{\pi}\int_{-\infty}^{\infty}\frac{X(u)}{t-u}\mathrm{d}u \tag{5.1.29}$$

从上式可见，$\hat{X}(t)$ 也是实随机信号。由于 $X(t)$ 的希尔伯特变换 $\hat{X}(t)$ 可以看作：原信号 $X(t)$ 通过在时域上冲激响应 $h(t)=1/\pi t$、频域上传输函数 $H(\Omega)=-\mathrm{j}\operatorname{sgn}\Omega$ 的滤波器，如图 5.1.7 所示。因而，可以利用第四章随机信号通过线性系统的知识，很容易地得到实随机信号 $X(t)$ 的复解析形式 $\tilde{X}(t)$ 的一些性质。下面列举若干重要的性质，并直接给出证明。

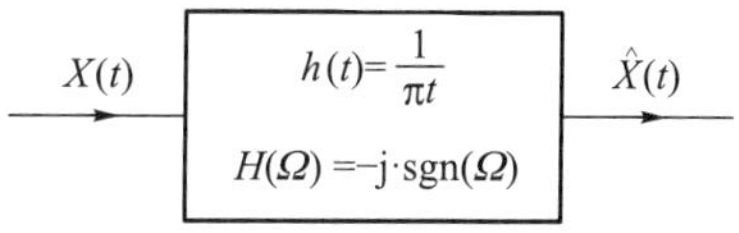

图 5.1.7 希尔伯特变换等效为线性时不变系统框图

(1) 平稳性：若实随机信号 $X(t)$ 是平稳的，则 $\hat{X}(t)$ 也是平稳的，且 $X(t)$ 和 $\hat{X}(t)$ 是联合平稳的。

证明：利用 $X(t)$ 的希尔伯特变换 $\hat{X}(t)$ 可以看作 $X(t)$ 通过一个线性时不变系统的输出，因此可以直接得到该结论。

证毕。

(2) $\hat{X}(t)$ 的自相关函数、$\hat{X}(t)$ 与 $X(t)$ 的互相关函数的一些性质

$$R_{X\hat{X}}(\tau)=-R_{\hat{X}X}(\tau) \tag{5.1.30}$$

$$R_{X\hat{X}}(\tau)=-R_{X\hat{X}}(-\tau) \tag{5.1.31}$$

$$R_{X\hat{X}}(\tau)=\widehat{R_X}(\tau) \tag{5.1.32}$$

$$R_{\hat{X}}(\tau)=R_X(\tau) \tag{5.1.33}$$

证明：由于 $\hat{X}(t)$ 可以看作 $X(t)$ 通过一个希尔伯特滤波器的输出，因此，可以将与 $X(t)$、$\hat{X}(t)$ 有关的相关函数，以它们经过线性时不变系统的形式表示出来，如图 5.1.8 所示。

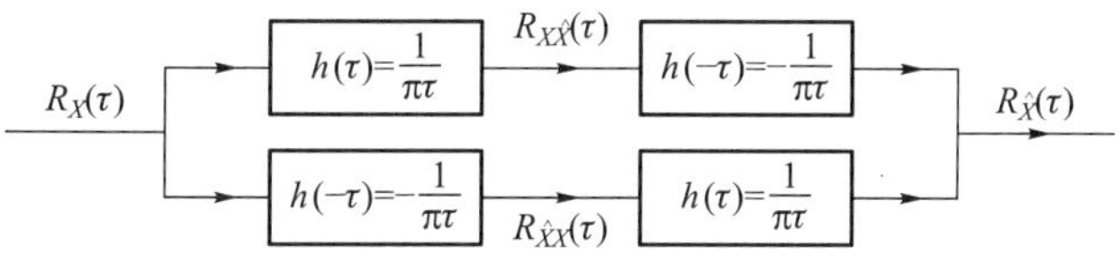

图 5.1.8 平稳随机信号 $X(t)$ 通过希尔伯特滤波器的输入输出相关函数之间关系示意图

根据图 5.1.8,对于上一支路前一部分

$$R_{X\hat{X}}(\tau)=R_X(\tau)*\frac{1}{\pi\tau}=\mathcal{H}[R_X(\tau)]=\widehat{R_X}(\tau)$$

对于上一支路的后一部分

$$R_{\hat{X}}(\tau)=R_{X\hat{X}}(\tau)*\left(-\frac{1}{\pi\tau}\right)=(-1)\cdot R_{X\hat{X}}(\tau)*\left(\frac{1}{\pi\tau}\right)=(-1)\cdot\mathcal{H}^2[R_X(\tau)]=R_X(\tau)$$

对于图 5.1.8 下一支路的前一部分,对比上一支路的前一部分,有

$$R_{\hat{X}X}(\tau)=R_X(\tau)*\left(-\frac{1}{\pi\tau}\right)=(-1)\cdot R_X(\tau)*\left(\frac{1}{\pi\tau}\right)=-R_{X\hat{X}}(\tau)$$

此外,对于图 5.1.8 上一支路前一部分得到的 $R_{X\hat{X}}(\tau)$,应用自相关函数 $R_X(\tau)$ 是偶函数的性质,有

$$R_{X\hat{X}}(-\tau)=R_X(-\tau)*\frac{1}{\pi(-\tau)}=R_X(\tau)*\left(-\frac{1}{\pi\tau}\right)=(-1)\cdot R_X(\tau)*\left(\frac{1}{\pi\tau}\right)=-R_{X\hat{X}}(\tau)$$

证毕。

可以看出,$X(t)$ 与 $\hat{X}(t)$ 的互相关函数 $R_{X\hat{X}}(\tau)$,和 $\hat{X}(t)$ 与 $X(t)$ 的互相关函数 $R_{\hat{X}X}(\tau)$,互为相反数;并且它们本身均为奇函数,因此有 $R_{X\hat{X}}(0)=0=R_{\hat{X}X}(0)$;$X(t)$ 的希尔伯特变换 $\hat{X}(t)$ 的自相关函数 $R_{\hat{X}}(\tau)$ 和 $X(t)$ 的自相关函数 $R_X(\tau)$ 相等。

(3) 复解析信号 $\tilde{X}(t)$ 的自相关函数为

$$R_{\tilde{X}}(\tau)=2[R_X(\tau)+\mathrm{j}\cdot R_{X\hat{X}}(\tau)] \tag{5.1.34}$$

证明:直接根据复随机过程相关函数的定义,有

$$\begin{aligned}R_{\tilde{X}}(\tau)&=E[\tilde{X}^*(t)\tilde{X}(t+\tau)]=E[(X(t)-\mathrm{j}\cdot\hat{X}(t))(X(t+\tau)+\mathrm{j}\cdot\hat{X}(t+\tau))]\\&=[R_X(\tau)+R_{\hat{X}}(\tau)+\mathrm{j}\cdot R_{X\hat{X}}(\tau)-\mathrm{j}\cdot R_{\hat{X}X}(\tau)]\\&=2[R_X(\tau)+\mathrm{j}\cdot R_{X\hat{X}}(\tau)]\end{aligned}$$

证毕。

从该推导过程可以看出,$\tilde{X}(t)$ 包含实部 $X(t)$ 和虚部 $\hat{X}(t)$ 这 2 项,因此,其相关函数根据定义,交叉相乘会出来 4 项,根据 $\hat{X}(t)$ 与 $X(t)$ 相关函数的一些性质,可以得到 $\tilde{X}(t)$ 的自相关函数 $R_{\tilde{X}}(\tau)$ 仅由 $R_X(\tau)$ 和 $R_{X\hat{X}}(\tau)$ 两个相关函数分别作为 $R_{\tilde{X}}(\tau)$ 的实部和虚部组成。事实上,从上面的公式可以看出,和 $X(t)$ 以及其希尔伯特变换 $\hat{X}(t)$ 有关的 4 个相关函数 $R_X(\tau)$、$R_{\hat{X}}(\tau)$、$R_{X\hat{X}}(\tau)$ 和 $R_{\hat{X}X}(\tau)$ 中,$R_{\hat{X}}(\tau)$ 和 $R_{\hat{X}X}(\tau)$ 可分别由 $R_X(\tau)$ 和其希尔伯特变换 $\widehat{R_X}(\tau)=R_{X\hat{X}}(\tau)$ 直接得到。

(4) $\hat{X}(t)$ 的功率谱、$\hat{X}(t)$ 与 $X(t)$ 的互功率谱、$\tilde{X}(t)$ 的功率谱的一些性质

$$S_{\hat{X}}(\Omega)=S_X(\Omega) \tag{5.1.35}$$

$$S_{X\hat{X}}(\Omega)=-S_{\hat{X}X}(\Omega)=S_X(\Omega)[-\mathrm{j}\cdot\mathrm{sgn}(\Omega)] \tag{5.1.36}$$

$$S_{\tilde{X}}(\Omega)=2[1+\mathrm{sgn}(\Omega)]S_X(\Omega) \tag{5.1.37}$$

证明:对式(5.1.33)两边做傅里叶变换得到式(5.1.35)。对式(5.1.30)两边做傅里叶变换,得到式(5.1.36)中的第一个等号;对式(5.1.32)两边做傅里叶变换,并利用希尔伯特变换的频域表达式为 $-\mathrm{j}\cdot\mathrm{sgn}(\Omega)$,得到式(5.1.36)中的第二个等号。对式(5.1.34)两边做傅里叶变

换,并利用刚刚得到的式(5.1.36),可得到式(5.1.37)。此外,式(5.1.36)和式(5.1.37)可以利用符号函数的定义,进一步写成

$$S_{X\hat{X}}(\Omega)=S_X(\Omega)[-\mathrm{j}\cdot\mathrm{sgn}(\Omega)]=\begin{cases}-\mathrm{j}\cdot S_X(\Omega) & \Omega\geqslant 0\\ +\mathrm{j}\cdot S_X(\Omega) & \Omega<0\end{cases} \tag{5.1.38}$$

$$S_{\tilde{X}}(\Omega)=2[1+\mathrm{sgn}(\Omega)]S_X(\Omega)=\begin{cases}4S_X(\Omega) & \Omega\geqslant 0\\ 0 & \Omega<0\end{cases} \tag{5.1.39}$$

证毕。

从上面的公式可以看出,和 $X(t)$ 以及其希尔伯特变换 $\hat{X}(t)$ 有关的 4 个功率谱 $S_X(\Omega)$、$S_{\hat{X}}(\Omega)$、$S_{X\hat{X}}(\Omega)$ 和 $S_{\hat{X}X}(\Omega)$ 中,只需知道 $S_X(\Omega)$ 一个,其他 3 个功率谱均可由其直接得到。此外,我们还可以从式(5.1.39)看出,对于随机信号而言,其解析形式和确定信号的解析形式一样,都只含有正频谱部分,即功率谱或频谱只在正频率轴非零;只是对于随机信号而言,由于使用的是功率谱,是频谱的平方形式,自然前面的系数也是 2 的平方。

5.2 窄带实随机信号的表示方法

从上一节对于窄带实确定信号的讨论中可以看出,对于窄带实确定信号,其表示形式为

$$f(t)=a(t)\cos[\Omega_0 t+\varphi(t)]=f_{\mathrm{I}}(t)\cos\Omega_0 t-f_{\mathrm{Q}}(t)\sin\Omega_0 t \tag{5.2.1}$$

式中,$a(t)$ 和 $\varphi(t)$ 分别表示窄带实确定信号 $f(t)$ 的幅度调制成分和相位调制成分;$f_{\mathrm{I}}(t)=a(t)\cos[\varphi(t)]$ 和 $f_{\mathrm{Q}}(t)=a(t)\sin[\varphi(t)]$,分别表示同相分量和正交分量。

根据式(5.2.1),我们可以很方便地得到窄带实确定信号 $f(t)$ 的复指数形式,即

$$\tilde{f}_{\mathrm{e}}(t)=a(t)\mathrm{e}^{\mathrm{j}\varphi(t)}\cdot\mathrm{e}^{\mathrm{j}\Omega_0 t}=\tilde{a}(t)\mathrm{e}^{\mathrm{j}\Omega_0 t} \tag{5.2.2}$$

而 $f(t)$ 的复指数形式 $\tilde{f}_{\mathrm{e}}(t)$ 与 $f(t)$ 的复解析形式 $\tilde{f}(t)$ 近似相等:$\tilde{f}_{\mathrm{e}}(t)\approx\tilde{f}(t)$。

在雷达、通信、导航等许多无线电系统中,通常采用一个宽带平稳随机过程去激励一个窄带滤波器,此时滤波器的输出即为窄带随机信号。对于窄带随机信号 $X(t)$,我们自然要问,能否 $X(t)$ 也可以像确定的情形那样,可以有类似式(5.2.1)的形式。这样的话,我们就可以根据该形式,直接写出其复指数形式 $\tilde{X}_{\mathrm{e}}(t)$,而不需采用对于一般的实随机信号求希尔伯特变换以得到其复解析形式 $\tilde{X}(t)$。

5.2.1 窄带实随机信号的莱斯(Rice)表达式

对于窄带实随机信号而言,已知载波频率是 Ω_0,并且希望表示成类似式(5.2.1)的形式,因而我们采用如下的推导方式。

$$\begin{aligned}X(t)&=X(t)\cdot 1+Y(t)\cdot 0\\&=X(t)(\cos^2\Omega_0 t+\sin^2\Omega_0 t)+Y(t)(\cos\Omega_0 t\sin\Omega_0 t-\cos\Omega_0 t\sin\Omega_0 t)\\&=\cos\Omega_0 t[X(t)\cos\Omega_0 t+Y(t)\sin\Omega_0 t]-\sin\Omega_0 t[-X(t)\sin\Omega_0 t+Y(t)\cos\Omega_0 t]\end{aligned} \tag{5.2.3}$$

将上式中 $Y(t)$ 用 $X(t)$ 的希尔伯特变换 $\hat{X}(t)$ 带入,有

$$X(t)=\cos\Omega_0 t[X(t)\cos\Omega_0 t+\hat{X}(t)\sin\Omega_0 t]-\sin\Omega_0 t[-X(t)\sin\Omega_0 t+\hat{X}(t)\cos\Omega_0 t] \tag{5.2.4}$$

令

$$X(t)\cos\Omega_0 t+\hat{X}(t)\sin\Omega_0 t\triangleq X_{\mathrm{I}}(t) \tag{5.2.5}$$

$$-X(t)\sin\Omega_0 t+\hat{X}(t)\cos\Omega_0 t\triangleq X_{\mathrm{Q}}(t) \tag{5.2.6}$$

则 $X(t)$ 可以表示为

$$X(t)=X_{\mathrm{I}}(t)\cos\Omega_0 t-X_{\mathrm{Q}}(t)\sin\Omega_0 t \tag{5.2.7}$$

上式称为窄带随机过程 $X(t)$ 的莱斯表达式，其中 $X_{\mathrm{I}}(t)$ 和 $X_{\mathrm{Q}}(t)$ 分别称为窄带随机过程 $X(t)$ 的同相分量和正交分量；它们类似于窄带实确定信号 $f(t)$ 的同相分量 $f_{\mathrm{I}}(t)$ 和正交分量 $f_{\mathrm{Q}}(t)$。

将式(5.2.5)和式(5.2.6)写成矩阵形式，有

$$\begin{bmatrix} X_{\mathrm{I}}(t) \\ X_{\mathrm{Q}}(t) \end{bmatrix}=\begin{bmatrix} \cos\Omega_0 t & \sin\Omega_0 t \\ -\sin\Omega_0 t & \cos\Omega_0 t \end{bmatrix}\begin{bmatrix} X(t) \\ \hat{X}(t) \end{bmatrix} \tag{5.2.8}$$

可以看出，同相分量 $X_{\mathrm{I}}(t)$、正交分量 $X_{\mathrm{Q}}(t)$ 通过旋转矩阵与窄带随机过程本身 $X(t)$、窄带随机过程的希尔伯特变换 $\hat{X}(t)$ 联系在一起。这里所说的旋转矩阵是指如下矩阵：

$$\begin{bmatrix} \cos\theta & \sin\theta \\ -\sin\theta & \cos\theta \end{bmatrix},\quad \theta=\Omega_0 t$$

同相分量 $X_{\mathrm{I}}(t)$ 和正交分量 $X_{\mathrm{Q}}(t)$ 有一些重要的性质，下面一一列出。不失一般性，我们假设 $X(t)$ 的均值为零。

(1) 同相分量 $X_{\mathrm{I}}(t)$ 和正交分量 $X_{\mathrm{Q}}(t)$ 都是实平稳随机过程，且它们还是联合平稳的；它们的均值和相关函数分别为

$$E[X_{\mathrm{I}}(t)]=E[X_{\mathrm{Q}}(t)]=0 \tag{5.2.9}$$

$$R_{X_{\mathrm{I}}}(\tau)=R_{X_{\mathrm{Q}}}(\tau)=R_X(\tau)\cos\Omega_0\tau+R_{X\hat{X}}(\tau)\sin\Omega_0\tau \tag{5.2.10}$$

$$R_{X_{\mathrm{I}}X_{\mathrm{Q}}}(t,t+\tau)=-R_X(\tau)\sin\Omega_0\tau+R_{X\hat{X}}(\tau)\cos\Omega_0\tau \tag{5.2.11}$$

证明：首先，由于 $X(t)$ 以及其希尔伯特变换 $\hat{X}(t)$ 均为实随机过程，根据式(5.2.8)，$X_{\mathrm{I}}(t)$ 和 $X_{\mathrm{Q}}(t)$ 为 $X(t)$ 和 $\hat{X}(t)$ 的线性组合，自然也是实随机过程。根据 $E[X(t)]=0$，可以得到 $E[\hat{X}(t)]=0$。再次利用 $X_{\mathrm{I}}(t)$ 和 $X_{\mathrm{Q}}(t)$ 为 $X(t)$ 和 $\hat{X}(t)$ 的线性组合，得到式(5.2.9)。

对于 $X_{\mathrm{I}}(t)$ 的自相关函数，根据定义

$$\begin{aligned} R_{X_{\mathrm{I}}}(t,t+\tau) &= E[X_{\mathrm{I}}(t)X_{\mathrm{I}}(t+\tau)] \\ &= E[(X(t)\cos\Omega_0 t+\hat{X}(t)\sin\Omega_0 t)(X(t+\tau)\cos\Omega_0(t+\tau)+\hat{X}(t+\tau)\sin\Omega_0(t+\tau))] \\ &= R_X(\tau)\cos\Omega_0 t\cos\Omega_0(t+\tau)+R_{X\hat{X}}(\tau)\cos\Omega_0 t\sin\Omega_0(t+\tau)+ \\ &\quad R_{\hat{X}X}(\tau)\sin\Omega_0 t\cos\Omega_0(t+\tau)+R_{\hat{X}}(\tau)\sin\Omega_0 t\sin\Omega_0(t+\tau) \end{aligned}$$

对上式利用上一节中 $X(t)$ 和 $\hat{X}(t)$ 的性质：$R_X(\tau)=R_{\hat{X}}(\tau)$，$R_{X\hat{X}}(\tau)=-R_{\hat{X}X}(\tau)$，可以得到

$$R_{X_{\mathrm{I}}}(t,t+\tau)=R_X(\tau)\cos\Omega_0\tau+R_{X\hat{X}}(\tau)\sin\Omega_0\tau=R_{X_{\mathrm{I}}}(\tau)$$

同理可得 $R_{X_{\mathrm{Q}}}(t,t+\tau)$ 的表达式和上式相同，所以，$X_{\mathrm{I}}(t)$ 和 $X_{\mathrm{Q}}(t)$ 均为平稳随机过程。

对于 $X_{\mathrm{I}}(t)$ 和 $X_{\mathrm{Q}}(t)$ 的互相关函数，根据定义

$$
\begin{aligned}
R_{X_IX_Q}(t,t+\tau) &= E[X_I(t)X_Q(t+\tau)]\\
&= E[(X(t)\cos\Omega_0 t+\hat{X}(t)\sin\Omega_0 t)(-X(t+\tau)\sin\Omega_0(t+\tau)+\hat{X}(t+\tau)\cos\Omega_0(t+\tau))]\\
&= -R_X(\tau)\cos\Omega_0 t\sin\Omega_0(t+\tau)+R_{X\hat{X}}(\tau)\cos\Omega_0 t\cos\Omega_0(t+\tau)-\\
&\quad R_{\hat{X}X}(\tau)\sin\Omega_0 t\sin\Omega_0(t+\tau)+R_{\hat{X}}(\tau)\sin\Omega_0 t\cos\Omega_0(t+\tau)
\end{aligned}
$$

再次利用 $R_X(\tau)=R_{\hat{X}}(\tau)$，$R_{X\hat{X}}(\tau)=-R_{\hat{X}X}(\tau)$，可以得到

$$R_{X_IX_Q}(t,t+\tau)=-R_X(\tau)\sin\Omega_0\tau+R_{X\hat{X}}(\tau)\cos\Omega_0\tau=R_{X_IX_Q}(\tau)$$

因而，可以得到 $X_I(t)$ 和 $X_Q(t)$ 为联合平稳的随机过程。

证毕。

类似于式(5.2.8)，也可以将式(5.2.10)和式(5.2.11)合并在一起写成矩阵形式，即

$$\begin{bmatrix} R_{X_I}(\tau)\\ R_{X_IX_Q}(\tau)\end{bmatrix}=\begin{bmatrix}\cos\Omega_0\tau & \sin\Omega_0\tau\\ -\sin\Omega_0\tau & \cos\Omega_0\tau\end{bmatrix}\begin{bmatrix} R_X(\tau)\\ R_{X\hat{X}}(\tau)\end{bmatrix} \tag{5.2.12}$$

对于旋转矩阵，其逆矩阵容易得到，即

$$\begin{bmatrix}\cos\theta & \sin\theta\\ -\sin\theta & \cos\theta\end{bmatrix}^{-1}=\begin{bmatrix}\cos(-\theta) & \sin(-\theta)\\ -\sin(-\theta) & \cos(-\theta)\end{bmatrix}=\begin{bmatrix}\cos\theta & -\sin\theta\\ \sin\theta & \cos\theta\end{bmatrix}$$

所以，根据式(5.2.12)，可以得到

$$\begin{bmatrix} R_X(\tau)\\ R_{X\hat{X}}(\tau)\end{bmatrix}=\begin{bmatrix}\cos\Omega_0\tau & -\sin\Omega_0\tau\\ \sin\Omega_0\tau & \cos\Omega_0\tau\end{bmatrix}\begin{bmatrix} R_{X_I}(\tau)\\ R_{X_IX_Q}(\tau)\end{bmatrix} \tag{5.2.13}$$

令式(5.2.10)中 $\tau=0$，得到

$$R_{X_I}(0)=R_{X_Q}(0)=R_X(0)$$

再结合式(5.2.9)，得到

$$E[X_I^2(t)]=E[X_Q^2(t)]=E[X^2(t)] \tag{5.2.14}$$

(2) 同相分量 $X_I(t)$ 和正交分量 $X_Q(t)$ 的互相关函数具有如下性质

$$R_{X_IX_Q}(\tau)=-R_{X_QX_I}(\tau) \tag{5.2.15}$$

$$R_{X_IX_Q}(\tau)=-R_{X_IX_Q}(-\tau) \tag{5.2.16}$$

证明：和上一个证明完全类似，按照定义可以得到 $R_{X_QX_I}(t,t+\tau)=E[X_Q(t)X_I(t+\tau)]$ 的表达式，然后利用 $R_X(\tau)=R_{\hat{X}}(\tau)$，$R_{X\hat{X}}(\tau)=-R_{\hat{X}X}(\tau)$，即得。

证毕。

从性质(2)可以看出，$X_I(t)$ 和 $X_Q(t)$ 的互相关函数均为奇函数，因而有

$$R_{X_IX_Q}(0)=R_{X_QX_I}(0)=0 \tag{5.2.17}$$

从性质(1)和性质(2)还可以看出，与 $X_I(t)$ 和 $X_Q(t)$ 有关的相关函数 $R_{X_I}(\tau)$、$R_{X_Q}(\tau)$、$R_{X_IX_Q}(\tau)$、$R_{X_QX_I}(\tau)$，它们所具有的一些性质，和与 $X(t)$ 和 $\hat{X}(t)$ 有关的相关函数 $R_X(\tau)$、$R_{\hat{X}}(\tau)$、$R_{X\hat{X}}(\tau)$、$R_{\hat{X}X}(\tau)$ 所具有的一些性质非常类似。

(3) 同相分量 $X_I(t)$ 和正交分量 $X_Q(t)$ 的功率谱和互功率谱具有如下性质

$$S_{X_I}(\Omega)=S_{X_Q}(\Omega)=\mathrm{LowPass}[S_X(\Omega-\Omega_0)+S_X(\Omega+\Omega_0)] \tag{5.2.18}$$

$$S_{X_IX_Q}(\Omega)=-\mathrm{j}\cdot\mathrm{LowPass}[S_X(\Omega+\Omega_0)-S_X(\Omega-\Omega_0)] \tag{5.2.19}$$

证明:将式(5.2.10)写成

$$R_{X_I}(\tau)=R_{X_Q}(\tau)=R_X(\tau)\frac{e^{j\Omega_0\tau}+e^{-j\Omega_0\tau}}{2}+R_{X\hat{X}}(\tau)\frac{e^{j\Omega_0\tau}-e^{-j\Omega_0\tau}}{2j}$$

对上式两边做傅里叶变换,并利用 $S_{X\hat{X}}(\Omega)=-j\cdot\mathrm{sgn}(\Omega)S_X(\Omega)$,有

$$\begin{aligned}S_{X_I}(\Omega)=S_{X_Q}(\Omega)&=\frac{1}{2}[S_X(\Omega-\Omega_0)+S_X(\Omega+\Omega_0)]+\\&\quad\frac{1}{2j}[-j\cdot\mathrm{sgn}(\Omega-\Omega_0)S_X(\Omega-\Omega_0)+j\cdot\mathrm{sgn}(\Omega+\Omega_0)S_X(\Omega+\Omega_0)]\\&=\frac{1}{2}[S_X(\Omega-\Omega_0)+S_X(\Omega+\Omega_0)]+\\&\quad\frac{1}{2}[-\mathrm{sgn}(\Omega-\Omega_0)S_X(\Omega-\Omega_0)+\mathrm{sgn}(\Omega+\Omega_0)S_X(\Omega+\Omega_0)]\\&=\frac{1}{2}[1-\mathrm{sgn}(\Omega-\Omega_0)]S_X(\Omega-\Omega_0)+\frac{1}{2}[1+\mathrm{sgn}(\Omega+\Omega_0)]S_X(\Omega+\Omega_0)\\&=\mathrm{LowPass}[S_X(\Omega-\Omega_0)+S_X(\Omega+\Omega_0)]\end{aligned}$$

采用类似的方法,可以得到

$$\begin{aligned}j\cdot S_{X_IX_Q}(\Omega)&=-\frac{1}{2}[1-\mathrm{sgn}(\Omega-\Omega_0)]S_X(\Omega-\Omega_0)+\frac{1}{2}[1+\mathrm{sgn}(\Omega+\Omega_0)]S_X(\Omega+\Omega_0)\\&=\mathrm{LowPass}[S_X(\Omega+\Omega_0)-S_X(\Omega-\Omega_0)]\end{aligned}$$

证毕。

为了更加清楚地表达上述结果,上述证明过程中出现的各个功率谱示于图 5.2.1 和图 5.2.2。从性质(3)可以看出,当 $S_X(\Omega)$ 关于中心频率 $\pm\Omega_0$ 对称的话,如图 5.2.3 所示,则

$$S_{X_IX_Q}(\Omega)=0$$

所以

$$R_{X_IX_Q}(\tau)=0 \tag{5.2.20}$$

这说明,此种情况下,同相分量 $X_I(t)$ 和正交分量 $X_Q(t)$ 是正交的。

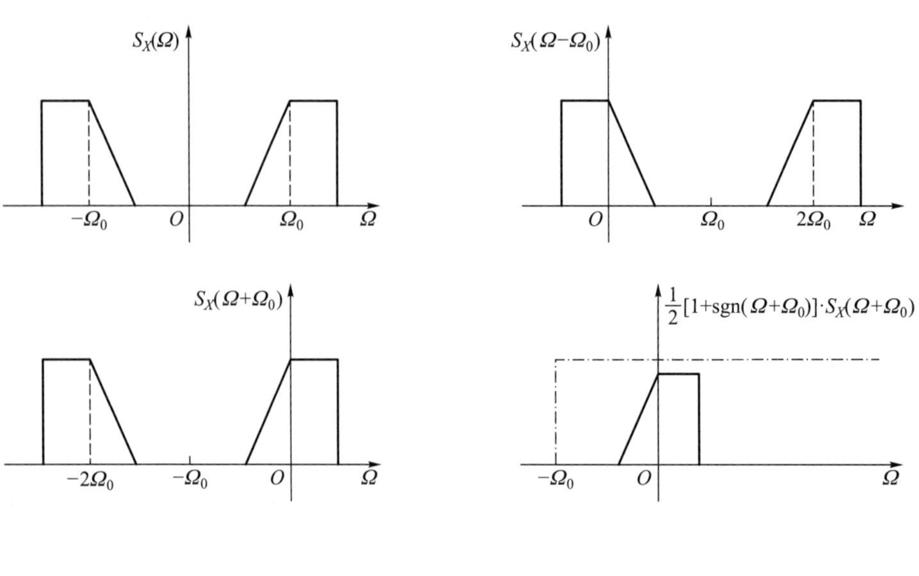

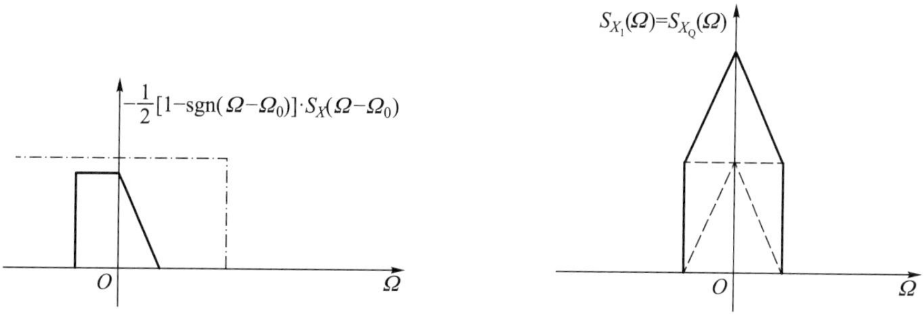

图 5.2.1 同相分量 $X_I(t)$ 和正交分量 $X_Q(t)$ 的自功率谱求解过程示意图

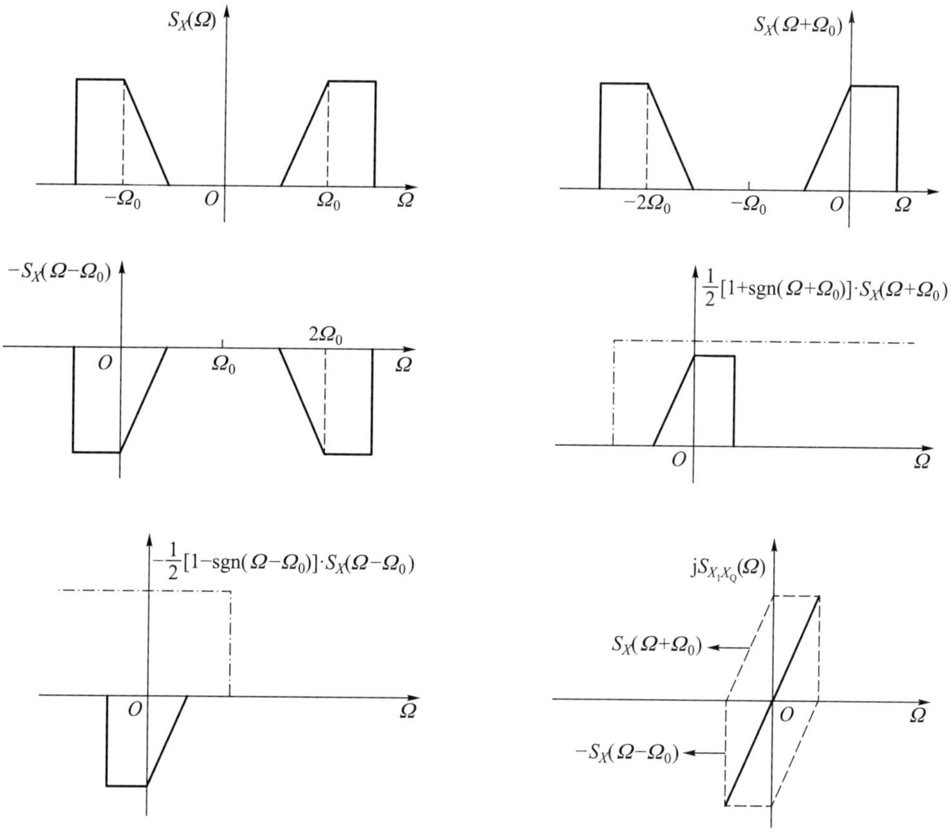

图 5.2.2 同相分量 $X_I(t)$ 和正交分量 $X_Q(t)$ 的互功率谱求解过程示意图

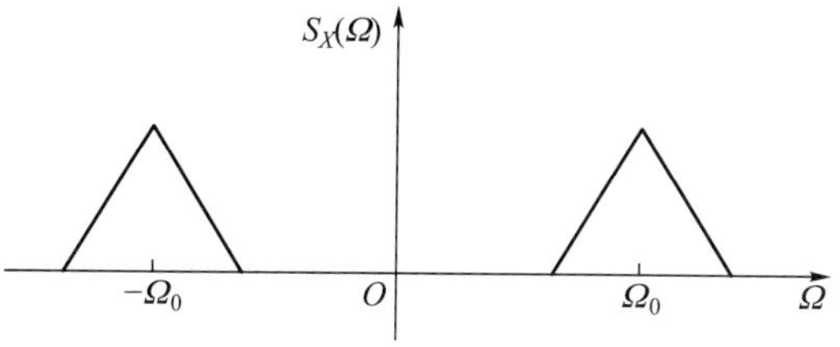

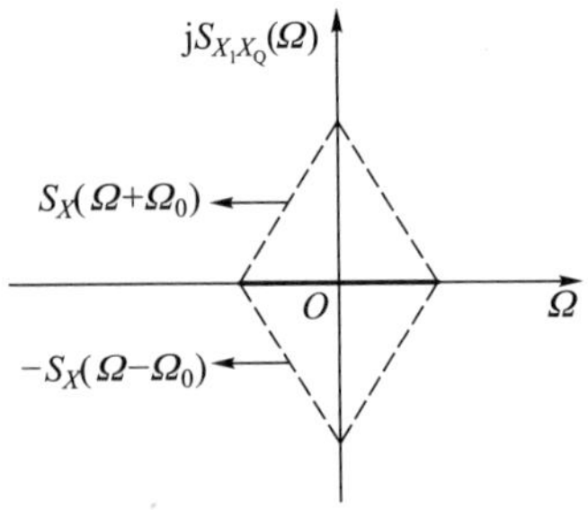

图 5.2.3 当 $S_X(\Omega)$ 关于中心频率 $\pm\Omega_0$ 对称时 $X_I(t)$ 和 $X_Q(t)$ 的互功率谱示意图

5.2.2 窄带实随机信号的准正弦振荡表达式

根据窄带实随机信号 $X(t)$ 的莱斯表达式,我们可以得到类似于窄带实确定信号的准正弦振荡表达式。具体地,利用莱斯表达式,结合三角函数的知识,有

$$\begin{aligned} X(t) &= X_I(t)\cos\Omega_0 t - X_Q(t)\sin\Omega_0 t \\ &= A(t)\cos[\Omega_0 t+\varphi(t)] \end{aligned} \tag{5.2.21}$$

式中

$$A(t)=\sqrt{X_I^2(t)+X_Q^2(t)} \tag{5.2.22}$$

$$\varphi(t)=\arctan[X_Q(t)/X_I(t)] \tag{5.2.23}$$

分别称为窄带实随机信号 $X(t)$ 的包络和相位。

现在对于窄带实随机信号 $X(t)$ 而言,其也具有了准正弦振荡表达式,因而,可以根据该表达式(5.2.21)直接写出其复指数形式 $\tilde{X}_e(t)$,即

$$\tilde{X}_e(t)=A(t)e^{j\varphi(t)}\cdot e^{j\Omega_0 t}=\tilde{A}(t)e^{j\Omega_0 t} \tag{5.2.24}$$

式中,$\tilde{A}(t)=A(t)e^{j\varphi(t)}$ 称为 $X(t)$ 的复包络。

这里需要对窄带实随机信号 $X(t)$ 的莱斯表达式和准正弦振荡式做以下几点说明:① 回顾整个莱斯表达式的推导过程,我们只是采用了等式变换,没有使用关于 $X(t)$ 的窄带信息。这也就是说,对于任何随机信号 $X(t)$,我们都可以得到其"莱斯表达式",然而,只有当 $X(t)$ 是窄带随机信号时,同相分量 $X_I(t)$ 和正交分量 $X_Q(t)$ 才会是低频信号,进而 $A(t)$ 和 $\varphi(t)$ 也才会是低频信号,也就是说它们随时间的变化相对于载波 $\cos\Omega_0 t$ 而言变化要缓慢得多,此时称 $A(t)$ 和 $\varphi(t)$ 为包络和相位才是合理的。关于这点的严格证明,本书不给出。② 对于窄带实随机信号 $X(t)$ 而言,其复指数形式 $\tilde{X}_e(t)$ 和其复解析形式 $\tilde{X}(t)$ 是一样的,即有 $\tilde{X}_e(t)=\tilde{X}(t)$。这个结论可以通过数学推导严格证明。具体地

$$\tilde{X}_e(t)=A(t)e^{j\varphi(t)}\cdot e^{j\Omega_0 t}=[X_I(t)+jX_Q(t)]\cdot(\cos\Omega_0 t+j\sin\Omega_0 t)$$

然后将式(5.2.8)带入上式,即可得到结论。关于这一点,窄带随机信号和窄带确定信号是不同的。不同的原因在于:对于窄带确定信号 $f(t)=a(t)\cos[\Omega_0 t+\varphi(t)]$ 而言,其包络和相位与 $f(t)$、$\hat{f}(t)$ 并没有关系;然而对于窄带随机信号 $X(t)$ 而言,$X_I(t)$ 和 $X_Q(t)$、$A(t)$ 和 $\varphi(t)$ 都是和 $X(t)$、$\hat{X}(t)$ 有关的。我们在推导莱斯表达式时,一开始就是使用 $X(t)$ 和其希尔伯特变换 $\hat{X}(t)$ 进行推

导的。也就是说,我们采用了为了构造 $\tilde{X}(t)$ 所用的 $X(t)$ 和 $\hat{X}(t)$,通过数学上的推导,在形式上构造出了莱斯表达式(5.2.7),进而得到了 $X(t)$ 的准正弦振荡式(5.2.21),并由此进一步得到了 $X(t)$ 的复指数形式 $\tilde{X}_e(t)$。由于推导式(5.2.24)的过程中,式(5.2.7)、式(5.2.21)中 $X_I(t)$、$X_Q(t)$、$A(t)$、$\varphi(t)$ 均用 $X(t)$ 和 $\hat{X}(t)$ 表示,所以才会有 $\tilde{X}_e(t)=\hat{X}(t)$。对于窄带确定信号 $f(t)$ 而言,当然也可以采用上述步骤,得到其所谓的"莱斯表达式""准正弦振荡式",但其"准正弦振荡式"绝不会与其原窄带形式(5.1.19)相同。原形式(5.1.19)中的 $a(t)$、$\varphi(t)$ 并不是由 $f(t)$ 和 $\hat{f}(t)$ 通过数学表达式构造出来的。③ 根据式(5.2.8),低频的同相分量 $X_I(t)$ 和正交分量 $X_Q(t)$ 可以通过高频的 $X(t)$ 和 $\hat{X}(t)$ 乘以载波 $\cos\Omega_0 t$ 得到,同确定信号一样,低频信号乘以载波完成上变频,高频信号乘以载波完成下变频。对于一般的实随机信号 $X(t)$ 而言,当考虑其复形式 $\tilde{X}(t)$ 时,我们关注的是其实部 $X(t)$ 和虚部 $\hat{X}(t)$,它们都是高频信号;对于窄带实随机信号 $X(t)$ 而言,当考虑其复形式 $\tilde{X}(t)$ 时,我们关注的是其同相分量 $X_I(t)$ 和正交分量 $X_Q(t)$,或其包络 $A(t)$ 和相位 $\varphi(t)$,它们都是低频信号,可以将 $A(t)$ 和 $\varphi(t)$ 看作是对直角坐标系中表示的 $X_I(t)$ 和 $X_Q(t)$ 转换到极坐标系中进行表示。

5.3 窄带高斯随机过程包络和相位的概率分布

5.3.1 窄带高斯随机过程包络和相位的一维分布

在实际的应用中,窄带随机过程往往是采用一个宽带随机过程,比如白噪声,激励一个高频窄带线性系统得到。在上一章中,我们已经说明,当输入信号的带宽远远大于滤波器的带宽时,滤波器输出的随机过程可以认为是服从高斯分布的。因而,输出的随机过程不仅在功率谱上是高频窄带的,在概率分布上还是高斯分布的,因此在理论上对窄带高斯随机过程进行研究具有实际意义。

根据上一节的分析,窄带高斯随机过程作为窄带随机过程的特例,自然也可以表示成准正弦振荡式,其中的包络和相位是载有信息的。为了将信息提取出来,将窄带高斯随机过程输入到包络检波器和鉴相器中,便可以得到包络信号和相位信号,如图 5.3.1 所示。为了有效地处理信号,需要知道包络信号和相位信号的概率分布,本书仅限于推导它们的一维概率分布。

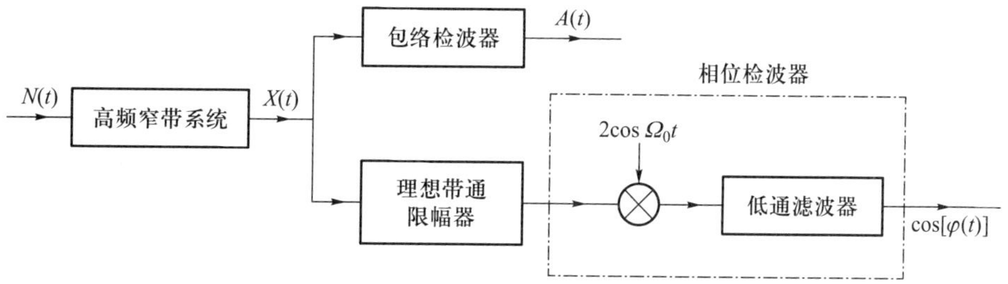

图 5.3.1 窄带高斯随机过程的包络检波和相位检波示意图

设 $X(t)$ 是一个均值为零、方差为 σ^2 的平稳窄带高斯随机过程,其准正弦振荡式为

$$X(t)=A(t)\cos[\Omega_0 t+\varphi(t)]=X_{\mathrm{I}}(t)\cos\Omega_0 t-X_{\mathrm{Q}}(t)\sin\Omega_0 t$$

根据假设,$X(t)$ 在任意时刻 t 的一维概率分布是高斯的,我们希望得到 $A(t)$ 和 $\varphi(t)$ 的一维概率分布。

由于包络和相位可以表示为

$$A(t)=\sqrt{X_{\mathrm{I}}^2(t)+X_{\mathrm{Q}}^2(t)}$$

$$\varphi(t)=\arctan[X_{\mathrm{Q}}(t)/X_{\mathrm{I}}(t)]$$

所以,先看 $X_{\mathrm{I}}(t)$ 和 $X_{\mathrm{Q}}(t)$ 的一维分布。根据

$$\begin{bmatrix} X_{\mathrm{I}}(t) \\ X_{\mathrm{Q}}(t) \end{bmatrix}=\begin{bmatrix} \cos\Omega_0 t & \sin\Omega_0 t \\ -\sin\Omega_0 t & \cos\Omega_0 t \end{bmatrix}\begin{bmatrix} X(t) \\ \hat{X}(t) \end{bmatrix}$$

由于 $\hat{X}(t)$ 可以看作是 $X(t)$ 经过一个线性滤波器的输出,所以 $\hat{X}(t)$ 也是平稳高斯窄带随机过程,进而 $X(t)$ 和 $\hat{X}(t)$ 的线性组合,也就是 $X_{\mathrm{I}}(t)$ 和 $X_{\mathrm{Q}}(t)$,它们的一维分布也都是高斯的。需要指出的是,作为一个随机信号,它的平均功率是一个基本物理量,且一般不会为0;而对于平稳高斯随机信号而言,其作为二阶矩的平均功率 σ^2 在其概率密度函数中作为参数也体现出来。根据上一节 $X_{\mathrm{I}}(t)$ 和 $X_{\mathrm{Q}}(t)$ 的性质,有

$$E[X_{\mathrm{I}}(t)]=E[X_{\mathrm{Q}}(t)]=0$$

$$E[X_{\mathrm{I}}^2(t)]=E[X_{\mathrm{Q}}^2(t)]=E[X^2(t)]=\sigma^2$$

$$R_{X_{\mathrm{I}}X_{\mathrm{Q}}}(0)=0$$

可以看出,在同一时刻 t,$X_{\mathrm{I}}(t)$ 和 $X_{\mathrm{Q}}(t)$ 是不相关的,而对于高斯分布的 $X_{\mathrm{I}}(t)$ 和 $X_{\mathrm{Q}}(t)$ 而言,这就意味着它们是独立的,则 $X_{\mathrm{I}}(t)$ 和 $X_{\mathrm{Q}}(t)$ 在时刻 t 的二维联合概率密度函数为

$$f_{X_{\mathrm{I}}X_{\mathrm{Q}}}(x_{\mathrm{I}},x_{\mathrm{Q}};t)=f_{X_{\mathrm{I}}}(x_{\mathrm{I}};t)f_{X_{\mathrm{Q}}}(x_{\mathrm{Q}};t)=\frac{1}{2\pi\sigma^2}\mathrm{e}^{-\frac{x_{\mathrm{I}}^2+x_{\mathrm{Q}}^2}{2\sigma^2}} \tag{5.3.1}$$

下面我们来求 $A(t)$ 和 $\varphi(t)$ 在时刻 t 的二维联合概率密度函数 $f_{A\varphi}(A,\varphi;t)$,这可以根据 $A(t)$ 和 $\varphi(t)$ 与 $X_{\mathrm{I}}(t)$ 和 $X_{\mathrm{Q}}(t)$ 的函数关系式,再利用第一章中关于随机变量函数的概率分布的一般求法得到。为了标记的方便,记时刻 t 上述各个随机过程所形成的随机变量用下标 t 表示,比如 $A(t)$ 和 $\varphi(t)$ 用 A_t 和 φ_t 表示,$X_{\mathrm{I}}(t)$ 和 $X_{\mathrm{Q}}(t)$ 用 $X_{\mathrm{I}t}$ 和 $X_{\mathrm{Q}t}$ 表示。则有

$$A_t=g_1(X_{\mathrm{I}t},X_{\mathrm{Q}t})=\sqrt{X_{\mathrm{I}t}^2+X_{\mathrm{Q}t}^2} \tag{5.3.2}$$

$$\varphi_t=g_2(X_{\mathrm{I}t},X_{\mathrm{Q}t})=\arctan(X_{\mathrm{Q}t}/X_{\mathrm{I}t}) \tag{5.3.3}$$

其反变换为

$$X_{\mathrm{I}t}=h_1(A_t,\varphi_t)=A_t\cos\varphi_t \tag{5.3.4}$$

$$X_{\mathrm{Q}t}=h_2(A_t,\varphi_t)=A_t\sin\varphi_t \tag{5.3.5}$$

进而有

$$f_{A\varphi}(A,\varphi;t)=f_{A\varphi}(A_t,\varphi_t)=|J|f_{X_{\mathrm{I}}X_{\mathrm{Q}}}(X_{\mathrm{I}t},X_{\mathrm{Q}t})=|J|f_{X_{\mathrm{I}}X_{\mathrm{Q}}}(A_t\cos\varphi_t,A_t\sin\varphi_t) \tag{5.3.6}$$

式中

$$J=\begin{vmatrix} \dfrac{\partial h_1}{\partial A_t} & \dfrac{\partial h_1}{\partial \varphi_t} \\ \dfrac{\partial h_2}{\partial A_t} & \dfrac{\partial h_2}{\partial \varphi_t} \end{vmatrix}=\begin{vmatrix} \cos\varphi_t & -A_t\sin\varphi_t \\ \sin\varphi_t & A_t\cos\varphi_t \end{vmatrix}=A_t\geqslant 0 \tag{5.3.7}$$

所以有

$$f_{A\varphi}(A_t,\varphi_t)=\frac{A_t}{2\pi\sigma^2}\mathrm{e}^{-\frac{(A_t\cos\varphi_t)^2+(A_t\sin\varphi_t)^2}{2\sigma^2}}=\frac{A_t}{2\pi\sigma^2}\mathrm{e}^{-\frac{A_t^2}{2\sigma^2}},\quad A_t\geqslant 0 \tag{5.3.8}$$

则 $f_A(A;t)=f_A(A_t)$，$f_\varphi(\varphi;t)=f_\varphi(\varphi_t)$ 可由 $f_{A\varphi}(A_t,\varphi_t)$ 的边缘积分得到，具体地

$$f_A(A_t)=\int_0^{2\pi}f_{A\varphi}(A_t,\varphi_t)\,\mathrm{d}\varphi_t=\frac{A_t}{\sigma^2}\mathrm{e}^{-\frac{A_t^2}{2\sigma^2}},\quad A_t\geqslant 0 \tag{5.3.9}$$

$$f_\varphi(\varphi_t)=\int_0^{\infty}f_{A\varphi}(A_t,\varphi_t)\,\mathrm{d}A_t=\frac{1}{2\pi},\quad 0\leqslant\varphi_t\leqslant 2\pi \tag{5.3.10}$$

可以看出，包络 $A(t)$ 的一维概率分布服从瑞利分布，相位 $\varphi(t)$ 的一维概率分布服从区间 $[0,2\pi]$ 上的均匀分布。而且根据式(5.3.8)～式(5.3.10)，有

$$f_{A\varphi}(A_t,\varphi_t)=f_A(A_t)f_\varphi(\varphi_t) \tag{5.3.11}$$

可以看出，包络 $A(t)$ 和相位 $\varphi(t)$ 在同一时刻所形成的随机变量 A_t 和 φ_t 是相互独立的，当然，这和包络 $A(t)$ 和相位 $\varphi(t)$ 相互独立是两码事。

5.3.2　窄带高斯随机过程包络平方的概率分布

在许多应用中，也常常在高频窄带滤波器的输出端后，接入平方率检波器，以获得包络的信息，只是这里得到的是包络的平方，如图 5.3.2 所示。平方率检波器比线性包络检波器实现起来简单。下面我们来求窄带高斯随机过程包络平方的概率分布。

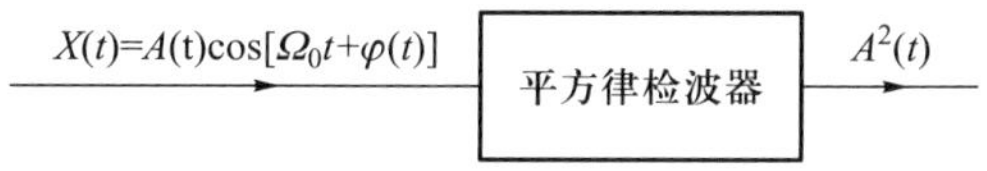

图 5.3.2　窄带高斯随机过程通过平方率检波器示意图

上一小节里，我们已经得到了窄带高斯随机过程的包络服从瑞利分布，其表达式为

$$f_A(A_t)=\int_0^{2\pi}f_{A\varphi}(A_t,\varphi_t)\,\mathrm{d}\varphi_t=\frac{A_t}{\sigma^2}\mathrm{e}^{-\frac{A_t^2}{2\sigma^2}},\quad A_t\geqslant 0$$

对于包络平方 $A^2(t)$ 的一维概率密度，可以利用第一章随机变量函数的概率密度求法，若令 $V(t)=A^2(t)$，$V(t)$ 时刻 t 所形成的随机变量用 V_t 表示，则有

$$V_t=g(A_t)=A_t^2$$

$$A_t=h(V_t)=\sqrt{V_t}$$

则有

$$h'(V_t)=\frac{1}{2\sqrt{V_t}}$$

则可以求得包络平方的一维概率密度为

$$f_V(V_t)=|h'(V_t)|f_A[A_t=h(V_t)]=\frac{1}{2\sigma^2}\mathrm{e}^{-\frac{V_t}{2\sigma^2}},\quad V_t\geqslant 0 \tag{5.3.12}$$

上式表明，$A^2(t)$ 的一维概率密度为指数分布。

5.3.3 窄带高斯随机过程与正弦型信号之和的包络和相位的概率分布

考虑窄带高斯随机过程与一个正弦型信号之和的情况，具体地，假设

$$Y(t)=X(t)+S(t) \tag{5.3.13}$$

式中，$X(t)$和前述的一样，还是均值为零，方差为σ^2的平稳窄带高斯随机过程，而$S(t)$为具有随机相位的正弦型信号，也就是说，

$$S(t)=a\cos(\Omega_0 t+\theta) \tag{5.3.14}$$

式中，a、Ω_0为已知常数，θ为服从区间$[0,2\pi]$上的均匀分布随机变量。当然，$X(t)$的中心频率也是Ω_0。

显然，$Y(t)$此时仍然为一个窄带随机过程。现在我们希望得到$Y(t)$的包络和相位的一维概率分布。首先，我们需要把$Y(t)$写成准正弦振荡形式，以得到其包络和相位的表达式。那么我们需要把$X(t)$和$S(t)$分别用它们的同相分量和正交分量表示出来，然后合成总的同相分量和正交分量。

将$X(t)$和$S(t)$分别写为

$$X(t)=X_{\mathrm{I}}(t)\cos\Omega_0 t-X_{\mathrm{Q}}(t)\sin\Omega_0 t \tag{5.3.15}$$

$$S(t)=a\cos\theta\cos\Omega_0 t-a\sin\theta\sin\Omega_0 t \tag{5.3.16}$$

则

$$Y(t)=[X_{\mathrm{I}}(t)+a\cos\theta]\cos\Omega_0 t-[X_{\mathrm{Q}}(t)+a\sin\theta]\sin\Omega_0 t \tag{5.3.17}$$

如果令

$$\begin{cases}\overleftrightarrow{X}_{\mathrm{I}}(t)=X_{\mathrm{I}}(t)+a\cos\theta\\ \overleftrightarrow{X}_{\mathrm{Q}}(t)=X_{\mathrm{Q}}(t)+a\sin\theta\end{cases} \tag{5.3.18}$$

则式(5.3.17)可以写作

$$Y(t)=\overleftrightarrow{X}_{\mathrm{I}}(t)\cos\Omega_0 t-\overleftrightarrow{X}_{\mathrm{Q}}(t)\sin\Omega_0 t \tag{5.3.19}$$

将$Y(t)$写成准正弦振荡式

$$Y(t)=\overleftrightarrow{A}(t)\cos[\Omega_0 t+\overleftrightarrow{\varphi}(t)] \tag{5.3.20}$$

式中

$$\overleftrightarrow{A}(t)=\sqrt{\overleftrightarrow{X}_{\mathrm{I}}^2(t)+\overleftrightarrow{X}_{\mathrm{Q}}^2(t)} \tag{5.3.21}$$

$$\overleftrightarrow{\varphi}(t)=\arctan[\overleftrightarrow{X}_{\mathrm{Q}}(t)/\overleftrightarrow{X}_{\mathrm{I}}(t)] \tag{5.3.22}$$

我们希望得到$Y(t)$的包络$\overleftrightarrow{A}(t)$和相位$\overleftrightarrow{\varphi}(t)$的一维概率密度函数。和前面仅有$X(t)$没有$S(t)$的情况相比较发现，在包络$\overleftrightarrow{A}(t)$表达式(5.3.21)中，$\overleftrightarrow{X}_{\mathrm{I}}(t)$和$\overleftrightarrow{X}_{\mathrm{Q}}(t)$比$X_{\mathrm{I}}(t)$和$X_{\mathrm{Q}}(t)$多出了随机变量$\theta$，因此，$\overleftrightarrow{A}(t)$和$\overleftrightarrow{\varphi}(t)$的一维概率密度函数也将是随机变量$\theta$的函数。所以，我们需要先求给定$\theta$条件下的包络和相位的二维概率密度函数$f_{A\varphi|\theta}(A_t,\varphi_t|\theta)$。

采用和前面类似的符号，t时刻的$\overleftrightarrow{A}(t)$和$\overleftrightarrow{\varphi}(t)$用$\overleftrightarrow{A}_t$和$\overleftrightarrow{\varphi}_t$表示，$\overleftrightarrow{X}_{\mathrm{I}}(t)$和$\overleftrightarrow{X}_{\mathrm{Q}}(t)$用$\overleftrightarrow{X}_{\mathrm{I}t}$和$\overleftrightarrow{X}_{\mathrm{Q}t}$表示；对于$\theta$给定的条件，可以给它们加上$|\theta$。

根据式(5.3.18)知，由于 $X_{\mathrm{I}}(t)$ 和 $X_{\mathrm{Q}}(t)$ 是独立的高斯随机变量，所以 $\overleftrightarrow{X}_{\mathrm{I}t}|\theta$、$\overleftrightarrow{X}_{\mathrm{Q}t}|\theta$ 也都是高斯随机变量，并且是独立的。它们的均值和方差可以求得为

$$E[\overleftrightarrow{X}_{\mathrm{I}t}|\theta]=a\cos\theta$$

$$E[\overleftrightarrow{X}_{\mathrm{Q}t}|\theta]=a\sin\theta$$

$$D[\overleftrightarrow{X}_{\mathrm{I}t}|\theta]=D[\overleftrightarrow{X}_{\mathrm{Q}t}|\theta]=\sigma^2$$

因而，$\overleftrightarrow{X}_{\mathrm{I}t}|\theta$、$\overleftrightarrow{X}_{\mathrm{Q}t}|\theta$ 的二维概率密度函数为

$$f_{\overleftrightarrow{X}_{\mathrm{I}}\overleftrightarrow{X}_{\mathrm{Q}}|\theta}(\overleftrightarrow{X}_{\mathrm{I}t},\overleftrightarrow{X}_{\mathrm{Q}t}|\theta)=\frac{1}{2\pi\sigma^2}\mathrm{e}^{-\frac{(\overleftrightarrow{X}_{\mathrm{I}t}-a\cos\theta)^2+(\overleftrightarrow{X}_{\mathrm{Q}t}-a\sin\theta)^2}{2\sigma^2}} \tag{5.3.23}$$

注意到窄带过程的同相分量和正交分量与包络和相位的关系是不变的。具体地说，$\overleftrightarrow{X}_{\mathrm{I}}(t)$ 和 $\overleftrightarrow{X}_{\mathrm{Q}}(t)$ 与包络 $\overleftrightarrow{A}(t)$ 和相位 $\overleftrightarrow{\varphi}(t)$ 的函数关系、$X_{\mathrm{I}}(t)$ 和 $X_{\mathrm{Q}}(t)$ 与 $A(t)$ 和 $\varphi(t)$ 的函数的关系是一样的。所以，采用和前面仅有 $X(t)$ 没有 $S(t)$ 的情况一样的步骤，可以得到 $\overleftrightarrow{A}_t|\theta$ 和 $\overleftrightarrow{\varphi}_t|\theta$ 的二维概率密度函数

$$f_{\overleftrightarrow{A}\overleftrightarrow{\varphi}|\theta}(\overleftrightarrow{A}_t,\overleftrightarrow{\varphi}_t|\theta)=\frac{\overleftrightarrow{A}_t}{2\pi\sigma^2}\mathrm{e}^{-\frac{\overleftrightarrow{A}_t^2-2a\overleftrightarrow{A}_t\cos(\theta-\overleftrightarrow{\varphi}_t)+a^2}{2\sigma^2}},\quad \overleftrightarrow{A}_t\geqslant 0,2\pi\geqslant\overleftrightarrow{\varphi}_t\geqslant 0 \tag{5.3.24}$$

然后对上式分别求边缘概率密度函数，可以得到 $\overleftrightarrow{A}_t|\theta$ 和 $\overleftrightarrow{\varphi}_t|\theta$ 的一维概率密度函数。具体地，

$$\begin{aligned}f_{\overleftrightarrow{A}|\theta}(\overleftrightarrow{A}_t|\theta)&=\int_0^{2\pi}f_{\overleftrightarrow{A}\overleftrightarrow{\varphi}|\theta}(\overleftrightarrow{A}_t,\overleftrightarrow{\varphi}_t|\theta)\,\mathrm{d}\overleftrightarrow{\varphi}_t\\&=\frac{\overleftrightarrow{A}_t}{\sigma^2}\mathrm{e}^{-\frac{\overleftrightarrow{A}_t^2+a^2}{2\sigma^2}}\frac{1}{2\pi}\int_0^{2\pi}\mathrm{e}^{\frac{a\overleftrightarrow{A}_t\cos(\theta-\overleftrightarrow{\varphi}_t)}{\sigma^2}}\mathrm{d}\overleftrightarrow{\varphi}_t\\&=\frac{\overleftrightarrow{A}_t}{\sigma^2}\mathrm{e}^{-\frac{\overleftrightarrow{A}_t^2+a^2}{2\sigma^2}}I_0\left(\frac{a\overleftrightarrow{A}_t}{\sigma^2}\right),\overleftrightarrow{A}_t\geqslant 0\\&=f_{\overleftrightarrow{A}}(\overleftrightarrow{A}_t),\overleftrightarrow{A}_t\geqslant 0\end{aligned} \tag{5.3.25}$$

$$\begin{aligned}f_{\overleftrightarrow{\varphi}|\theta}(\overleftrightarrow{\varphi}_t|\theta)&=\int_0^{\infty}f_{\overleftrightarrow{A}\overleftrightarrow{\varphi}|\theta}(\overleftrightarrow{A}_t,\overleftrightarrow{\varphi}_t|\theta)\,\mathrm{d}\overleftrightarrow{A}_t\\&=\int_0^{\infty}\frac{\overleftrightarrow{A}_t}{2\pi\sigma^2}\mathrm{e}^{-\frac{\overleftrightarrow{A}_t^2-2a\overleftrightarrow{A}_t\cos(\theta-\overleftrightarrow{\varphi}_t)+a^2}{2\sigma^2}}\mathrm{d}\overleftrightarrow{A}_t\\&=\int_0^{\infty}\frac{\overleftrightarrow{A}_t}{2\pi\sigma^2}\mathrm{e}^{-\frac{\overleftrightarrow{A}_t^2-2a\overleftrightarrow{A}_t\cos(\theta-\overleftrightarrow{\varphi}_t)+a^2\cos^2(\theta-\overleftrightarrow{\varphi}_t)-a^2\cos^2(\theta-\overleftrightarrow{\varphi}_t)+a^2}{2\sigma^2}}\mathrm{d}\overleftrightarrow{A}_t\\&=\frac{1}{2\pi}\mathrm{e}^{-\frac{a^2-a^2\cos^2(\theta-\overleftrightarrow{\varphi}_t)}{2\sigma^2}}\int_0^{\infty}\frac{\overleftrightarrow{A}_t}{\sigma^2}\mathrm{e}^{-\frac{\overleftrightarrow{A}_t^2-2a\overleftrightarrow{A}_t\cos(\theta-\overleftrightarrow{\varphi}_t)+a^2\cos^2(\theta-\overleftrightarrow{\varphi}_t)}{2\sigma^2}}\mathrm{d}\overleftrightarrow{A}_t\\&=\frac{1}{2\pi}\mathrm{e}^{-\frac{a^2-a^2\cos^2(\theta-\overleftrightarrow{\varphi}_t)}{2\sigma^2}}\int_0^{\infty}\frac{\overleftrightarrow{A}_t}{\sigma^2}\mathrm{e}^{-\frac{[\overleftrightarrow{A}_t-a\cos(\theta-\overleftrightarrow{\varphi}_t)]^2}{2\sigma^2}}\mathrm{d}\overleftrightarrow{A}_t\\&\xlongequal{u=-\frac{\overleftrightarrow{A}_t-a\cos(\theta-\overleftrightarrow{\varphi}_t)}{\sigma}}\frac{1}{2\pi}\mathrm{e}^{-\frac{a^2-a^2\cos^2(\theta-\overleftrightarrow{\varphi}_t)}{2\sigma^2}}\int_{-\infty}^{\frac{a\cos(\theta-\overleftrightarrow{\varphi}_t)}{\sigma}}\frac{-u\sigma+a\cos(\theta-\overleftrightarrow{\varphi}_t)}{\sigma}\mathrm{e}^{-\frac{u^2}{2}}\mathrm{d}u\end{aligned}$$

$$=\frac{1}{2\pi}e^{-\frac{a^2-a^2\cos^2(\theta-\overset{\leftrightarrow}{\varphi}_t)}{2\sigma^2}}\left[\int_{-\infty}^{\frac{a\cos(\theta-\overset{\leftrightarrow}{\varphi}_t)}{\sigma}}\frac{a\cos(\theta-\overset{\leftrightarrow}{\varphi}_t)}{\sigma}e^{-\frac{u^2}{2}}du+\int_{-\infty}^{\frac{a\cos(\theta-\overset{\leftrightarrow}{\varphi}_t)}{\sigma}}(-u)e^{-\frac{u^2}{2}}du\right]$$

$$=\frac{1}{2\pi}e^{-\frac{a^2-a^2\cos^2(\theta-\overset{\leftrightarrow}{\varphi}_t)}{2\sigma^2}}\left[\frac{a\cos(\theta-\overset{\leftrightarrow}{\varphi}_t)}{\sigma}\int_{-\infty}^{\frac{a\cos(\theta-\overset{\leftrightarrow}{\varphi}_t)}{\sigma}}e^{-\frac{u^2}{2}}du+\int_{-\infty}^{\frac{a\cos(\theta-\overset{\leftrightarrow}{\varphi}_t)}{\sigma}}e^{-\frac{u^2}{2}}d\left(\frac{-u^2}{2}\right)\right]$$

$$=\frac{1}{2\pi}e^{-\frac{a^2-a^2\cos^2(\theta-\overset{\leftrightarrow}{\varphi}_t)}{2\sigma^2}}\left\{\frac{\sqrt{2\pi}\,a\cos(\theta-\overset{\leftrightarrow}{\varphi}_t)}{\sigma}\mathrm{erf}\left[\frac{a\cos(\theta-\overset{\leftrightarrow}{\varphi}_t)}{\sigma}\right]+e^{-\frac{a^2\cos^2(\theta-\overset{\leftrightarrow}{\varphi}_t)}{2\sigma^2}}\right\}$$

$$=\frac{1}{2\pi}e^{-\frac{a^2}{2\sigma^2}}+\frac{a\cos(\theta-\overset{\leftrightarrow}{\varphi}_t)}{\sqrt{2\pi}\,\sigma}\mathrm{erf}\left[\frac{a\cos(\theta-\overset{\leftrightarrow}{\varphi}_t)}{\sigma}\right]e^{-\frac{a^2\sin^2(\theta-\overset{\leftrightarrow}{\varphi}_t)}{2\sigma^2}} \tag{5.3.26}$$

式中，$\mathrm{erf}(x)=\frac{1}{\sqrt{2\pi}}\int_{-\infty}^{x}e^{-\frac{u^2}{2}}du$ 为概率误差函数，$I_0(\cdot)$为第一类零阶修正贝塞尔函数。在式(5.3.25)中，所求得的$f_{\overset{\leftrightarrow}{A}|\theta}(\overset{\leftrightarrow}{A}_t|\theta)$已与 θ 无关，所以$f_{\overset{\leftrightarrow}{A}|\theta}(\overset{\leftrightarrow}{A}_t|\theta)=f_{\overset{\leftrightarrow}{A}}(\overset{\leftrightarrow}{A}_t)$。可见，式(5.3.25)中的概率密度函数服从莱斯分布或广义瑞利分布。

从式(5.3.25)和式(5.3.26)可以看出，当 $a=0$ 时，也就是说没有 $S(t)$的时候，显然有

$$f_{\overset{\leftrightarrow}{A}|\theta}(\overset{\leftrightarrow}{A}_t|\theta)=\frac{\overset{\leftrightarrow}{A}_t}{\sigma^2}e^{-\frac{\overset{\leftrightarrow}{A}_t^2}{2\sigma^2}},\quad \overset{\leftrightarrow}{A}_t\geqslant 0$$

$$f_{\overset{\leftrightarrow}{\varphi}|\theta}(\overset{\leftrightarrow}{\varphi}_t|\theta)=\frac{1}{2\pi}$$

即，此时退化为原来没有信号 $S(t)$时候的概率密度函数。

令 $\rho=a/\sigma$，它表示当把 $S(t)$看作是信号，$X(t)$看作是噪声时，信号幅度与噪声标准差的比值，可以看作是衡量信噪比的一个数值。显然$\rho\geqslant 0$。$\rho=0$ 我们已经分析过了，现在来看ρ 非常大的时候，即 $\rho\gg 1$ 时幅度和相位的概率密度函数。可以证明，当 $x\gg 1$ 时

$$I_0(x)\approx\frac{1}{\sqrt{2\pi x}}e^x$$

所以，当 $\rho\gg 1$ 时

$$f_{\overset{\leftrightarrow}{A}}(\overset{\leftrightarrow}{A}_t)\approx\frac{\overset{\leftrightarrow}{A}_t}{\sigma^2}e^{-\frac{\overset{\leftrightarrow}{A}_t^2+a^2}{2\sigma^2}}\frac{\sigma}{\sqrt{2\pi a\overset{\leftrightarrow}{A}_t}}e^{\frac{a\overset{\leftrightarrow}{A}_t}{\sigma^2}}=\frac{\sqrt{\overset{\leftrightarrow}{A}_t}}{\sigma\sqrt{2\pi a}}e^{-\frac{(\overset{\leftrightarrow}{A}_t-a)^2}{2\sigma^2}} \tag{5.3.27}$$

此时，密度函数在 $\overset{\leftrightarrow}{A}_t=a$ 处取最大值，当 $\overset{\leftrightarrow}{A}_t$ 偏离 a 时，它衰减很快，在 a 附近时，可以认为$\sqrt{\overset{\leftrightarrow}{A}_t/2\pi a}\approx\sqrt{1/2\pi}$，因此

$$f_{\overset{\leftrightarrow}{A}}(\overset{\leftrightarrow}{A}_t)\approx\frac{1}{\sqrt{2\pi}\,\sigma}e^{-\frac{(\overset{\leftrightarrow}{A}_t-a)^2}{2\sigma^2}} \tag{5.3.28}$$

此外，在 $\rho\gg 1$ 时，式(5.3.26)中加号前面一项趋于0，加号后面一项中的概率误差函数趋于1，因此，对于$f_{\overset{\leftrightarrow}{\varphi}|\theta}(\overset{\leftrightarrow}{\varphi}_t|\theta)$来说，可以近似为

$$f_{\overset{\leftrightarrow}{\varphi}|\theta}(\overset{\leftrightarrow}{\varphi}_t|\theta)\approx\frac{\rho\cos(\theta-\overset{\leftrightarrow}{\varphi}_t)}{\sqrt{2\pi}}e^{-\frac{\rho^2\sin^2(\theta-\overset{\leftrightarrow}{\varphi}_t)}{2}} \tag{5.3.29}$$

如果此时还有 $\theta-\overset{\leftrightarrow}{\varphi}_t\ll 1$，则有

$$f_{\overset{\leftrightarrow}{\varphi}|\theta}(\overset{\leftrightarrow}{\varphi}_t|\theta)\approx\frac{\rho}{\sqrt{2\pi}}e^{-\frac{\rho^2(\theta-\overset{\leftrightarrow}{\varphi}_t)^2}{2}} \tag{5.3.30}$$

结合式(5.3.28)和式(5.3.30)可以看出,当信噪比很高时,包络 $\overleftrightarrow{A}_t\,|\,\theta$ 和相位 $\overleftrightarrow{\varphi}_t\,|\,\theta$ 都近似服从高斯分布。图 5.3.3 给出了不同 ρ 条件下,包络和相位的概率密度函数图形。

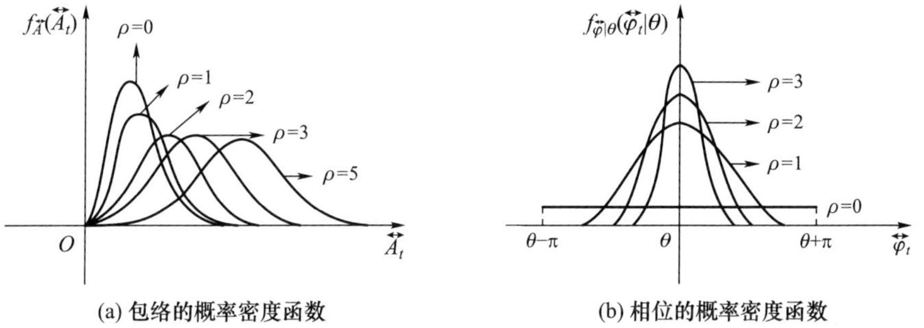

图 5.3.3　不同 ρ 条件下包络和相位的概率密度函数示意图

第六章　随机信号通过非线性系统的分析

6.1　非线性系统概述

在无线电系统中，除了包括线性电路外，通常还会包含一些非线性电路，比如检波器、限幅器、放大器等，因此，我们也需要对随机信号通过非线性系统进行分析。非线性电路按照是否含有惰性，又分为无惰性和有惰性两种情况。如果在某个瞬时 t 的输出随机信号，仅取决于同一瞬时 t 的输入随机信号，那么就可以用一个函数关系，把输入信号和输出信号在 t 时刻的关系表示为

$$Y(t)=g[X(t)] \tag{6.1.1}$$

式中，$g[\cdot]$表示某种非线性函数关系。这样的非线性关系称之为无惰性的。在一个非线性系统中，只要有储能元件的存在，比如电容、电感，就会有惰性。在无线电系统中，非线性系统的前一级和下一级往往是线性电路，因而，对于有惰性的非线性系统，往往可以把非线性系统中的储能元件，划归到前一级或下一级的线性电路中，而使得所考虑的非线性系统是无惰性的。

对于无惰性的非线性系统，它就是由非线性函数 $g[\cdot]$来表征的。实际中，非线性函数 $g[\cdot]$可以由试验的方法测得。当然，这种实际测得的非线性函数往往很不规则，并不能用某种解析式来表示。因而，为了理论上分析的方便，通常要对所测得的实际非线性函数进行一定精度上的近似，使之可以用某种初等函数来表示，比如分段线性函数、指数函数、多项式函数等。

对于随机过程通过非线性系统的统计分析，和以往一样，也分为概率密度函数的分析和二阶矩的分析。对于概率密度函数的分析，由于非线性系统是无惰性的，即当前时刻的输出仅仅由当前时刻的输入来决定，因而在 $t=t_1$ 时刻，输出的一维概率密度函数的求解，可以看作是输入在 $t=t_1$ 时刻所形成的随机变量 $X(t_1)$，经过非线性函数 $g[\cdot]$变换后所形成的随机变量 $Y(t_1)$的概率密度函数的求解；同理，对于输出 n 维概率密度函数也是一样的分析方法。这和第一章中关于随机变量函数的概率密度分析是一样的。

【例 6.1.1】　随机过程 $X(t)$的一维概率密度函数为$f_X(x;t)$，其通过一平方率检波器的输出为 $Y(t)$，即 $Y(t)=g[X(t)]=X^2(t)$，求输出 $Y(t)$的一维概率密度函数$f_Y(y;t)$。

解：令 $t=t_1$ 时刻，随机过程 $X(t)$和 $Y(t)$所形成的随机变量为 X_1 和 Y_1，因而，问题转化为求解随机变量 $Y_1=X_1^2$ 的概率密度函数，因此，采用第一章中随机变量函数的概率密度求法即可。具体地，当 $y_1<0$ 时，$f_{Y_1}(y_1)=0$。当 $y_1>0$ 时，$Y_1=X_1^2$ 的反函数有两个，分别为

$$X_1=h_1(Y_1)=\sqrt{Y_1}, \quad X_1=h_2(Y_1)=-\sqrt{Y_1}$$

进而，可以求得反函数的导数分别为

$$|h_1'(y_1)|=\frac{1}{2\sqrt{y_1}},\quad |h_2'(y_1)|=\frac{1}{2\sqrt{y_1}}$$

所以,当 $y_1>0$ 时

$$\begin{aligned}f_{Y_1}(y_1)&=f_X[x_1=\sqrt{y_1}]\,|h_1'(y_1)|+f_X[x_1=-\sqrt{y_1}]\,|h_2'(y_1)|\\&=\frac{1}{2\sqrt{y_1}}\{f_X[x_1=\sqrt{y_1}]+f_X[x_1=-\sqrt{y_1}]\}\end{aligned}$$

因而,输出 $Y(t)$ 的一维概率密度函数 $f_Y(y;t)$ 为

$$f_Y(y;t)=\begin{cases}\dfrac{1}{2\sqrt{y}}[f_X(\sqrt{y},t)+f_X(-\sqrt{y},t)], & y>0\\0, & y<0\end{cases}$$

【例 6.1.2】 随机过程 $X(t)$ 的一维概率密度函数为 $f_X(x;t)$,其通过一线性全波检波器的输出为 $Y(t)$,即 $Y(t)=g[X(t)]=|X(t)|$,求输出 $Y(t)$ 的一维概率密度函数 $f_Y(y;t)$。

解:和上一道例题一样,令 $t=t_1$ 时刻,随机过程 $X(t)$ 和 $Y(t)$ 所形成的随机变量为 X_1 和 Y_1。当 $y_1<0$ 时,$f_{Y_1}(y_1)=0$。当 $y_1\geqslant 0$ 时,$Y_1=|X_1|$ 的反函数有两个,分别为

$$X_1=h_1(Y_1)=Y_1,\quad X_1=h_2(Y_1)=-Y_1$$

进而,可以求得反函数的导数分别为

$$|h_1'(y_1)|=1,\quad |h_2'(y_1)|=1$$

所以,当 $y_1\geqslant 0$ 时

$$\begin{aligned}f_{Y_1}(y_1)&=f_X[x_1=y_1]\,|h_1'(y_1)|+f_X[x_1=-y_1]\,|h_2'(y_1)|\\&=f_X[x_1=y_1]+f_X[x_1=-y_1]\end{aligned}$$

因而,输出 $Y(t)$ 的一维概率密度函数 $f_Y(y;t)$ 为

$$f_Y(y;t)=\begin{cases}f_X(y;t)+f_X(-y;t), & y\geqslant 0\\0, & y<0\end{cases}$$

上面两道例题中所涉及的非线性系统分别为平方率检波器和线性全波检波器,它们的传输特性曲线如图 6.1.1 所示。从上面两道例题的解答中可以清晰地看出,随机过程通过非线性系统后,输出随机过程概率密度函数的求解,可以转化为第一章中随机变量函数的概率密度求解。例题中展示了输出随机过程的一维概率密度函数求解;同理,对于输出的二维概率密度函数也是一样的求解方法。所以,本章主要是对非线性系统输出的二阶矩,包括所对应的频域功率谱密度进行分析。

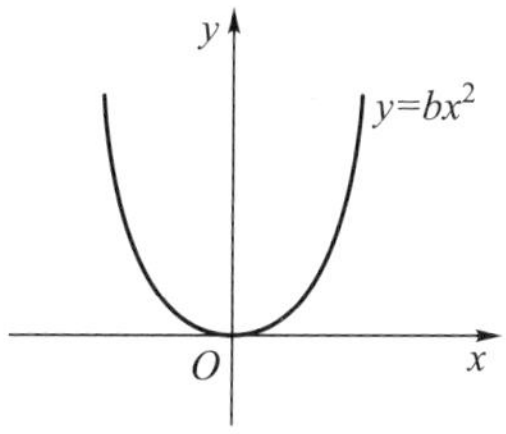

(a) 平方率检波器

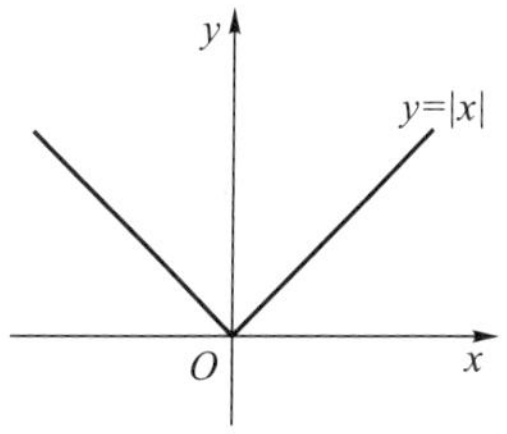

(b) 线性全波检波器

图 6.1.1 平方率检波器和线性全波检波器的传输特性曲线

6.2 直接法

已知非线性函数为 $g(\cdot)$，输入随机过程 $X(t)$ 的一维和二维概率密度函数分别为 $f_X(x;t)$ 和 $f_X(x_1,x_2;t_1,t_2)$，则输出随机信号 $Y(t)$ 的均值和 n 阶矩分别为

$$E[Y(t)]=\int_{-\infty}^{\infty}g(x)f_X(x;t)\mathrm{d}x \tag{6.2.1}$$

$$E[Y^n(t)]=\int_{-\infty}^{\infty}g^n(x)f_X(x;t)\mathrm{d}x \tag{6.2.2}$$

输出随机信号 $Y(t)$ 的自相关函数为

$$R_Y(t_1,t_2)=E[Y(t_1)Y(t_2)]=\int_{-\infty}^{\infty}\int_{-\infty}^{\infty}g(x_1)g(x_2)f_X(x_1,x_2;t_1,t_2)\mathrm{d}x_1\mathrm{d}x_2 \tag{6.2.3}$$

当输入随机信号是一个严平稳随机信号时，由于此时 $f_X(x_1,x_2;t_1,t_2)=f_X(x_1,x_2;\tau)$，则相关函数可以写作

$$R_Y(\tau)=\int_{-\infty}^{\infty}\int_{-\infty}^{\infty}g(x_1)g(x_2)f_X(x_1,x_2;\tau)\mathrm{d}x_1\mathrm{d}x_2 \tag{6.2.4}$$

如果我们已知输入随机信号 $X(t)$ 的二维概率密度，那么我们就可以直接利用式(6.2.3)或式(6.2.4)进行积分，得到输出随机信号 $Y(t)$ 的自相关函数，然后再对所求得的自相关函数做傅里叶变换得到输出随机信号的功率谱密度。这种直接利用积分求得输出矩的方法称为直接法。从积分式中可以看出，当非线性函数表达式和输入随机信号的二维概率密度函数表达式复杂时，直接计算积分是困难的。所以直接法仅适用于输入信号为正态分布，且非线性函数表达式简单时的场合。

具体地，比如对于平方率检波器，其传输特性为

$$y=bx^2 \tag{6.2.5}$$

式中，b 为常数，则平方率检波器输出端的自相关函数为

$$\begin{aligned}R_Y(t_1,t_2)&=\int_{-\infty}^{\infty}\int_{-\infty}^{\infty}bx_1^2bx_2^2f_X(x_1,x_2;t_1,t_2)\mathrm{d}x_1\mathrm{d}x_2\\&=b^2\int_{-\infty}^{\infty}\int_{-\infty}^{\infty}x_1^2x_2^2f_X(x_1,x_2;t_1,t_2)\mathrm{d}x_1\mathrm{d}x_2=b^2E[X^2(t_1)X^2(t_2)]\end{aligned} \tag{6.2.6}$$

如果输入到平方率检波器的随机信号是高斯白噪声，则将平稳高斯过程的二维概率密度函数代入上式，或直接利用高斯随机变量 n 阶矩的特点，可以得到 $R_Y(t_1,t_2)=R_Y(\tau)$ 的解析式解。

如果非线性系统是半波检波器，其传输特性为

$$y=\begin{cases}bx & x>0\\0 & x\leqslant 0\end{cases} \tag{6.2.7}$$

则其输出随机信号的自相关函数为

$$\begin{aligned}R_Y(\tau)&=\int_{0}^{\infty}\int_{0}^{\infty}bx_1bx_2f_X(x_1,x_2;t_1,t_2)\mathrm{d}x_1\mathrm{d}x_2\\&=b^2\int_{0}^{\infty}\int_{0}^{\infty}x_1x_2f_X(x_1,x_2;t_1,t_2)\mathrm{d}x_1\mathrm{d}x_2\end{aligned} \tag{6.2.8}$$

在非线性系统输出随机过程的二阶矩分析过程中，经常会涉及高斯随机变量的高阶矩，比如

高斯随机过程通过平方率检波器的输出,由于平方的缘故,输出随机过程二阶矩的求解会涉及高斯随机变量的4阶矩。下面分析高斯随机过程高阶矩的具体求解公式。

对于 n 维随机变量$(X_1,\cdots,X_n)$,若其 n 维特征函数为 $\boldsymbol{\Phi}_{\boldsymbol{X}}(\boldsymbol{u})=\boldsymbol{\Phi}_{X_1X_2\cdots X_n}(u_1,u_2,\cdots,u_n)$,则根据第一章中特征函数与矩的关系,有

$$E[X_1^{q_1}X_2^{q_2}\cdots X_n^{q_n}]=\mathrm{j}^{-(q_1+q_2+\cdots+q_n)}\cdot\frac{\partial^{(q_1+q_2+\cdots+q_n)}\boldsymbol{\Phi}_{X_1X_2\cdots X_n}(u_1,u_2,\cdots,u_n)}{\partial u_1^{q_1}\partial u_2^{q_2}\cdots\partial u_n^{q_n}}\Big|_{u_1=u_2=\cdots=u_n=0}\tag{6.2.9}$$

上式是对任意的 n 维随机变量而言的。现在考虑 n 维随机变量$(X_1,\cdots,X_n)$为 n 维高斯随机变量的情形。不失一般性,设该 n 维高斯随机变量的均值为0。根据第二章中高斯随机变量的知识,n 维高斯随机变量$(X_1,\cdots,X_n)$的特征函数为

$$\boldsymbol{\Phi}_{\boldsymbol{X}}(\boldsymbol{u})=\boldsymbol{\Phi}_{X_1X_2\cdots X_n}(u_1,u_2,\cdots,u_n)=\mathrm{e}^{-\frac{\boldsymbol{u}^{\mathrm{T}}\boldsymbol{R}\boldsymbol{u}}{2}}\tag{6.2.10}$$

式中

$$\boldsymbol{R}=\begin{bmatrix}E[X_1^2] & E[X_1X_2] & \cdots & E[X_1X_n]\\ E[X_2X_1] & E[X_2^2] & \cdots & E[X_2X_n]\\ \vdots & \vdots & & \vdots\\ E[X_nX_1] & E[X_nX_2] & \cdots & E[X_n^2]\end{bmatrix}=\begin{bmatrix}R_{11} & \cdots & R_{1n}\\ \vdots & & \vdots\\ R_{n1} & \cdots & R_{nn}\end{bmatrix}\tag{6.2.11}$$

$$\boldsymbol{u}=\begin{bmatrix}u_1\\ \vdots\\ u_n\end{bmatrix}\tag{6.2.12}$$

注意到 $\boldsymbol{R}$ 是一个对称矩阵,$\boldsymbol{u}^{\mathrm{T}}\boldsymbol{R}\boldsymbol{u}$ 为一个二次型,所以,$\boldsymbol{\Phi}_{\boldsymbol{X}}(\boldsymbol{u})=\boldsymbol{\Phi}_{X_1X_2\cdots X_n}(u_1,u_2,\cdots,u_n)$可以写成

$$\boldsymbol{\Phi}_{\boldsymbol{X}}(\boldsymbol{u})=\boldsymbol{\Phi}_{X_1X_2\cdots X_n}(u_1,u_2,\cdots,u_n)=\mathrm{e}^{-\frac{\boldsymbol{u}^{\mathrm{T}}\boldsymbol{R}\boldsymbol{u}}{2}}=\mathrm{e}^{-\frac{1}{2}\left(\sum\limits_{l=1}^{n}\sum\limits_{k=1}^{n}R_{kl}u_ku_l\right)}\tag{6.2.13}$$

将上式直接代入式(6.2.9)中对特征函数求关于$(u_1,u_2,\cdots,u_n)$的混合偏导数是复杂的。我们采用幂级数的展开来处理,具体地,由于

$$\mathrm{e}^{-x}=1-x+\frac{x^2}{2!}-\frac{x^3}{3!}+\cdots=\sum_{p=0}^{\infty}(-1)^p\frac{x^p}{p!}\tag{6.2.14}$$

则式(6.2.13)可以写作

$$\begin{aligned}\boldsymbol{\Phi}_{X_1X_2\cdots X_n}(u_1,u_2,\cdots,u_n)=\mathrm{e}^{-\frac{1}{2}\left(\sum\limits_{l=1}^{n}\sum\limits_{k=1}^{n}R_{kl}u_ku_l\right)}&=\sum_{p=0}^{\infty}\frac{(-1)^p}{p!}\left[\frac{1}{2}\left(\sum_{l=1}^{n}\sum_{k=1}^{n}R_{kl}u_ku_l\right)\right]^p\\&=\sum_{p=0}^{\infty}\frac{(-1)^p}{2^pp!}\left(\sum_{l=1}^{n}\sum_{k=1}^{n}R_{kl}u_ku_l\right)^p\end{aligned}\tag{6.2.15}$$

将上式带入式(6.2.9),得到

$$E[X_1^{q_1}X_2^{q_2}\cdots X_n^{q_n}]=\mathrm{j}^{-(q_1+q_2+\cdots+q_n)}\sum_{p=0}^{\infty}\frac{(-1)^p}{2^pp!}\left[\frac{\partial^{(q_1+q_2+\cdots+q_n)}}{\partial u_1^{q_1}\partial u_2^{q_2}\cdots\partial u_n^{q_n}}\left(\sum_{l=1}^{n}\sum_{k=1}^{n}R_{kl}u_ku_l\right)^p\Big|_{u_1=u_2=\cdots=u_n=0}\right]\tag{6.2.16}$$

上式初看起来很复杂,我们来分析一下。首先,n 是确定的正整数值,表示 n 维随机变量;$(q_1,q_2\cdots,q_n)$是确定的 n 的正整数值,表示 n 个随机变量$(X_1,\cdots,X_n)$的混合矩的 n 个阶次。再看

$$\frac{\partial^{(q_1+q_2+\cdots+q_n)}}{\partial u_1^{q_1}\partial u_2^{q_2}\cdots\partial u_n^{q_n}}\left(\sum_{l=1}^{n}\sum_{k=1}^{n}R_{kl}u_k u_l\right)^p\Bigg|_{u_1=u_2=\cdots=u_n=0} \tag{6.2.17}$$

这一项，它表示对二次型 $\sum_{l=1}^{n}\sum_{k=1}^{n}R_{kl}u_k u_l$ 的 p 次幂求关于$(u_1,u_2,\cdots,u_n)$的混合偏导后，在$(u_1,u_2,\cdots,u_n)=(0,0,\cdots,0)$的取值。由于 $\sum_{l=1}^{n}\sum_{k=1}^{n}R_{kl}u_k u_l$ 是关于$(u_1,u_2,\cdots,u_n)$的二次型，所以 $\sum_{l=1}^{n}\sum_{k=1}^{n}R_{kl}u_k u_l$ 的 p 次幂进行多项式的展开后，会有许多项，其每一项形式为

$$K\cdot u_1^{m_1}u_2^{m_2}\cdots u_n^{m_n} \tag{6.2.18}$$

式中，K 为一个常数，$0\leqslant m_1\leqslant 2p,0\leqslant m_2\leqslant 2p,\cdots,0\leqslant m_n\leqslant 2p$，且有

$$m_1+m_2+\cdots+m_n=2p \tag{6.2.19}$$

也就是说关于变量$(u_1,u_2,\cdots,u_n)$二次型当取 p 次幂后，会变成$(u_1,u_2,\cdots,u_n)$的 $2p$ 次型。比如说，我们取 $n=2,p=2$，则二次型 $\sum_{l=1}^{2}\sum_{k=1}^{2}R_{kl}u_k u_l=R_{11}u_1^2+2R_{12}u_1u_2+R_{22}u_2^2$，则$\left(\sum_{l=1}^{2}\sum_{k=1}^{2}R_{kl}u_k u_l\right)^2=R_{11}^2u_1^4+4R_{11}R_{12}u_1^3u_2+(2R_{11}R_{22}+4R_{12}^2)u_1^2u_2^2+4R_{12}R_{22}u_1u_2^3+R_{22}^2u_2^4$。所以，式(6.2.17)中对二次型 $\sum_{l=1}^{n}\sum_{k=1}^{n}R_{kl}u_k u_l$ 的 p 次幂求关于$(u_1,u_2,\cdots,u_n)$的混合偏导后，在$(u_1,u_2,\cdots,u_n)=(0,0,\cdots,0)$的取值，等价于对二次型 $\sum_{l=1}^{n}\sum_{k=1}^{n}R_{kl}u_k u_l$ 的 p 次幂进行多项式展开后的每一项求关于$(u_1,u_2,\cdots,u_n)$的混合偏导，在$(u_1,u_2,\cdots,u_n)=(0,0,\cdots,0)$的取值，即

$$\frac{\partial^{(q_1+q_2+\cdots+q_n)}(K\cdot u_1^{m_1}u_2^{m_2}\cdots u_n^{m_n})}{\partial u_1^{q_1}\partial u_2^{q_2}\cdots\partial u_n^{q_n}}\Bigg|_{u_1=u_2=\cdots=u_n=0} \tag{6.2.20}$$

若想要上式不为零，则必须满足

$$m_1=q_1,m_2=q_2,\cdots,m_n=q_n \tag{6.2.21}$$

因为，若有一个 $m_i<q_i(i=1,\cdots,n)$，则求关于 $u_i^{q_i}$ 的偏导后，会为零；若有一个 $m_i>q_i(i=1,\cdots,n)$，求得关于 $u_i^{q_i}$ 的偏导后，会出现 $u_i^{m_i-q_i}$ 项，此项会在 $u_i=0$ 时为零。比如，考虑$\frac{\partial^{(2+3)}(K\cdot u_1^3u_2^3)}{\partial u_1^2\partial u_2^3}\Big|_{u_1=u_2=0}$和$\frac{\partial^{(2+3)}(K\cdot u_1^3u_2^1)}{\partial u_1^2\partial u_2^3}\Big|_{u_1=u_2=0}$，它们都会为零。所以，对于 n 个确定的正整数值$(q_1,q_2\cdots,q_n)$，只有 $K\cdot u_1^{q_1}u_2^{q_2}\cdots u_n^{q_n}$ 项满足对$(u_1,u_2,\cdots,u_n)$求混合偏导，在$(u_1,u_2,\cdots,u_n)=(0,0,\cdots,0)$的取值不为零，也即

$$\frac{\partial^{(q_1+q_2+\cdots+q_n)}(K\cdot u_1^{q_1}u_2^{q_2}\cdots u_n^{q_n})}{\partial u_1^{q_1}\partial u_2^{q_2}\cdots\partial u_n^{q_n}}\Bigg|_{u_1=u_2=\cdots=u_n=0}\neq 0 \tag{6.2.22}$$

再根据式(6.2.19)，有

$$q_1+q_2+\cdots+q_n=2p \tag{6.2.23}$$

所以，当 $q_1+q_2+\cdots+q_n$ 为奇数时，即混合矩 $E[X_1^{q_1}X_2^{q_2}\cdots X_n^{q_n}]$ 如果是奇次混合矩，则其为零，也就是

$$E[X_1^{q_1}X_2^{q_2}\cdots X_n^{q_n}]=0,\quad 当\ q_1+q_2+\cdots+q_n\ 为奇数 \tag{6.2.24}$$

当 $q_1+q_2+\cdots+q_n$ 为偶数时，特征函数 $\Phi_{X_1X_2\cdots X_n}(u_1,u_2,\cdots,u_n)$ 的幂级数展开式中，只有 $p=(q_1+q_2+\cdots+q_n)/2$ 时，才会出现非零项，进而，式(6.2.16)可以进一步写作

$$E[X_1^{q_1}X_2^{q_2}\cdots X_n^{q_n}]=\frac{\mathrm{j}^{-(q_1+q_2+\cdots+q_n)}(-1)^{\frac{(q_1+q_2+\cdots+q_n)}{2}}}{2^{\frac{(q_1+q_2+\cdots+q_n)}{2}}\left[\frac{(q_1+q_2+\cdots+q_n)}{2}\right]!}\times$$
$$\left[\frac{\partial^{(q_1+q_2+\cdots+q_n)}}{\partial u_1^{q_1}\partial u_2^{q_2}\cdots\partial u_n^{q_n}}\left(\sum_{l=1}^{n}\sum_{k=1}^{n}R_{kl}u_ku_l\right)^{\frac{(q_1+q_2+\cdots+q_n)}{2}}\bigg|_{u_1=u_2=\cdots=u_n=0}\right]$$
$$=\frac{\left[\frac{\partial^{(q_1+q_2+\cdots+q_n)}}{\partial u_1^{q_1}\partial u_2^{q_2}\cdots\partial u_n^{q_n}}\left(\sum_{l=1}^{n}\sum_{k=1}^{n}R_{kl}u_ku_l\right)^{\frac{(q_1+q_2+\cdots+q_n)}{2}}\bigg|_{u_1=u_2=\cdots=u_n=0}\right]}{2^{\frac{(q_1+q_2+\cdots+q_n)}{2}}\left[\frac{(q_1+q_2+\cdots+q_n)}{2}\right]!} \tag{6.2.25}$$

下面考察一些特例。非线性系统中，经常用到的是 $E[X_1X_2X_3X_4]$，则根据上式，可以得到

$$E[X_1X_2X_3X_4]=\frac{1}{2^2\cdot 2!}\times\left[\frac{\partial^4}{\partial u_1\partial u_2\partial u_3\partial u_4}\left(\sum_{l=1}^{4}\sum_{k=1}^{4}R_{kl}u_ku_l\right)^2\bigg|_{u_1=u_2=u_3=u_4=0}\right] \tag{6.2.26}$$

式中，$\left(\sum_{l=1}^{4}\sum_{k=1}^{4}R_{kl}u_ku_l\right)^2$ 的多项式展开共$(4\times4)^2=256$ 项。根据式(6.2.22)，我们只需考虑展开式中的 $u_1u_2u_3u_4$ 项。根据排列组合，共有 $4\times3\times2=24$ 种可能的组合，比如 $R_{24}R_{13}$。经过一些合并和化简，可以得到不能合并的 3 项为 $R_{12}R_{34}$、$R_{13}R_{24}$、$R_{14}R_{23}$，所以，有

$$\begin{aligned}E[X_1X_2X_3X_4]&=\frac{1}{2^2\cdot 2!}\times\frac{24}{3}\times(R_{12}R_{34}+R_{13}R_{24}+R_{14}R_{23})\\&=R_{12}R_{34}+R_{13}R_{24}+R_{14}R_{23}\\&=E[X_1X_2]E[X_3X_4]+E[X_1X_3]E[X_2X_4]+E[X_1X_4]E[X_2X_3]\end{aligned} \tag{6.2.27}$$

此外，对于 $E[X^q]$，根据上面的讨论，q 为奇数时，$E[X^q]=0$；q 为偶数时，根据式(6.2.25)，有

$$E[X^q]=\frac{1}{2^{\frac{q}{2}}\left(\frac{q}{2}\right)!}\times\left[\frac{\mathrm{d}^q}{\mathrm{d}u^q}(Ru^2)^{\frac{q}{2}}\Big|_{u=0}\right]=\frac{R^{\frac{q}{2}}(q!)}{2^{\frac{q}{2}}\left[\left(\frac{q}{2}\right)!\right]} \tag{6.2.28}$$

式中，$R=E[X^2]=\sigma_X^2$。而

$$\begin{aligned}\frac{(q!)}{2^{\frac{q}{2}}\left[\left(\frac{q}{2}\right)!\right]}&=\frac{q\times(q-1)\times(q-2)\times\cdots\times1}{2^{\frac{q}{2}}\left(\frac{q}{2}\right)\times\left(\frac{q}{2}-1\right)\times\left(\frac{q}{2}-2\right)\times\cdots\times1}\\&=\frac{q\times(q-1)\times(q-2)\times(q-3)\times(q-4)\times\cdots\times1}{2^{\frac{q}{2}}\left(\frac{q}{2}\right)\times\left(\frac{q-2}{2}\right)\times\left(\frac{q-4}{2}\right)\times\cdots\times1}\\&=\frac{2\times(q-1)\times2\times(q-3)\times2\times\cdots\times1}{2^{\frac{q}{2}}}\\&=\frac{2^{\frac{q}{2}}\times(q-1)\times(q-3)\times\cdots\times1}{2^{\frac{q}{2}}}=(q-1)\times(q-3)\times\cdots\times1\end{aligned} \tag{6.2.29}$$

所以

$$E[X^q]=(q-1)\times(q-3)\times\cdots\times1\times(\sigma_X^2)^{\frac{q}{2}}=(q-1)\times(q-3)\times\cdots\times1\times\sigma_X^q \tag{6.2.30}$$

有了上面关于高斯随机变量 n 阶混合矩的知识，下面我们考察平稳高斯随机过程 $X(t)$ 通过式(6.2.5)的平方率检波器 $y=bx^2$ 的输出二阶矩，我们采用直接法。不失一般性，还是假设 $X(t)$ 的均值为零，其方差为 σ_X^2，则根据式(6.2.30)，可以得到输出 $Y(t)$ 的均值和均方值为

$$E[Y(t)]=E[bX^2(t)]=bE[X^2(t)]=b\sigma_X^2 \tag{6.2.31}$$

$$E[Y^2(t)]=E[b^2X^4(t)]=b^2E[X^4(t)]=b^2 3\times1\times\sigma_X^2=3b^2\sigma_X^2 \tag{6.2.32}$$

对于 $Y(t)$ 的自相关函数，应用式(6.2.27)，有

$$\begin{aligned}R_Y(\tau)&=E[Y(t)Y(t+\tau)]=E[bX^2(t)bX^2(t+\tau)]\\&=b^2E[X^2(t)X^2(t+\tau)]\\&=b^2\{E[X^2(t)]E[X^2(t+\tau)]+2E[X(t)X(t+\tau)]E[X(t)X(t+\tau)]\}\\&=b^2[\sigma_X^4+2R_X^2(\tau)]\end{aligned} \tag{6.2.33}$$

所以，输出 $Y(t)$ 的功率谱为

$$S_Y(\Omega)=2\pi b^2\sigma_X^4\delta(\Omega)+\frac{b^2}{\pi}S_X(\Omega)*S_X(\Omega) \tag{6.2.34}$$

如果 $X(t)$ 的功率谱具有图 6.2.1 所示的形状，则根据上式，可以得到输出 $Y(t)$ 的功率谱如图 6.2.2 所示。

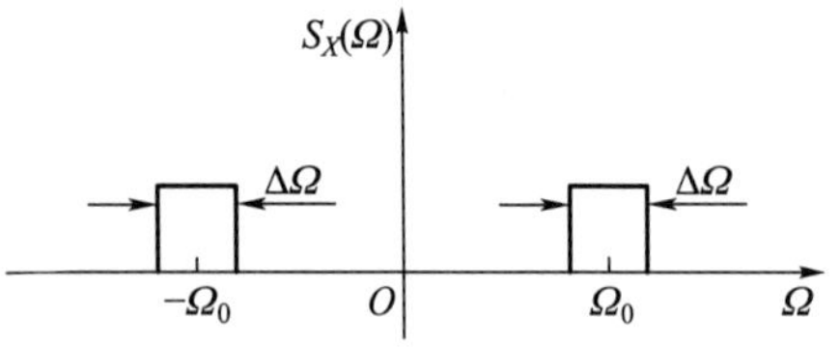

图 6.2.1 输入到平方率检波器的随机过程 $X(t)$ 的功率谱

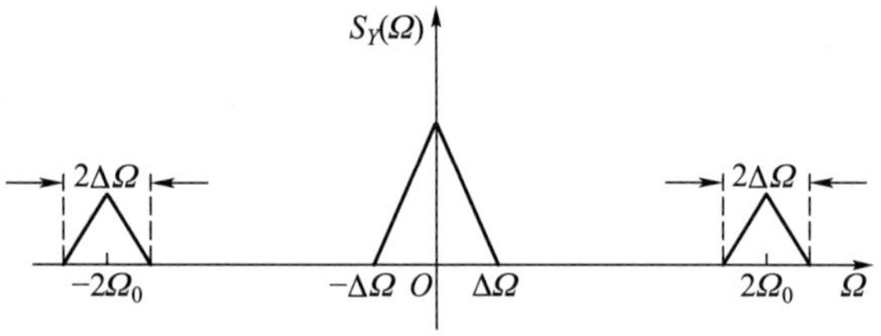

图 6.2.2 平方率检波器输出的随机过程 $Y(t)$ 的功率谱

【例 6.2.1】 设有一数学期望为 0 的平稳高斯白噪声 $N(t)$，功率谱密度为 $N_0/2$，经过如图 6.2.3 所示的系统，输出为 $Y(t)$，求输出随机过程 $Y(t)$ 的自相关函数。

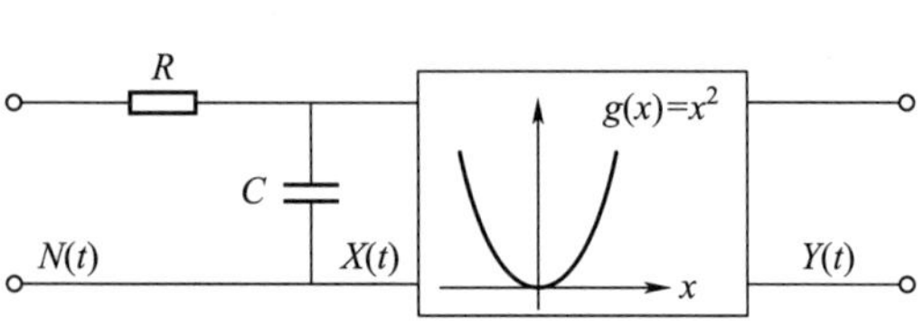

图 6.2.3 由 RC 电路和平方率检波器组成的系统

解：为表示方便起见，令 RC 电路的电路常数 $\alpha=1/(RC)$，由于 RC 电路为线性时不变系统，其功率传输函数为

$$|H(\Omega)|^2=\frac{\alpha^2}{\alpha^2+\Omega^2}$$

则白噪声 $N(t)$ 通过 RC 电路后的输出 $X(t)$ 的功率谱为

$$S_X(\Omega)=\frac{N_0}{2}\cdot\frac{\alpha^2}{\alpha^2+\Omega^2}$$

根据维纳-辛钦定理,对上式求傅里叶反变换,可以求得 $X(t)$ 的自相关函数为

$$R_X(\tau)=\frac{N_0\alpha}{4}\mathrm{e}^{-\alpha|\tau|}$$

$X(t)$ 经过后一级的平方率检波器后,其输出 $Y(t)$ 自相关函数为

$$\begin{aligned}R_Y(t,t+\tau)&=E[Y(t)Y(t+\tau)]=E[X^2(t)X^2(t+\tau)]\\&=E[X^2(t)]E[X^2(t+\tau)]+2E[X(t)X(t+\tau)]E[X(t)X(t+\tau)]\\&=R_X^2(0)+2R_X^2(\tau)=\frac{N_0^2\alpha^2}{16}+\frac{N_0^2\alpha^2}{8}\mathrm{e}^{-2\alpha|\tau|}\end{aligned}$$

6.3 特征函数法

对于上一节中的直接法,如果非线性函数 $g(\cdot)$ 的表达式或输入随机过程 $X(t)$ 的二维概率密度函数 $f_X(x_1,x_2;t_1,t_2)$ 的表达式比较复杂时,式(6.2.3)中的积分计算会很困难。此时,可以考虑采用特征函数法。这种方法利用傅里叶变换或拉普拉斯变换,将非线性函数变换为转移函数或系统函数,同时将概率密度函数转换为特征函数,然后再做积分运算。这相当于把式(6.2.3)的积分从时域表示转换到频域或复频域表示。

具体地,对于非线性函数 $y=g(x)$,如果其傅里叶变换存在,记为 $G(\Omega)$;如果其傅里叶变换不存在,其拉普拉斯变换存在,记为 $G(s)$。此时,非线性函数 $y=g(x)$ 可以用其傅里叶变换或拉普拉斯变换表示为

$$y=g(x)=\frac{1}{2\pi}\int_{-\infty}^{\infty}G(\Omega)\mathrm{e}^{\mathrm{j}\Omega x}\mathrm{d}\Omega \tag{6.3.1}$$

或

$$y=g(x)=\frac{1}{2\pi\mathrm{j}}\int_{-\mathrm{j}\infty}^{\mathrm{j}\infty}G(s)\mathrm{e}^{sx}\mathrm{d}s \tag{6.3.2}$$

则当输入随机信号 $X(t)$ 是严平稳随机信号时,非线性系统输出端的相关函数根据定义有

$$\begin{aligned}R_Y(\tau)&=E[Y(t)Y(t+\tau)]\\&=E\left[\frac{1}{2\pi}\int_{-\infty}^{\infty}G(\Omega_1)\mathrm{e}^{\mathrm{j}\Omega_1X(t)}\mathrm{d}\Omega_1\cdot\frac{1}{2\pi}\int_{-\infty}^{\infty}G(\Omega_2)\mathrm{e}^{\mathrm{j}\Omega_2X(t+\tau)}\mathrm{d}\Omega_2\right]\\&=\frac{1}{4\pi^2}\int_{-\infty}^{\infty}G(\Omega_1)\int_{-\infty}^{\infty}G(\Omega_2)E[\mathrm{e}^{\mathrm{j}\Omega_1X(t)+\mathrm{j}\Omega_2X(t+\tau)}]\mathrm{d}\Omega_2\mathrm{d}\Omega_1\\&=\frac{1}{4\pi^2}\int_{-\infty}^{\infty}G(\Omega_1)\int_{-\infty}^{\infty}G(\Omega_2)\Phi_X(\Omega_1,\Omega_2;\tau)\mathrm{d}\Omega_2\mathrm{d}\Omega_1\end{aligned} \tag{6.3.3}$$

式中

$$\Phi_X(\Omega_1,\Omega_2;\tau)=E[\mathrm{e}^{\mathrm{j}\Omega_1X(t)+\mathrm{j}\Omega_2X(t+\tau)}]$$

为 $X(t)$ 的特征函数。

如果将式(6.3.3)中 $y=g(x)$ 的傅里叶变换 $G(\Omega)$ 换成拉普拉斯变换 $G(s)$,则有

$$\begin{aligned}R_Y(\tau)&=E[Y(t)Y(t+\tau)]\\&=E\left[\frac{1}{2\pi\mathrm{j}}\int_{-\mathrm{j}\infty}^{\mathrm{j}\infty}G(s_1)\mathrm{e}^{s_1x}\mathrm{d}s\cdot\frac{1}{2\pi\mathrm{j}}\int_{-\mathrm{j}\infty}^{\mathrm{j}\infty}G(s_1)\mathrm{e}^{s_1x}\mathrm{d}s_1\right]\end{aligned}$$

$$=\frac{-1}{4\pi^2}\int_{-j\infty}^{j\infty}G(s_1)\int_{-j\infty}^{j\infty}G(s_2)E[e^{s_1X(t)+s_2X(t+\tau)}]ds_2ds_1$$

$$=\frac{-1}{4\pi^2}\int_{-j\infty}^{j\infty}G(s_1)\int_{-j\infty}^{j\infty}G(s_2)\Phi_X(s_1,s_2;\tau)ds_2ds_1 \tag{6.3.4}$$

式中

$$\Phi_X(s_1,s_2;\tau)=E[e^{s_1X(t)+s_2X(t+\tau)}]$$

为 $X(t)$ 的特征函数在复频域的表示。

由于特征函数法是将直接法中的积分计算从非线性函数和二维概率密度转换为非线性函数和二维概率密度函数的傅里叶变换或拉普拉斯变换后，再进行积分运算，因而这种方法也被称为变换法。当非线性函数在频域或复频域形式较简单，且输入随机信号的特征函数也较简单时，采用特征函数法较为方便。事实上，特征函数法主要适用于输入平稳随机信号服从高斯分布的情形。

对于输入随机信号是平稳高斯随机信号的情形，如果非线性函数还满足其经过若干次求导后能变成冲激函数 $\delta(t)$ 时，那么我们可以在特征函数法的基础上再进一步，得到所谓的普赖斯(Price)方法。下面我们加以介绍。

设输入均值为 0、方差为 σ^2、相关系数为 $\rho(\tau)$ 的平稳高斯随机信号 $X(t)$，其二维概率密度函数为

$$f_X(x_1,x_2;\tau)=\frac{1}{2\pi\sigma_X^2\sqrt{1-\rho_X^2(\tau)}}e^{-\left\{\frac{x_1^2-2\rho_X(\tau)x_1x_2+x_2^2}{2\sigma_X^2[1-\rho_X^2(\tau)]}\right\}}$$

其二维特征函数为

$$\Phi_X(u_1,u_2;\tau)=e^{-\frac{\sigma_X^2[u_1^2+2\rho_X(\tau)u_1u_2+u_2^2]}{2}}$$

将上式对 $\rho(\tau)$ 求 k 阶导数，得到

$$\frac{\partial^k}{[\partial\rho(\tau)]^k}\Phi_X(u_1,u_2;\tau)=(-\sigma_X^2u_1u_2)^k\Phi_X(u_1,u_2;\tau) \tag{6.3.5}$$

在式(6.3.3)中，也对 $\rho(\tau)$ 求 k 阶导数，并利用上式的结果，得到

$$\frac{\partial^k}{[\partial\rho(\tau)]^k}R_Y(\tau)=\frac{1}{4\pi^2}\int_{-\infty}^{\infty}G(\Omega_1)\int_{-\infty}^{\infty}G(\Omega_2)\frac{\partial^k}{[\partial\rho(\tau)]^k}\Phi_X(\Omega_1,\Omega_2;\tau)d\Omega_2d\Omega_1$$

$$=\frac{1}{4\pi^2}\int_{-\infty}^{\infty}G(\Omega_1)\int_{-\infty}^{\infty}G(\Omega_2)(-\sigma_X^2\Omega_1\Omega_2)^k\Phi_X(\Omega_1,\Omega_2;\tau)d\Omega_2d\Omega_1$$

$$=\frac{1}{4\pi^2}\int_{-\infty}^{\infty}G(\Omega_1)\int_{-\infty}^{\infty}G(\Omega_2)(j^2\sigma_X^2\Omega_1\Omega_2)^kE[e^{j\Omega_1X(t)+j\Omega_2X(t+\tau)}]d\Omega_2d\Omega_1$$

$$=\sigma_X^{2k}\frac{1}{2\pi}\int_{-\infty}^{\infty}(j\Omega_1)^kG(\Omega_1)\frac{1}{2\pi}\int_{-\infty}^{\infty}(j\Omega_2)^kG(\Omega_2)E[e^{j\Omega_1X(t)+j\Omega_2X(t+\tau)}]d\Omega_2d\Omega_1$$

$$=\sigma_X^{2k}E\left[\frac{1}{2\pi}\int_{-\infty}^{\infty}(j\Omega_1)^kG(\Omega_1)e^{j\Omega_1X(t)}d\Omega_1\cdot\frac{1}{2\pi}\int_{-\infty}^{\infty}(j\Omega_2)^kG(\Omega_2)e^{j\Omega_2X(t+\tau)}d\Omega_2\right] \tag{6.3.6}$$

由傅里叶变换的性质，有

$$g^k[X(t)]=\frac{1}{2\pi}\int_{-\infty}^{\infty}(j\Omega_1)^kG(\Omega_1)e^{j\Omega_1X(t)}d\Omega_1$$

$$g^k[X(t+\tau)]=\frac{1}{2\pi}\int_{-\infty}^{\infty}(\mathrm{j}\Omega_2)^k G(\Omega_2)\mathrm{e}^{\mathrm{j}\Omega_2 X(t+\tau)}\mathrm{d}\Omega_2$$

因而，式(6.3.6)可以进一步写为

$$\begin{aligned}\frac{\partial^k}{[\partial\rho(\tau)]^k}R_Y(\tau)&=\sigma_X^{2k}E[g^k[X(t)]g^k[X(t+\tau)]]\\&=\sigma_X^{2k}\int_{-\infty}^{\infty}\int_{-\infty}^{\infty}g^k(x_1)g^k(x_2)f_X(x_1,x_2;\tau)\mathrm{d}x_1\mathrm{d}x_2=\sigma_X^{2k}R_{Y^k}(\tau)\end{aligned}\tag{6.3.7}$$

从上式可以看出，当输入随机信号是平稳高斯信号时，由于其特征函数的形式特殊，得到了输出随机信号的相关函数对 $\rho(\tau)$ 的 k 阶导数，等于输入信号经过原非线性系统的 k 阶导 $g^k(\cdot)$ 后的输出信号的相关函数，也就是等于原输出随机信号 k 阶导的相关函数。因而，若原非线性系统函数 $g(\cdot)$ 经过 k 次求导后的形式 $g^k(\cdot)$ 能变成冲激函数 $\delta(t)$，则利用 $\delta(t)$ 函数所特有的积分性质，那么积分式(6.3.7)会得到大大地简化。比如，对于半波检波器的传输特性，表达式为一次线性函数，其经过两次求导后，会得到 $\delta(t)$ 函数。根据式(6.3.7)，在得到输出相关函数 $R_Y(\tau)$ 的 k 次导后，再解一个关于 $R_Y(\tau)$ 微分方程即可得到 $R_Y(\tau)$。

6.4 幂级数展开法

对于直接法和特征函数法，在计算输出随机信号的相关函数 $R_Y(\tau)$ 时，无论是在时域还是在变换域都是通过积分来完成的，并且这两种方法都对非线性系统函数 $g(\cdot)$ 和输入随机信号的概率密度函数有一定的要求。事实上，对于计算输出随机信号的相关函数时，可以将非线性函数 $g(\cdot)$ 进行幂级数的展开，进而直接建立输出信号的相关函数，也就是二阶矩与输入随机信号的矩的关系，从而避免了由于使用概率密度函数而进行积分运算。

具体地，设非线性函数 $y=g(x)$ 在 $x=0$ 点可以展开成幂级数形式，也就是说

$$y=g(x)=b_0+b_1x+\cdots+b_kx^k+\cdots\tag{6.4.1}$$

式中，幂级数的系数

$$b_k=\frac{1}{k!}\frac{\mathrm{d}^k}{(\mathrm{d}x)^k}[g(x)]\Big|_{x=0}$$

则输出的随机信号可以表示为

$$Y(t)=g[X(t)]=b_0+b_1X(t)+\cdots+b_kX^k(t)+\cdots\tag{6.4.2}$$

所以，输出随机信号的一阶矩为

$$E[Y(t)]=b_0+b_1E[X(t)]+\cdots+b_kE[X^k(t)]+\cdots\tag{6.4.3}$$

输出随机信号的自相关函数为

$$\begin{aligned}R_Y(t,t+\tau)&=E[Y(t)Y(t+\tau)]\\&=E[(b_0+b_1X(t)+\cdots+b_kX^k(t)+\cdots)\cdot(b_0+b_1X(t+\tau)+\cdots+b_kX^k(t+\tau)+\cdots)]\\&=E\left[\left(\sum_{k=0}^{\infty}b_kX^k(t)\right)\cdot\left(\sum_{l=0}^{\infty}b_lX^l(t+\tau)\right)\right]\\&=\sum_{k=0}^{\infty}\sum_{l=0}^{\infty}b_kb_lE[X^k(t)X^l(t+\tau)]\end{aligned}\tag{6.4.4}$$

从上式可以看出，如果输入随机信号 $X(t)$ 的各阶矩是已知的话，则可以很容易求得输出随机信

号的自相关函数。当然，当对非线性函数进行幂级数展开时，一般会取有限项进行近似。当所取的有限项的最高阶次大于3以上，则幂级数展开法在计算自相关函数时也会显得很复杂。下面我们举一个例子。

设非线性系统函数为 $y=g(x)=b_1x+b_2x^2$，输入随机过程为正弦随相信号与噪声叠加而成，即 $X(t)=S(t)+N(t)$，其中，正弦随相信号 $S(t)=a\cos(\Omega_0 t+\theta)$，$a$、$\Omega_0$ 为常数，θ 为服从 $[-\pi,\pi]$ 上均匀分布的随机变量；噪声 $N(t)$ 为零均值的高斯平稳随机过程，其相关函数为 $R_N(\tau)$，且正弦随相信号 $S(t)$ 和噪声 $N(t)$ 是相互独立的。下面我们考察输出随机过程 $Y(t)$ 的相关函数和功率谱密度。

现在非线性函数 $g(x)$ 已经被表示为了幂级数的形式，所以我们不需再对其进行幂级数的展开。由于计算 $Y(t)$ 的相关函数过程中，会用到 $S(t)$ 和 $N(t)$ 的一些矩的信息，我们先计算它们的一些矩。

对于噪声 $N(t)$，有

$$E[N(t)]=0 \tag{6.4.5}$$

$$E[N^2(t)]=R_N(0) \tag{6.4.6}$$

$$E[N(t)N(t+\tau)]=R_N(\tau) \tag{6.4.7}$$

利用高斯分布的高阶矩知识，有

$$\begin{aligned}E[N^2(t)N^2(t+\tau)]&=E[N^2(t)]E[N^2(t+\tau)]+2E^2[N(t)N(t+\tau)]\\&=R_N^2(0)+2R_N^2(\tau)\end{aligned} \tag{6.4.8}$$

$$E[N(t)N^2(t+\tau)]=0 \tag{6.4.9}$$

$$E[N^2(t)N(t+\tau)]=0 \tag{6.4.10}$$

对于正弦随相信号 $S(t)$，有

$$E[S(t)]=E[a\cos(\Omega_0 t+\theta)]=0 \tag{6.4.11}$$

$$E[S^2(t)]=E[a^2\cos^2(\Omega_0 t+\theta)]=\frac{a^2}{2}E[1+\cos(2\Omega_0 t+2\theta)]=\frac{a^2}{2} \tag{6.4.12}$$

$$\begin{aligned}E[S(t)S(t+\tau)]&=E[a^2\cos(\Omega_0 t+\theta)\cos(\Omega_0 t+\Omega_0\tau+\theta)]\\&=\frac{a^2}{2}E[\cos(2\Omega_0 t+\Omega_0\tau+2\theta)+\cos(\Omega_0\tau)]=\frac{a^2}{2}\cos(\Omega_0\tau)\end{aligned} \tag{6.4.13}$$

$$\begin{aligned}E[S^2(t)S^2(t+\tau)]&=E[a^4\cos^2(\Omega_0 t+\theta)\cos^2(\Omega_0 t+\Omega_0\tau+\theta)]\\&=a^4E\left[\frac{1+\cos(2\Omega_0 t+2\theta)}{2}\cdot\frac{1+\cos(2\Omega_0 t+2\Omega_0\tau+2\theta)}{2}\right]\\&=\frac{a^4}{4}E[1+\cos(2\Omega_0 t+2\theta)\cos(2\Omega_0 t+2\Omega_0\tau+2\theta)]\\&=\frac{a^4}{4}E\left[1+\frac{\cos(2\Omega_0\tau)+\cos(4\Omega_0 t+2\Omega_0\tau+4\theta)}{2}\right]\\&=\frac{a^4}{4}+\frac{a^4}{8}\cos(2\Omega_0\tau)\end{aligned} \tag{6.4.14}$$

$$\begin{aligned}E[S(t)S^2(t+\tau)]&=E[a^3\cos(\Omega_0 t+\theta)\cos^2(\Omega_0 t+\Omega_0\tau+\theta)]\\&=a^3E\left[\cos(\Omega_0 t+\theta)\cdot\frac{1+\cos(2\Omega_0 t+2\Omega_0\tau+2\theta)}{2}\right]\end{aligned}$$

$$=\frac{a^3}{2}E[\cos(\Omega_0 t+\theta)\cos(2\Omega_0 t+2\Omega_0\tau+2\theta)]$$

$$=\frac{a^3}{2}\left[\frac{\cos(\Omega_0 t+2\Omega_0\tau+\theta)+\cos(3\Omega_0 t+2\Omega_0\tau+3\theta)}{2}\right]$$

$$=0 \tag{6.4.15}$$

同理

$$E[S^2(t)S(t+\tau)]=0 \tag{6.4.16}$$

可以看出 $S(t)$ 的奇数阶次矩也为零。此外,由于 $S(t)$ 和 $N(t)$ 是独立的,再结合 $S(t)$ 和 $N(t)$ 的均值都为零,所以,仅含有一个 $S(t)$ 或 $N(t)$ 的 $S(t)$ 和 $N(t)$ 混合矩为零。比如

$$E[S(t)N^2(t+\tau)]=0,\quad E[S^2(t)S(t+\tau)N(t+\tau)]=0 \tag{6.4.17}$$

有了以上这些准备,我们现在可以计算输出 $Y(t)$ 的自相关函数了。具体地

$$E[Y(t)Y(t+\tau)]=E[(b_1S(t)+b_1N(t)+b_2S^2(t)+b_2N^2(t)+2b_2S(t)N(t))\times(b_1S(t+\tau)+b_1N(t+\tau)+b_2S^2(t+\tau)+b_2N^2(t+\tau)+2b_2S(t+\tau)N(t+\tau))] \tag{6.4.18}$$

上式中会交叉相乘出现 25 项矩,利用式(6.4.17),会剩下 11 项,它们是

$$E[Y(t)Y(t+\tau)]=E[b_1^2S(t)S(t+\tau)+b_1b_2S(t)S^2(t+\tau)+b_1^2N(t)N(t+\tau)+b_1b_2N(t)N^2(t+\tau)+b_1b_2S^2(t)S(t+\tau)+b_2^2S^2(t)S^2(t+\tau)+b_2^2S^2(t)N^2(t+\tau)+b_1b_2N^2(t)N(t+\tau)+b_2^2N^2(t)S^2(t+\tau)+b_2^2N^2(t)N^2(t+\tau)+4b_2^2S(t)S(t+\tau)N(t)N(t+\tau)] \tag{6.4.19}$$

利用式(6.4.9)、式(6.4.10)、式(6.4.15)、式(6.4.16),上式中第 2、4、5、8 项为零,所以上式只剩下偶数阶矩了,所以有

$$E[Y(t)Y(t+\tau)]=E[b_1^2S(t)S(t+\tau)+b_1^2N(t)N(t+\tau)+b_2^2S^2(t)S^2(t+\tau)+b_2^2S^2(t)N^2(t+\tau)+b_2^2N^2(t)S^2(t+\tau)+b_2^2N^2(t)N^2(t+\tau)+4b_2^2S(t)S(t+\tau)N(t)N(t+\tau)] \tag{6.4.20}$$

利用 $S(t)$ 和 $N(t)$ 的偶数阶矩的计算结果,有

$$E[Y(t)Y(t+\tau)]=R_Y(\tau)=b_1^2\frac{a^2}{2}\cos(\Omega_0\tau)+b_1^2R_N(\tau)+b_2^2\left[\frac{a^4}{4}+\frac{a^4}{8}\cos(2\Omega_0\tau)\right]+b_2^2\frac{a^2}{2}R_N(0)+b_2^2R_N(0)\frac{a^2}{2}+b_2^2[R_N^2(0)+2R_N^2(\tau)]+4b_2^2\frac{a^2}{2}\cos(\Omega_0\tau)R_N(\tau) \tag{6.4.21}$$

对上式做傅里叶变换即可得到输出 $Y(t)$ 的功率谱 $S_Y(\Omega)$ 了。然而,上式中含有较多的常量,可以把这些常量减去,即不对 $R_Y(\tau)$ 做傅里叶变换,而是对 $C_Y(\tau)=R_Y(\tau)-m_Y^2$ 做傅里叶变换。式中

$$C_Y(\tau)=R_Y(\tau)-m_Y^2=R_Y(\tau)-m_Y^2=R_Y(\tau)-b_2^2\left[\frac{a^2}{2}+R_N(0)\right]^2$$

$$=b_1^2\frac{a^2}{2}\cos(\Omega_0\tau)+b_1^2R_N(\tau)+\frac{b_2^2a^4}{8}\cos(2\Omega_0\tau)+2b_2^2R_N^2(\tau)+2b_2^2a^2\cos(\Omega_0\tau)R_N(\tau) \tag{6.4.22}$$

记 $C_Y(\tau)$ 的傅里叶变换为 $\mathring{S}_Y(\Omega)$,则

$$\mathring{S}_Y(\Omega)=b_1^2\frac{a^2}{2}\pi[\delta(\Omega+\Omega_0)+\delta(\Omega-\Omega_0)]+\frac{b_2^2a^4}{8}\pi[\delta(\Omega+2\Omega_0)+\delta(\Omega-2\Omega_0)]+$$

$$b_1^2 S_N(\Omega)+b_2^2 a^2[S_N(\Omega+\Omega_0)+S_N(\Omega-\Omega_0)]+\frac{b_2^2}{\pi}S_N(\Omega) * S_N(\Omega) \tag{6.4.23}$$

为了更加清晰地表示上述结果，考虑 $R_Y(\tau)=e^{-\alpha|\tau|}$，其傅里叶变换为

$$S_N(\Omega)=\frac{2\alpha}{\alpha^2+\Omega^2} \tag{6.4.24}$$

将其带入式(6.4.23)，得到 $\mathring{S}_Y(\Omega)$ 的图像如图 6.4.1 所示。可以看出，非线性作用会产生新的频率成分。当 $b_2=0$ 时，非线性系统退化为线性系统 $y=b_1 x$，则此时式(6.4.23)退化为

$$\mathring{S}_Y(\Omega)=b_1^2\frac{a^2}{2}\pi[\delta(\Omega+\Omega_0)+\delta(\Omega-\Omega_0)]+b_1^2 S_N(\Omega) \tag{6.4.25}$$

而上式就是 $S(t)$ 和 $N(t)$ 的功率谱之和，这正是线性系统的作用。

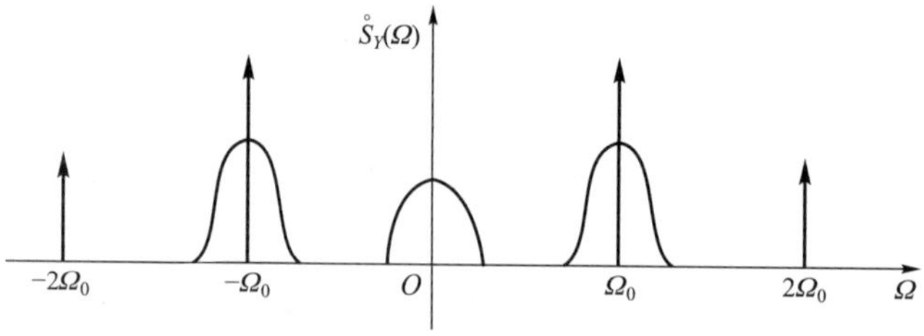

图 6.4.1 正弦随相信号与高斯型白噪声之和的随机过程，通过二次非线性系统后，输出随机过程中去除直流成分的功率谱示意图

当然，上面这个例子中非线性系统特性还是 $y=b_1x+b_2x^2$ 这种仅包含二次幂的情况，就已经显得烦琐了。当非线性特性包含高次幂时，矩的计算会显得更加烦琐。

第七章　非平稳随机信号的分析

前面几章着重对平稳的随机信号进行了分析。平稳随机信号分析是随机信号分析的基础，并且对于非平稳随机信号而言，在较短的观测时间内，可以将其近似为平稳的随机信号。当我们希望在一个较长的观测时间范围内对非平稳随机信号进行分析，就不能采用上述这种近似平稳随机信号的分析方法。

7.1　时变功率谱

第三章中功率谱密度的定义对于平稳随机信号和非平稳随机信号都是适用的。对于平稳随机信号而言，根据维纳-辛钦定理，其相关函数与功率谱密度为一对傅里叶变换对。对于非平稳随机信号，其相关函数是关于时刻 t 和时间间隔 τ 的二维函数，其相关函数的时间平均与功率谱密度为一对傅里叶变换对。

对于非平稳随机信号 $X(t)$，将其自相关函数写为如下形式：

$$E[X(t)X(t+\tau)] \triangleq R_X(t,t+\tau)=R_X(t,\tau) \tag{7.1.1}$$

接下来并不是对 $R_X(t,\tau)$ 做时间 t 的时间平均，以变成关于单变量 τ 的函数，进而做傅里叶变换，而是直接对相关函数 $R_X(t,\tau)$ 做关于变量 τ 的傅里叶变换，记

$$S_X(t,\Omega)=\int_{-\infty}^{\infty} R_X(t,\tau)\mathrm{e}^{-\mathrm{j}\Omega\tau}\mathrm{d}\tau \tag{7.1.2}$$

式中，$S_X(t,\Omega)$ 是关于时刻 t 和频率 Ω 的二维函数，称为 $X(t)$ 的时变功率谱密度。由于没有采取对 $R_X(t,\tau)$ 做时间平均，因而避免了由于时间平均所造成的时变信息被平均进而时变信息丢失的问题，所以时变功率谱是随时间变化的功率谱，可以反映随机信号的平均功率随时间和频率的二维分布情况。

当然，如果对时变功率谱做时间平均，就可以得到 $X(t)$ 的功率谱密度 $S_X(\Omega)$，具体地

$$\begin{aligned}\overline{S_X(t,\Omega)}&=\lim_{T\to\infty}\frac{1}{2T}\int_{-T}^{T} S_X(t,\Omega)\,\mathrm{d}t\\&=\lim_{T\to\infty}\frac{1}{2T}\int_{-T}^{T}\left[\int_{-\infty}^{\infty} R_X(t,\tau)\mathrm{e}^{-\mathrm{j}\Omega\tau}\mathrm{d}\tau\right]\mathrm{d}t\\&=\int_{-\infty}^{\infty}\left[\lim_{T\to\infty}\frac{1}{2T}\int_{-T}^{T} R_X(t,\tau)\,\mathrm{d}t\right]\mathrm{e}^{-\mathrm{j}\Omega\tau}\mathrm{d}\tau\\&=\int_{-\infty}^{\infty}\overline{R_X(t,\tau)}\,\mathrm{e}^{-\mathrm{j}\Omega\tau}\mathrm{d}\tau=S_X(\Omega)\end{aligned} \tag{7.1.3}$$

这与先对自相关函数 $R_X(t,\tau)$ 做时间平均，再对其做傅里叶变换得到非平稳随机信号 $X(t)$ 的功率谱密度 $S_X(\Omega)$ 是类似的。也就是说，对相关函数 $R_X(t,\tau)$ 的 t 变量做时间平均和对 τ 变量做傅里叶变换是可以交换顺序的。

对于 $X(t)$ 的功率谱密度 $S_X(\Omega)$，我们知道它一定是实函数，这符合功率谱的物理含义。然

而,时变功率谱 $S_X(t,\Omega)$ 却未必是关于频率 Ω 的实函数。这是由于在式(7.1.1)中,相关函数 $R_X(t,\tau)$ 并不是关于变量 τ 的偶函数。为此,我们将相关函数的定义稍加改变,采用对称的形式进行定义,即

$$E\left[X\left(t-\frac{\tau}{2}\right)X\left(t+\frac{\tau}{2}\right)\right]\triangleq R_X(t,\tau) \tag{7.1.4}$$

注意,和前面几章已经指出的一样,符号上我们还是采用相同的符号来表示实质相同、函数表达式上略有区别的函数。

当采用上述对称相关函数的形式后,则相关函数就成为关于变量 τ 为偶函数,即

$$R_X(t,\tau)=R_X(t,-\tau) \tag{7.1.5}$$

此时,再对相关函数 $R_X(t,\tau)$ 做傅里叶变换,所得到的时变功率谱 $S_X(t,\Omega)$ 就是关于频率 Ω 的实函数了。具体地

$$\begin{aligned}S_X(t,\Omega)&=\int_{-\infty}^{\infty}R_X(t,\tau)\,\mathrm{e}^{-\mathrm{j}\Omega\tau}\mathrm{d}\tau\\&=\int_{-\infty}^{\infty}E\left[X\left(t-\frac{\tau}{2}\right)X\left(t+\frac{\tau}{2}\right)\right]\mathrm{e}^{-\mathrm{j}\Omega\tau}\mathrm{d}\tau\\&=E\left[\int_{-\infty}^{\infty}X\left(t-\frac{\tau}{2}\right)X\left(t+\frac{\tau}{2}\right)\mathrm{e}^{-\mathrm{j}\Omega\tau}\mathrm{d}\tau\right]\end{aligned} \tag{7.1.6}$$

将上式中的积分记为

$$\int_{-\infty}^{\infty}X\left(t-\frac{\tau}{2}\right)X\left(t+\frac{\tau}{2}\right)\mathrm{e}^{-\mathrm{j}\Omega\tau}\mathrm{d}\tau\triangleq W_X(t,\Omega) \tag{7.1.7}$$

则时变功率谱 $S_X(t,\Omega)$ 可以写为

$$S_X(t,\Omega)=E[W_X(t,\Omega)] \tag{7.1.8}$$

式(7.1.7)称为随机信号 $X(t)$ 的 Wigner-Ville 分布。

对于确定信号 $x(t)$,其 Wigner-Ville 分布定义为

$$W_x(t,\Omega)\triangleq\int_{-\infty}^{\infty}x\left(t-\frac{\tau}{2}\right)x\left(t+\frac{\tau}{2}\right)\mathrm{e}^{-\mathrm{j}\Omega\tau}\mathrm{d}\tau \tag{7.1.9}$$

对于确定信号 $x(t)$,对其做 Wigner-Ville 分布,而不是做其傅里叶变换,是因为当确定信号 $x(t)$ 含有随时间变化的分量时,采用傅里叶变换只能整体上得到确定信号 $x(t)$ 含有哪些频率成分,并不能得到哪些时间内含有哪些频率成分。如果我们用“能量”或“功率”来表征这种成分,那就是说,我们希望得到能量或功率随时间和频率分布的情况,则 Wigner-Ville 分布就能很好地满足这样的要求。习惯上,称含有时变分量的确定信号为确定的非平稳信号。

对于随机信号 $X(t)$,由式(7.1.8),其时变功率谱 $S_X(t,\Omega)$ 表示了随机信号 $X(t)$ 的统计意义上的平均功率随时间 t 和频率 Ω 的分布情况。

当然,我们也可以定义非平稳信号 $X(t)$ 和 $Y(t)$ 的联合时变功率谱 $S_{XY}(t,\Omega)$,这里不再赘述。

7.2 循环功率谱

在无线电系统中,经常会遇到一种特殊的非平稳随机信号,它们的非平稳性以周期平稳性

的形式表现。比如,雷达系统中,当天线匀速扫描时,每经过一个扫描周期后,天线又指向原处。此时,虽然一个扫描周期内回波信号是非平稳的,然而扫描周期之间可以看作是周期平稳的。再比如,通信系统中,当对一个作为载波的周期信号进行某种调制时,也会产生周期平稳信号。通常把这种统计特性具有周期平稳变化的随机信号称为循环平稳信号或周期平稳信号。由于循环平稳信号是一种特殊的非平稳信号,所以不采用上一节所采用的针对一般非平稳信号的时变功率谱方法,而是充分利用其统计量的周期性对随机信号进行特定地建模分析。

设 $A(t)$ 为一个平稳随机信号,其均值和相关函数分别为 $E[A(t)]=m_A$,$E[A(t)A(t+\tau)]=R_A(\tau)$,将其作为幅度,对载波 $\cos(\Omega_0 t+\theta)$ 进行调制,得到调制信号 $X(t)=A(t)\cos(\Omega_0 t+\theta)$,则 $X(t)$ 的均值和自相关函数分别为

$$E[X(t)]=E[A(t)]\cos(\Omega_0 t+\theta)=m_A\cos(\Omega_0 t+\theta) \tag{7.2.1}$$

$$\begin{aligned}E[X(t)X(t+\tau)]&=E[A(t)A(t+\tau)]\cos(\Omega_0 t+\theta)\cos[\Omega_0(t+\tau)+\theta]\\&=\frac{1}{2}R_A(\tau)[\cos(2\Omega_0 t+\Omega_0\tau+2\theta)+\cos(\Omega_0\tau)]\end{aligned} \tag{7.2.2}$$

从以上两式可以看出,随机信号 $X(t)$ 是非平稳的,然而其一阶和二阶矩均为时间 t 的周期函数。因此,可以定义随机信号 $X(t)$ 的一阶和二阶循环平稳性,即当

$$E[X(t)]\triangleq m_X(t)=m_X(t+T_0) \tag{7.2.3}$$

称随机信号 $X(t)$ 为一阶循环平稳信号;当

$$E[X(t)X(t+\tau)]\triangleq R_X(t,\tau)=R_X(t+T_0,\tau) \tag{7.2.4}$$

称随机信号 $X(t)$ 为二阶循环平稳信号。由于均值可以零均值化,所以我们仅讨论二阶循环平稳随机信号。

对于二阶循环平稳随机信号 $X(t)$,由于其相关函数是关于时间 t 的周期函数,因此,可以对其进行傅里叶级数展开,即

$$R_X(t,\tau)=\sum_{m=-\infty}^{\infty}R_X^{\alpha}(\tau)\mathrm{e}^{\mathrm{j}\frac{2\pi}{T_0}mt}=\sum_{m=-\infty}^{\infty}R_X^{\alpha}(\tau)\mathrm{e}^{\mathrm{j}2\pi\alpha t} \tag{7.2.5}$$

式中,$\alpha=m/T_0$ 称为循环频率,傅里叶级数的系数 $R_X^{\alpha}(\tau)$ 为

$$R_X^{\alpha}(\tau)=\frac{1}{T_0}\int_0^{T_0}R_X(t,\tau)\mathrm{e}^{-\mathrm{j}2\pi\alpha t}\mathrm{d}t \tag{7.2.6}$$

系数 $R_X^{\alpha}(\tau)$ 表示频率为 $\alpha=m/T_0$ 的循环自相关大小,并且它还是变量 τ 的函数,因此称其为循环平稳随机信号 $X(t)$ 的循环自相关函数。

从式(7.2.6)还可以看出,当循环频率 $\alpha=0$ 时,循环相关函数 $R_X^0(\tau)$ 即为随机信号 $X(t)$ 的相关函数,所以可以把循环相关函数看作是相关函数在循环平稳情况下的推广。

循环自相关函数 $R_X^{\alpha}(\tau)$ 的傅里叶变换

$$S_X^{\alpha}(\Omega)=\int_{-\infty}^{\infty}R_X^{\alpha}(\tau)\mathrm{e}^{-\mathrm{j}2\pi\Omega\tau}\mathrm{d}\tau \tag{7.2.7}$$

称为循环功率谱密度。从上式可以看出,循环平稳随机过程 $X(t)$ 的循环功率谱包含两个频率,一个是循环频率 α,一个是频谱频率 Ω,所以有时也称为双谱。它比单纯采用功率谱密度会包含更多的信息。同样地,当循环频率 $\alpha=0$ 时,循环功率谱密度退化为功率谱密度。

循环功率谱可以用于判断随机信号是否循环平稳，并且还可以从平稳随机信号中提取出特定的循环平稳分量。这是由于一般的噪声可以看作是平稳随机信号，而无线电系统中的调制信号大多为循环平稳信号，因而在双谱中 $\alpha \neq 0$ 处，可以把噪声和循环平稳信号区分开，进而可以检测、估计、提取所需信号。

附录　集合及其基本运算

集合是数学中的一个基础概念，关于集合的许多概念和性质已经成为现代数学中许多分支的基础。通常把具有某种特定性质的对象的全体称作集合，而其中的每个对象称为该集合的元素。如果 A 是一个集合，x 是 A 的一个元素，则称 x 属于 A，记为 $x\in A$；反之，当 x 不是集合 A 的一个元素时，则称 x 不属于 A，记为 $x\notin A$。我们采用{ }来表示把某些对象放在一起构成一个集合，比如集合{1,2,3}。一般地，当集合 A 是具有某种性质 P 的元素全体时，则集合 A 表示为

$$A=\{x\mid x\text{ 具有性质 }P\}$$

如果集合 A 的每一个元素都是集合 B 的元素，则称 A 是 B 的子集，或者也称为 B 包含 A，记为 $A\subset B$ 或 $B\supset A$。若 $A\subset B$ 且 $B\subset A$，则称集合 A 等于 B，记为 $A=B$。若 $A\subset B$，但是 $A\neq B$，则称 A 是 B 的真子集。

不含有任何元素的集合，称为空集，记为 $\varnothing$。

集合的基本运算有并、交、差。

设 A、B 是两个集合，由集合 A 和集合 B 中所有元素所组成的集合称为 A 和 B 的并集，记为 $A\cup B$。因此，有

$$A\cup B=\{x\mid x\in A\text{ 或 }x\in B\}$$

由所有既属于集合 A，又属于集合 B 的元素所组成的集合称为 A 和 B 的交集，记为 $A\cap B$。因此，有

$$A\cup B=\{x\mid x\in A\text{ 且 }x\in B\}$$

由集合 A 中不属于集合 B 的那些元素组成的集合称为 A 减 B 的差集，记为 $A-B$。因此，有

$$A-B=\{x\mid x\in A,x\notin B\}$$

当所讨论的集合 A、B 都是某一个特定集合 X 的子集时，那么差集 $X-A$ 称为集合 A 关于集合 X 的补集或余集，记为 A^{c}。因此

$$A^{c}=X-A=\{x\mid x\in X,x\notin A\}$$

关于集合的基本运算，有一些集合恒等式给出了集合运算的主要算律。这里仅给出著名的德-摩根定律

$$\left(\bigcup_{n=1}^{\infty}A_n\right)^{c}=\bigcap_{n=1}^{\infty}(A_n)^{c}$$

$$\left(\bigcap_{n=1}^{\infty}A_n\right)^{c}=\bigcup_{n=1}^{\infty}(A_n)^{c}$$

参考文献

[1] 管致中,夏恭恪,孟桥.信号与线性系统[M].5版.北京:高等教育出版社,2011.

[2] 朱华,黄辉宁,李永庆,等.随机信号分析[M].北京:北京理工大学出版社,2013.

[3] 常建平,李海林.随机信号分析[M].北京:科学出版社,2006.

[4] 王新宏,马艳.随机信号分析[M].西安:西北工业大学出版社,2014.

[5] 陈义平,谢玉鹏,吕中志,等.随机信号分析[M].哈尔滨:哈尔滨工业大学出版社,2012.

[6] 郭业才,阮怀林.随机信号分析[M].合肥:合肥工业大学出版社,2009.

[7] 高新波,刘聪锋,宋骊平,等.随机信号分析[M].北京:科学出版社,2009.

[8] 张贤达,保铮.非平稳信号分析与处理[M].北京:国防工业出版社,1998.

[9] 罗鹏飞,张文明.随机信号分析与处理[M].北京:清华大学出版社,2006.

[10] 夏道行,吴卓人,严绍宗,等.实变函数论与泛函分析.2版.北京:高等教育出版社,2010.

郑重声明